AI가 쉬워지는
최소한의 수학

AI가 쉬워지는 최소한의 수학

인공지능 문해력을 키우는 수학적 사고법의 힘

이동준 지음

지상의 책

생성형 인공지능 시대가 가져올 거대한 변화 속에서 학생들은 단순히 인공지능 도구를 다루는 능력을 넘어, 그 이면의 수학적 원리를 이해하고 적용하는 역량을 더욱 핵심적으로 갖추어야 한다. 인공지능의 메커니즘을 이해하지 못하면 기술이 제공하는 선택지에 갇힐 수밖에 없다. 수학적 사고로 문제를 바라보고 새로운 길을 개척할 수 있어야 하는 이유다. 이 책은 벡터와 행렬, 함수, 미분, 확률, 통계 등 수학의 개념이 어떻게 인공지능의 다양한 방법론으로 구현되는지 실제로 보여준다. 인공지능의 블랙박스를 열고 본질을 장악하고자 하는 독자들에게 흔들리지 않는 이정표가 되어줄 필독서로 강력히 추천한다.

• 유연주 서울대학교 수학교육과 · AI융합교육학과 교수

《AI가 쉬워지는 최소한의 수학》은 나처럼 학창 시절 수포자였던 사람들에게 수학이 필요한 이유와 함께 인공지능의 본질을 새롭게 보여주는 책이다. 스무고개 게임 같은 의사결정나무부터 챗GPT와 이미지 생성까지, 매우 복잡해 보이던 기술이 고등학교 수준의 수학 개념으로 어떻게 설명되는지 단계별로 풀어낸다. 인공지능을 블랙박스가 아닌 이해 가능한 대상으로 바꾸며, 인공지능을 제대로 이해하는 힘의 중심에 수학이 있다는 저자의 말에 동감하게 된다. 수학을 재미있게 배우면서 인공지능 개념을 바닥부터 체계적으로 이해하고 싶은 모든 이에게 권하고 싶은 책이다.

• 김승현 한국교원대학교 컴퓨터교육과 교수

막연하게만 느껴지던 인공지능의 경사하강법, 행렬 분해, 합성곱 같은 핵심 개념들이 놀랍게도 우리가 배운 고등학교 수학의 언어로 명쾌하게 풀린다! 저자가 '수학을 왜

배우느냐'는 질문에 답하기 위해 교사로서 치열하게 고민한 흔적이 생생하다. 어려운 것을 어렵게 말하기는 쉽지만, 복잡한 원리를 본질만 남겨 쉽게 설명하는 일에는 내공이 필요하다. 이 책은 그 어려운 과제를 훌륭히 완수해냈다. 나아가 수학이 단순히 입시를 위한 도구가 아니라, 인공지능 시대 신뢰를 보장하는 단단한 기초이자 세상을 이해하는 생생한 언어임을 증명해보인다. 인공지능이라는 거대한 산 앞에서 길을 찾는 학생과 동료 교사, 그리고 수학의 쓸모를 확인하고 싶은 모든 이에게 이 책이 든든한 지도가 되어주길 바란다.

인공지능 개발자를 꿈꾸는 분들에게 종종 이런 질문을 받는다. "인공지능 제대로 배우려면 수학이 중요하다던데, 확률론·선형대수부터 먼저 공부하고 시작하는 게 맞을까요?" 내 대답은 늘 "아니요"였다. 인공지능을 공부하다가 수학이 필요해지는 순간이 오면, 그때그때 맥락에 맞게 붙잡고 이해해도 늦지 않기 때문이다. 《AI가 쉬워지는 최소한의 수학》은 바로 그 학습 방식을 책으로 구현해낸 안내서다. 전통적인 수학 교과 목차를 그대로 따라가기보다, 인공지능을 이해하는 흐름에 맞춰 '필요한 수학'을 정확히 꺼내어 연결해준다. 예컨대 텍스트를 숫자의 세계로 옮기는 과정에서 벡터와 확률 감각을 익히고, 예측 문제에서 '어떻게 모델이 조금씩 더 나아지는지'를 함수의 최대·최소와 미분으로 따라가며, 수학이 어디서 어떻게 쓰이는지를 추천·분류·신경망·이미지·생성 등 현실의 인공지능 사례들로 한눈에 보여준다.

요즘 IT 현장 엔지니어들은 매일 인공지능 도구와 함께 살아간다. 코드를 짜고, 버그를 찾고, 새로운 기술을 공부할 때 이젠 없어서는 안 될 든든한 동료다. 하지만 인공지능을 단순히 '결과만 툭 내뱉는 마법 상자'로만 알고 사용할 때와, '어떤 원리로 움직이는가'를 이해하고 활용할 때의 차이는 천차만별이다. 과거 인공지능 관련 책들은 어려운 용어와 복잡한 수식 탓에 시작하기도 전에 독자를 지치게 만들곤 했지만, 《AI

가 쉬워지는 최소한의 수학》은 고등학교 수준의 수학 개념과 표기법을 활용해 인공지능 내부에서 수학이 어떤 역할을 수행하는지 그 본질을 아주 친절하게 설명해준다. 인공지능 기술이 어떻게 구현되고 있는지 궁금한 학생들에게 이 책을 강력히 추천한다. 교과서 속 수학만으로도 인공지능이라는 마법 상자를 한 꺼풀 벗겨내니, 그 누구보다도 현명하게 다룰 수 있을 것이다!

• 이준석 네이버클라우드 SW엔지니어

누구나 인공지능을 사용하는 세상이 되었다. 인공지능을 단순히 쓰는 것을 넘어 이해하는 일이 중요해지고 있는 지금, 이런 보물 같은 책이 나왔다는 사실이 무척 반갑다. 이 책은 챗GPT를 비롯한 인공지능이 어떻게 학습하고 판단하는지, 이미지 인식과 추천·분류 알고리즘 속에 어떤 수학적 원리가 담겨 있는지, 누구나 따라올 수 있도록 친절하게 설명해준다. 어렵게 느껴질 수 있는 벡터·미분·확률 같은 개념을 친절한 설명과 예시로 소개하여, 읽다 보면 어느새 수학이 인공지능을 움직이는 핵심 언어임이 자연스럽게 느껴진다. 인공지능의 원리와 그 바탕이 되는 수학을 이해하고 싶은 모든 독자에게 이 책을 자신 있게 추천한다.

• 이진원 하이퍼엑셀 CTO

공학 연구 중 놓치기 쉬운 수학적 기본기를 직관적 언어로 일깨운다. '인공지능은 어떻게 이런 결과를 내는 걸까?'라는 질문에 명쾌한 답을 제시해준다. 전공자에게는 연구의 해상도를 높여주고, 입문자에게는 인공지능의 원리를 머릿속에 쏙쏙 박히게 해주는 친절한 가이드북이다.

_한지원 한양대학교 인공지능융합학과 박사 과정 수료

'왜 수학을 배워야 하는가'라는 질문에 그 자체로 답이 되는 책이다. 수학적 개념이 사용된 맥락을 따라가다 보면 인공지능이 막연히 낯선 대상이 아니라, 우리가 이해해온 수학 위에서 작동하고 있다는 사실이 선명해진다.

_민다혜 서울대학교 수학교육과 25학번 재학

인공지능 교육이 주로 활용과 추상적 설명에 머무르는 지금, 인공지능을 '수학'이라는 가장 정확한 언어로 비전공자와 고등학생도 이해할 수 있게 풀어낸 책이다. 내가 고등학생일 때 이런 책이 있었더라면 싶어지는 책이었다.

_전은지 성균관대학교 컴퓨터교육과 22학번 재학

인공지능의 원리가 궁금해 자료를 찾아봐도 고교생인 내게는 기존 강연과 도서들이 높은 벽처럼 느껴졌는데, 새로 만난 이 책은 재미있는 스토리텔링과 친절한 설명으로 인공지능으로의 문턱을 낮춰주었다. 내게 지적 성장의 기쁨을 준 이 책이 다른 친구들에게도 특별한 경험으로 다가가길 바란다.

_정하윤 이화여자고등학교 재학

생성형 인공지능 시대,
왜 '수학'인가?

"수학은 여전히 살아 있나요?"

"쌤, 이 내용은 수능에 나와요? 아니면 논술에?"

"세특에 어떤 주제가 도움이 될까요?"

학교에서 수학을 가르치다 보면 참 자주 듣는 질문들입니다. 사실 학생들 입장에서는 입시가 당장 중요하고 급한 문제입니다. 수능에서 높은 점수를 받거나, 수시 전형에 도움이 될 만한 흔적을 생활기록부에 남기는 일이 지금 현실에서는 가장 눈앞의 목표이지요. 이런 고민은 고등학생뿐만 아니라, 교사가 되고자 임용고시를 준비하는 수험생에게도 크게 다르지 않은 것 같습니다. 수학을 좋아해서 수학교육과에 입학한 저도, 임용고시가 가까워질수록 전공의 아름다움은 잠시 옆으로 밀어둔 채 필수 기출 문제, 예상 문제를 반복해서 풀었던 기억이 납니다.

저는 고등학교 때 수학 문제를 열심히 풀다가 수학에 정(?)이 들어 수학과에 입학했습니다. 물론 문제풀이가 아닌 학문으로서의 수학에 정을 붙이는 데 우여곡절도 많았고, '내가 왜 이 전공을 선택했을까?' '내가 배우는 게 도대체 뭐지?' 하고 고개를 갸우뚱거리며 일단 수업을 따라가던 시간이 한동안 이어졌습니다. 그러다가 어느 순간 수학의 매력에 푹 빠져버렸고, 교수님들의 썰렁하지만 수학이 담긴 농담을 알아들으며 같은 타이밍에 웃을 때 묘한 '(예비) 수학자'로서의 동질감을 느끼기도 했습니다.

이후 수학교육과에서 다시 수학을 배우면서는, '어떻게 하면 이 수학의 매력을 학생들과 나누고 공감할 수 있을까?' 고민하게 되었지요. 하지만 교생 실습 기간을 지나면서 이상과 현실은 꽤 다르고 내가 '배우는 것'과 내가 '가르치는 것' 사이의 간극은 매우 크다는 사실을 몸으로 느끼며 교사가 되는 길을 잠시 망설이기도 했습니다.

수학과 수학교육, 두 전공을 함께 하느라 약간 늦게 교사로 자리 잡았습니다. 정작 고등학교에서 교직 생활을 시작해보니, 매 수학 시간이 수시·수능을 준비하는 최전선 같다는 느낌을 자주 받았습니다. 수학의 진짜 목적은 이게 아닌데, 학생들이 풀어야 하는 문제들은 왜 이렇게 과정이 꼬여 있고 답을 딱 맞게 도출해야만 하는지 아쉬움을 느낄 때도 있었습니다. 그렇다고 혼자 수학의 아름다움에 심취해 있거나, 입시를 잘 준비해야 한다는 현실을 외면해서는 안 되겠지요. 지금 내 앞에 앉아 있는 학생들이 수학 시험을 조금이라도 더 잘 보도록 돕고, 그 안에 담긴 수학적 내용을 최대한 이해하기 쉽게 설명해주는 것 역시 수학 교사의 중요한 역할입니다.

그렇게 10년 가까이 수학 교사로 열심히 살아가던 2018년 무렵, 한 학생이 조심스럽지만 직설적으로 묻습니다.

"쌤, 수학 배우면 어디에 써먹어요? 아니… 수학을 왜 배워야 해요?

쌤은 수학을 잘 활용해보신 경험이 있는지 궁금해요."

아마 교사를 하면서 가장 대답하기 어려운 질문 중 하나가 아닐까 싶습니다. 제 20대를 돌아보면, 순수 수학자를 꿈꾸던 수학과 시절에는 전공 과목 자체에 푹 빠져 살았고, 수학교육과 시절에는 교사가 되려고 임용고시 대비 문제를 풀며 대부분의 시간을 보냈습니다. 어쩌면 수학 교사인 제가 '문제풀이 밖에서 수학이 다른 분야에 어떤 역할을 하는지' 살펴본 경험이 가장 부족했는지도 모르겠습니다. 전공 시간마다 수학의 아름다움을 들려주시던 교수님들은 각자의 분야에서 다양한 연구를 깊이 있게 이어가고 계시지만, 정작 저는 수준의 차이만 있을 뿐 여전히 문제풀이의 울타리 안에서만 수학과 함께 살아오지 않았나 하는 반성이 들었습니다.

머릿속이 이런저런 고민으로 복잡해질 무렵, 학생의 질문이 한 번 더 이어졌습니다.

"지금 배우는 수학은 꽤 오래된 것들이잖아요. 그런데 수학을 전공하면 요즘 새롭게 연구된 수학을 배우나요?"

"아니. 학부 때 기본적으로 배우는 고전 같은 전공 과목도 많아."

"다른 과학이나 공학은 새로운 게 계속 쏟아지는데, 수학도 새로운 게 많이 나와요? 수학은 여전히 살아 있나요?"

참신하면서도 날카로운 표현이었습니다. 수학은 여전히 살아 있을까요? 수천 년 전 발견된 피타고라스의 정리나, 수백 년 전 뉴턴과 라이프니츠가 만들어낸 미적분의 원리를 배우느라 정신이 없는 학생들에게 수학은 마치 성경처럼 변하지 않는 진리를 계속 탐구하는 분야처럼 보일지도 모릅니다. 다른 과목들은 시대가 바뀌면서 교과서 내용도 자주 바뀌는 것 같은데, 수학은 그렇지 않은 듯 보이니까요.

과연 수학은 지금도 여전히 살아 있을까요?

수학은 인공지능의 신경이자 심장

대학 1학년 때였습니다. 당시 물리학과에 다니던 룸메이트와 수학 대 물리학의 자부심을 걸고 꽤 진지한 논쟁을 펼쳤던 기억이 있습니다.

"수학은 물리학에서 사용하는 도구 같은 학문이야. 어쩌면 수학은 소리를 내는 악기와 같은 존재야. 수학을 활용해서 가치를 만들어내는 물리학이 훨씬 중요하지."

"무슨 말이야. 물리학은 수학을 활용하는 한 분야일 뿐이야. 음악으로 비유해보면 수학은 오케스트라고, 물리학은 그 중 현악기 같은 한 분야에 불과해. 수학은 그 자체로 거대한 학문인데, 어떻게 물리학의 도구라고 말할 수 있어?"

지금 생각해보면 우리가 수학이나 물리에 관해 무엇을 얼마나 알고 이런 이야기를 했나 싶지만, 그때는 정말 심각했습니다. 뭔가 억울했던 저는 교수님께 이 이야기를 가져가 "정말 수학은 과학의 도구에 불과한 학문인가요?" 하고 여쭈었습니다. 의외로 교수님은 당시 철없던 학부생의 질문을 상당히 진지하게 받아주셨습니다. 그리고 수학의 여러 분야를 말씀해주시면서, 때로는 수학이 과학·공학의 발전을 이끌기도 하고, 또 때로는 다른 학문 분야의 질문으로 새로운 수학이 태어나기도 한다는 이야기를 들려주셨습니다.

코로나가 한창이던 2020년, 예전에 교수님께 던졌던 이 질문이 다시 떠올랐습니다. 그 무렵은 알파고 이후 인공지능 Artificial Intelligence; AI 을 향한 관심이 점점 높아지고, 에듀테크를 비롯한 다양한 기술과 SW software ·AI 교육의 중요성이 교육 현장에서 크게 주목받던 시기였습니다. 특히 "인공지능에는 수학이 중요하다"라는 말을 여기저기서 들으면서, 도대체 인공지능에는 어떤 수학이 숨어 있는지 궁금해졌습니다. 그래서 이것저것 자료를 찾아보다가, 우연히 케임브리지대학에서 출간한 《기계학습을 위한 수학 Mathematics for Machine Learning 》이라는 책을 접했습니다.

책은 다양한 수학 전공 과목이 어떤 내용을 다루며, 기계학습과는 어떻게 연결되는지 차근차근 설명해주고 있었습니다. 비록 비전공자가 보기에는 다소 어려운 내용이지만, 수학 전공자인 저에게는 각 과목의 수학이 인공지능에서 어떤 역할을 맡는지, 어떤 의미를 갖는지가 흥미롭게 다가왔습니다. 덕분에 IT Information Technology 기술로 예쁘게 포장된 인공지능이 실제로 어떻게 설계되는지, 현실 세계의 수많은 상황을 어떻게 '기술의 세계'로 끌어와서 처리하는지, 수학의 눈으로 새롭게 바라보게 되었습니다.

저는 컴퓨터교육도 함께 전공해서 AI·SW 교육도 함께 진행합니다. 그런데 인공지능을 공부하면서 제 안에서 일어난 가장 큰 변화는 수학을 더 좋아하게 되었다는 점입니다. 인공지능을 볼 때마다 '왜 그럴까?' '어떻게 그렇게 될까?' 하는 질문을 끊임없이 던지게 되었는데, 그 질문의 뒤를 따라가다 보면 결국 수학적 원리와 만나게 되었기 때문입니다. 챗 GPT를 사용하면서, 웹캠으로 찍은 이미지를 자동으로 분류해주는 서비스를 보면서 이처럼 놀라운 결과물을 만들어내는 수학적 원리가 궁금해졌습니다.

순수한 호기심에서 뒤늦게 다시 수학을 공부해보니 이렇게 재미있는 분야가 또 없습니다. 학부 시절 교수님들이 "수학 전공하면 좋아. 평생 재미있게 살 수 있어"라고 하시던 말씀에 어느 정도 고개가 끄덕여집니다. 인공지능에는 특정 분야의 수학만 살짝 쓰이지 않습니다. 여러 종류의 수학이 다양한 공학 분야와 함께 유기적으로 엮이지요. 많은 수학을 활용한다는 점은 학생들 입장에서는 알아야 하는 수학이 많아진다는 의미이기도 해서 학습 측면에서는 살짝 부담이 될 수도 있습니다. 반대로 인공지능은 우리가 배운 수학이 한꺼번에 살아나 서로 소통하고 보완하는 교차로라는 점에서 수학적으로는 무척 흥미로운 분야입니다.

이 책은 7개의 장으로 이루어져 있습니다. 1장에서는 챗봇과 번역기처럼 '말을 알아듣고 대답하는' 인공지능이 텍스트를 어떻게 숫자의 세계로 옮겨 담는지 이야기합니다. 단어와 문장을 줄줄이 이어진 글자가 아니라, 서로 얼마나 가까운지 혹은 멀리 떨어져 있는지를 비교할 수 있는 하나의 점, 즉 화살표(벡터)로 바라보는 생각을 비롯해 어떤 말이 이어질지를 그럴듯하게 골라내는 확률의 감각을 다룹니다.

2장은 '인공지능은 어떻게 미래를 미리 내다보듯 예측할까?'라는 질문에서 출발합니다. 간단한 예측 문제를 바탕으로 실제 값과 인공지능의 예측이 얼마나 어긋나는지 측정해보고(손실), 이 어긋남을 조금씩 줄여가는 과정이 어떤 생각 위에서 움직이는지, 미분이라는 수학을 매개로 천천히 살펴봅니다.

3장에서는 넷플릭스, 유튜브, 음악 앱처럼 '당신이 좋아할 만한 것'을 슬쩍 먼저 추천해주는 인공지능을 들여다봅니다. 사람의 취향과 콘텐츠

프롤로그

의 특징을 숫자로 표현해놓고 서로 얼마나 비슷한지(유사도)를 살펴보거나, 거대한 표 안에 쌓인 데이터 속에서 숨어 있는 패턴을 찾아내는 눈을 기르는 과정을 유사도와 행렬 같은 도구를 길잡이 삼아 따라가봅니다.

4장에서는 '이메일이 스팸인지 아닌지' '환자가 질병이 있는지 없는지'처럼 무언가를 몇 가지 범주로 나누어 판단하는 분류 인공지능을 다룹니다. 이 장에서는 각 데이터가 A, B 중 어디에 해당하는지 분류하는 다양한 방법을 수학적 측면으로 살펴보며 풀어보려고 합니다.

5장에서는 사람의 뇌를 흉내 낸 인공신경망이 어떻게 작은 계산 단위를 촘촘히 연결하여 복잡한 문제를 푸는지 살펴봅니다. 가장 단순한 퍼셉트론Perceptron에서 출발해, 여러 층을 차곡차곡 쌓은 신경망이 어떻게 숫자를 주고받으며 스스로를 조금씩 고쳐나가는지, 그 과정의 뼈대를 이루는 수학적 생각(함수, 합, 미분)을 최대한 부드럽게 소개합니다.

6장에서는 사진 속에서 고양이와 강아지를 구분하거나, 자율주행차의 카메라가 신호등과 보행자를 구분하는 이미지 인공지능을 다룹니다. 수만 개의 픽셀pixel을 한꺼번에 바라보는 대신, 작은 창(필터)을 이리저리 옮겨 다니며 윤곽선·모서리·무늬 같은 특징을 뽑아내는 합성곱 신경망 Convolutional Neural Network; CNN의 핵심 아이디어를 실제 그림과 함께 따라가봅니다.

마지막 7장에서는 이제 한 걸음 더 나아가, 그림을 그리고 글을 쓰고 음악까지 만들어내는 생성형 인공지능을 만나봅니다. 먼저 많은 예시 데이터를 보면서 '이런 현상이 인공지능 세계에서는 자주 나타나는구나'를 배운 뒤, 조금씩 새로운 것을 뽑아내는 과정이 사실은 확률과 통계의 언어로 설명될 수 있다는 점을 살펴봅니다.

　인공지능 수학을 공부하려면 코딩을 잘해야 하는지 물어보는 선생님이나 학생도 많았습니다. 인공지능 서비스나 프로그램을 능숙하게 구현하는 것이 목표가 아니라면, 수학적 원리를 이해하는 데 코딩이나 공학 도구의 고급 사용 능력이 반드시 필요하지는 않습니다. 이 책에서는 코딩을 다루지 않으며, 청소년들이나 수학을 전공하지 않은 일반 독자가 이해하기 복잡한 수식 역시 최대한 쓰지 않으려고 했습니다. 대신 마치 이야기를 들려주듯이, 때로는 점진적으로 확장되는 내용의 흐름을 따라가면서, 때로는 여러 예시를 엮는 스토리텔링 형식으로 수학과 인공지능을 함께 맛볼 수 있도록 구성하였습니다.

　우리는 수학이 인공지능을 어떻게 살아 움직이게 하는지, 또 인공지능이 세상을 어떻게 설명하고 또 조금씩 바꾸는지 따라가보는 작은 여행을 떠나보려고 합니다. 입시 과목으로만 보이던 수학이 '인공지능의 신경이자 심장'이라는 또 다른 얼굴을 드러내는 과정을 찬찬히 읽으면서 수학이 가진 놀라운 힘과 재미를 함께 즐겨보시길 바랍니다.

CONTENTS

1. 챗GPT 상담사는 어떻게 사람처럼 대화할까?

: 단어와 단어를 잇는 벡터

챗GPT 상담사는 어떻게 사람처럼 대화할까?

: 단어와 단어를 잇는 벡터

컴퓨터는 '사과'를 어떻게 받아들일까?

대화하는 기계의 등장

인간을 비롯한 많은 동물이 서로 의사소통을 합니다. 꿀벌은 춤으로 꽃의 위치를 알려주고, 돌고래는 특별한 소리로 서로를 부르며, 침팬지는 몸짓으로 감정을 표현하죠. 하지만 인간의 언어는 다른 동물과 차원이 다릅니다. 우리는 단순한 신호나 감정 표현을 넘어서 복잡한 개념과 추상적 생각까지도 정확하게 전달하지요. 언어로 과거의 경험을 공유하고 미래를 계획하며, 때로는 상상으로 이야기를 만들어내기까지 합니다.

인간의 소통 범위는 언어가 다른 사회를 넘어 다른 동물들에게까지 확장되었습니다. 농업 시대에는 소와 함께 농사를 지었고, 개와 함께 양을 몰기도 했지요. 오늘날에는 반려견이나 반려묘와 미묘한 교감을 나누며 함께 살아가기도 합니다. 비록 인간끼리의 소통과는 다르더라도 몸짓, 소리, 표정으로 서로의 감정과 의도를 전달하고 이해할 수 있죠. 이렇듯 우리는 언어로 소통하며 원하는 의미를 주고받고, 때로는 깊은 이해를 나누면서 관계를 형성해왔습니다.

그러나 인간은 생명체가 아닌 '도구'와는 이러한 소통을 해본 적이 없었습니다. 인간이 아끼는 도구에 감정을 이입할 수는 있어도, 도구가 인간에게 의사를 표현하는 일은 없었어요. '호미' '망치' '자전거' 같은 도구는 필요에 따른 제한적 사용만 가능했을 뿐입니다. 기계가 인간에게 무언가를 제시하거나 스스로 판단해서 능력 일부를 사용한 경우는 없었거든요. 도구는 그저 인간의 명령에 따라 기계적으로 반응하는 수동적 존재였습니다.

그런데 컴퓨터가 등장하면서 상황이 달라졌습니다. 컴퓨터는 단순히 물리적 힘을 증폭해주는 도구가 아니라, 인간의 생각을 받아들이고 그에 따른 결과를 돌려주는 새로운 형태의 기계였어요. 프로그래밍 언어의 탄생으로 인간은 자신의 논리와 아이디어를 컴퓨터에 전달할 수 있었고, 컴퓨터는 인간의 명령을 처리한 후 결과를 되돌려주었습니다. 비로소 인간과 기계 사이에 일종의 '대화'가 가능해진 것이죠. 물론 이 대화는 매우 제한적이고 일방적이었지만, 그래도 도구와 소통하는 새로운 경험의 시작이었습니다.

도구와의 소통을 누구나 할 수 있던 것은 아닙니다. 영화 〈히든 피겨스〉에는 1960년대 미국항공우주국 National Aeronautics and Space Administration; NASA 의 계산원 도로시가 포트란 FORTRAN 이라는 프로그래밍 언어를 배워서 IBM 컴퓨터를 다루는 장면이 나옵니다. 밤새워 책으로 포트란을 공부해서 컴퓨터를 능숙하게 다루게 된 그녀와 달리, 대부분의 나사 직원은 꿀 먹은 벙어리처럼 컴퓨터 앞에서 어쩔 줄 몰라 하죠. 컴퓨터라는 강력한 도구가 있었지만, 컴퓨터를 내 생각대로 사용하려면 엄격한 규칙과 정확한 명령어를 따르는 컴퓨터 언어를 배워야 했고, 그 언어를 모르고서는

챗GPT 상담사는 어떻게 사람처럼 대화할까?

컴퓨터를 전혀 활용할 수 없었습니다. 그러니 소수의 전문가만 컴퓨터와 소통할 수 있었지요.

시간이 흐르면서 컴퓨터 언어는 점점 더 쉬워졌습니다. 복잡한 기계어에서 포트란과 C언어를 거쳐 파이썬Python, 엔트리Entry처럼 블록 코딩을 활용하는 쉬운 언어들이 계속 개발되었죠. 컴퓨터의 사용도 명령어를 직접 키보드로 입력하는 방식에서 윈도우처럼 마우스만 클릭하거나 핸드폰 앱을 손가락으로 터치하는 등 쉽게 다룰 만한 방식으로 변화했습니다. 하지만 여전히 일반인과 개발자 사이에 높은 기술적 장벽이 존재했고, 대부분의 사람은 누군가 미리 만들어놓은 프로그램의 테두리 안에서만 컴퓨터를 사용할 수 있었습니다. 더 근본적인 문제는 컴퓨터에 '인간 언어의 의미'를 어떻게 이해시키는지 명확한 방법을 몰랐다는 점입니다. 인간의 복잡하고 미묘한 언어를 기계가 이해하도록 만들기란 너무나 어려운 일처럼 보였어요.

많은 학자가 인간의 대화를 인공지능으로 구현해보면서 소통의 영역을 넓히고자 노력했습니다. 먼저 초기 언어 인공지능은 '그럴싸한 규칙'을 만들어서 인간과 대화를 시도했습니다. 1966년에 개발된 최초의 챗봇 엘리자ELIZA는 심리상담사를 흉내 내면서 사용자의 말을 단순히 되풀이하거나 정해진 질문을 던지는 방식으로 작동했어요. "나는 우울해요"라고 입력하면 "우울하다고 느끼는 이유가 뭔가요?"처럼 패턴에 따라 응답하는 식이었죠. 국내에서도 '심심이'라는 채팅 로봇이 인기를 끌었는데, 역시 미리 입력된 대화 패턴과 규칙에 따라 답변을 생성했습니다.

이런 규칙 기반 접근법의 한계는 명확했습니다. 아무리 많은 규칙을 만들어도 인간 언어의 무한한 다양성을 모두 다룰 수 없었죠. 같은 질문이라도 맥락에 따라 전혀 다른 의미가 되기도 하고, 사람은 같은 내용을 수백 가지 다른 방식으로 표현할 수 있으니까요. 더 중요한 문제는 이런 시스템들이 대화의 진짜 '의미'를 이해한다기보다 단순히 표면적 패턴에 반응할 뿐이라는 점이었습니다. 사람이 농담을 했는지, 진지한 질문을 했는지, 도움을 요청했는지 구분할 수 없었고, 대화의 흐름이나 상황을 고려하지도 못했어요.

2010년대 들어서면서 언어 처리 기술에 혁신적 변화가 일어나기 시작했습니다. 연구자들은 규칙을 직접 만드는 대신, 방대한 양의 텍스트 데이터에서 스스로 언어의 패턴을 학습하는 인공지능 시스템을 개발했어요. 이는 미리 정해둔 규칙에 반응하는 것을 넘어, 실제로 언어의 구조와 의미를 이해시키려는 시도였습니다. 인간이 일상 언어인 자연어로 컴퓨터와 소통한다는 것은 혁명적인 변화였죠. 사람이 특별한 프로그래밍 언어를 배우거나 복잡한 명령어를 외우지 않아도, 일상에서 대화하듯 컴퓨터에 말을 걸 수 있게 된 것입니다.

인공지능이 텍스트 데이터를 성공적으로 다루게 되면서 우리 삶에는 놀라운 변화가 일어났습니다. 2022년 말 공개된 챗GPT는 사람과 거의 구분할 수 없을 정도로 자연스럽게 대화를 이어가며, 복잡한 질문도 맥락을 이해하고 적절한 답변을 제공하지요. 이제는 특별한 프로그램 언어를 모르더라도 인공지능과 일상적 대화를 하면서 번역·요약·창작·코딩·학습 지원 등 다양한 분야에서 전문가 수준의 도움을 받을 수 있습니다. 수십 년간 존재해온 인간과 컴퓨터 사이 소통 제한의 문턱을 넘고, 마침내 대화가 가능한 수준까지 소통 범위가 넓어진 것입니다.

챗GPT 상담사는 어떻게 사람처럼 대화할까?

인공지능은 어떻게 인간의 복잡한 언어를 이해하고 다루는 것일까요? 이 놀라운 성과 뒤에는 텍스트 데이터를 처리하는 두 가지 핵심 수학 도구가 있습니다. 첫 번째는 '벡터'를 이용해서 단어와 문장의 의미를 수치로 표현하는 방법이고, 두 번째는 '확률'을 이용해서 언어의 패턴과 다음에 올 단어를 예측하는 방법입니다. 벡터는 단어들 사이 복잡한 관계를 기하학적으로 표현해주고, 확률은 언어의 불확실성과 다양성을 수학적으로 모델링해 줍니다. 그러면 이제 두 수학 개념이 어떻게 작동하며, 왜 언어 인공지능에 없어서는 안 될 도구인지 자세히 살펴보겠습니다.

인간 언어의 통역사, 벡터

챗GPT나 구글 어시스턴트 같은 챗봇과 대화할 때를 떠올려보세요. "오늘 날씨 어때?" "수학 숙제 좀 도와줘" "재미있는 농담 하나 해줘" 같은 질문을 던지면 챗봇은 자연스럽게 답변을 해줍니다. 이런 대화에서 주고받는 모든 문장과 단어가 바로 챗봇이 처리해야 하는 텍스트 데이터입니다. 일반적인 뉴스 기사나 소설과는 달리, 챗봇의 텍스트 데이터는 짧고 즉흥적이며 대화의 맥락이 중요하다는 특징을 가집니다. 사용자들은 정해진 형식 없이 자유롭게 질문하고, 때로는 줄임말이나 이모티콘을 섞기도 하죠.

텍스트 데이터는 우리가 흔히 볼 수 있는 표 형태의 데이터와 근본적인 차이가 있습니다. 표 안에 들어가는 숫자는 연속적이어서 1과 2 사이에는 1.5, 1.7, 1.99 같은 무수히 많은 중간값이 존재하지요. '예/아니오'

와 같은 범주형 형태는 선택할 수 있는 값에 제한이 있고요. 하지만 텍스트는 '사과'와 '배' 사이에 어떤 중간 단어도 없고, '좋다'와 '나쁘다' 사이에 딱 중간 의미를 가진 단어를 찾기도 어렵습니다. 단어는 서로 **독립적이고 불연속적인 특성**을 지니고, 마치 섬처럼 서로 떨어져 있습니다. 텍스트의 불연속성은 컴퓨터가 단어들 사이 관계를 파악하기 어렵게 만들죠.

텍스트 데이터가 가지는 **순서 의존성**은 더욱 복잡합니다. 같은 단어라도 어떤 순서로 배치하느냐에 따라 의미가 완전히 달라져요. 'The dog bit the man'과 'The man bit the dog', 혹은 '나는 그의 아들이다'와 '그는 나의 아들이다'는 완전히 다른 의미이죠. 또한 '불을 끄지 마세요'는 괜찮지만 '끄지 불을 마세요' 같은 문장은 문법적으로 부자연스럽습니다. 이처럼 단어의 위치는 문맥context 과 전체 의미를 결정하는 중요한 요소입니다.

텍스트 데이터가 가진 또 다른 도전은 **의미의 모호성**입니다. 하나의 단어는 여러 의미를 가집니다. '은행'이라는 단어만 해도 금융기관을 의미할 수도, 나무의 한 종류를 뜻할 수도 있으니까요. 챗봇과 대화할 때도 이런 모호성이 자주 나타납니다. "나는 사과가 필요해"라고 했을 때, 과일이 필요한지 용서를 바라는지 문맥을 봐야 알 수 있어요. 같은 의미를 표현하는 방법도 무수히 많죠. '고마워' '감사해' '고맙습니다' '땡큐' 모두 감사를 뜻하지만 표현 자체로만 보면 다른 단어로 인식되니까요.

초기 컴퓨터 과학자들은 텍스트 데이터의 복잡성을 처리하기 위해 우선 각 단어에 고유한 번호를 부여하는 방법부터 시도했습니다. 예를 들어 안녕=1, 고마워=2, 반가워=3 같은 식으로 말이죠. 이 방법을 더 정교하게

챗GPT 상담사는 어떻게 사람처럼 대화할까?

만든 것이 **원-핫 인코딩**One-Hot Encoding 입니다. 먼저 필요한 단어를 모아서 사전vocabulary 을 만듭니다. 만약 사전에 1,000개의 단어가 있다면, 각 단어를 1,000차원의 벡터로 표현하되 표현하고자 하는 단어 위치에만 1을, 나머지 999개 자리에는 모두 0을 넣는 방식이에요. '안녕'이 첫 번째 단어라면 [1, 0, 0, ⋯, 0]로, '고마워'가 두 번째 단어라면 [0, 1, 0, ⋯, 0]로 표현하죠.

그런데 이러한 단순한 ID 부여 방식에는 모든 단어가 서로 동등하게 멀어진다는 단점이 존재합니다. 예를 들어 원-핫 인코딩에서는 어떤 두 단어를 선택하더라도 그들 사이 거리가 항상 똑같습니다.

고마워 = [1,0,0,⋯,0]
감사해 = [0,1,0,⋯,0]
두 단어 사이 거리 $= \sqrt{(1-0)^2+(0-1)^2+0+\cdots+0} = \sqrt{2}$

고마워 = [1,0,0,⋯,0]
자동차 = [0,0,1,⋯,0]
두 단어 사이 거리 $= \sqrt{(1-0)^2+0+(0-1)^2+0+\cdots+0} = \sqrt{2}$

'고마워'와 '감사해'처럼 비슷한 의미의 단어든, '고마워'와 '자동차'처럼 전혀 관련 없는 단어든, 컴퓨터는 모두 동일한 거리로 인식합니다. 이는 마치 서울에서 부산까지의 거리와 집 앞 편의점까지의 거리를 똑같다고 말하는 것과 같습니다. 실제로 사용자가 "감사합니다"라고 말했을 때, 챗봇이 이 말이 '고맙습니다'와 비슷한 의미라는 사실을 전혀 알지 못한다는 문제가 발생하죠.

이 문제를 해결하려면 유사한 의미를 가진 값을 비슷한 위치에 표현하는 근본적인 방법이 필요합니다. 게다가 문장들의 '관계'까지 함께 다루려면 '위치'와 '연산'을 모두 다루는 수학적 도구가 필요해요.

여기서 우리가 주목할 수학 개념이 바로 **벡터**입니다. 벡터라고 하면 크기와 방향을 함께 가진 화살표를 많이 떠올릴 텐데, 오른쪽 그림과 같이 점 A에서 점 B로 향하는 방향과 크기가 주어진 선분 AB를 벡터 AB라고 하며, 기호로 $\overrightarrow{AB}$와 같이 나타냅니다.

텍스트를 벡터로 표현하면 좌표의 개념을 활용해 단어 사이 **유사도**를 측정할 수 있습니다. 두 벡터가 가까이 있으면 유사한 의미를, 멀리 있으면 다른 의미를 나타내죠. 예를 들어 2차원 평면에서 [3, 4]와 [3, 5]의 거리와 [3, 4]와 [10, 1]의 거리를 비교해보면, 상대적으로 거리가 가까운지 멀리 떨어져 있는지를 알 수 있습니다. 이처럼 거리 차이로 단어들 사이 의미 유사성을 표현하는 것이죠.

또한 벡터를 사용하면 단어들의 관계를 수학적으로 정확히 계산할 수 있습니다. 벡터 공간에서는 단순히 유사한 단어들을 가까이 배치하는 것을 넘어서, 단어와 단어가 갖는 의미적 관계까지 표현할 수 있어요. 예를 들어 '대한민국-서울'의 관계와 '일본-도쿄'의 관계는 '국가-수도'의 관계이며 두 단어의 관계가 동일하다는 사실을 알 수 있다는 뜻입니다. 챗봇은 '고마워'와 '감사해'의 의미 유사도뿐만 아니라, 단어들 사이의 복잡한 관계까지도 수학적으로 인식합니다.

물론 텍스트를 벡터 세계로 가져와 다루려면 여러 단계를 거쳐야 합니다. 하나의 언어를 다른 언어로 번역할 때에도 그냥 단어만 바꾸지 않죠? 문맥을 정확하게 표현하고, 문화와 언어에 가장 적합하게 의역해야

챗GPT 상담사는 어떻게 사람처럼 대화할까?

할 때도 있습니다. 마찬가지로 우리가 사용하는 텍스트를 수학 안의 벡터 세계로 가져와서 다루려면, 각 체계에 맞는 적절한 형태로 바꾸는 여러 단계가 필요해요. 먼저 글로 표현된 데이터를 컴퓨터가 사용하는 숫자로 바꾸기 전에 글을 분석해야 하고, 분석할 글의 단위를 숫자로 바꾸어야 하며, 숫자를 벡터로 바꾸고 분석하는 등 여러 복잡한 단계를 거쳐야 합니다. 이제부터 이 과정들을 하나씩 따라가보겠습니다.

챗봇이 자연스러운 문장을 구상하는 방법

텍스트를 수학의 세계로
: 인코딩과 임베딩

챗봇이 언어를 이해하는 과정은 사람이 언어를 배우는 과정과 비슷합니다. 한글이나 외국어를 처음 배울 때 먼저 책에서 간단한 문장을 접하고, 그 후에 조금씩 많은 글을 접하면서 익숙해진 경험이 있을 거예요. 인공지능도 이러한 학습 과정을 거치는데, 위키백과나 뉴스 기사, 소설, 대화 등 다양한 출처에서 수백만 개의 문장을 수집하고 분석하면서 언어의 패턴을 학습합니다.

학습 과정은 크게 두 단계로 구분할 수 있습니다. 먼저, 글의 형태를 띠는 텍스트 데이터를 수집해서 컴퓨터가 처리할 수 있도록 다듬은 다음, 숫자로 변환하는 '전처리 과정'입니다. 그 후에는 조건부 확률conditional probability 을 활용하여 각 단어의 의미를 벡터로 표현하는 '임베딩 학습 과정'이 따라옵니다. 이 두 과정을 거쳐 컴퓨터는 드디어 인간의 언어를 수학적으로 이해합니다. 각 단계를 한번 차근차근 살펴보겠습니다.

① 토큰화와 사전 만들기

텍스트 데이터를 학습하는 첫 단계는 토큰화 tokenization 입니다. 토큰화는 긴 문장을 토큰이라는 의미 있는 작은 단위로 쪼개는 과정을 의미합니다. "안녕하세요, 오늘 날씨가 참 좋네요!"라는 문장을 작은 단위로 나누어볼까요? 우선 어떤 기준을 적용해서 토큰으로 구분할지를 결정해야겠지요. 가장 직관적인 방법은 공백을 기준으로 나누는 것이지만, 이것만으로는 충분하지 않을 수 있습니다. 예를 들어 '안녕하세요,'라는 표현에서 쉼표는 분리해야 할까요, 아니면 함께 두어야 할까요? 게다가 한국어의 경우에는 '날씨가'를 하나의 토큰으로 볼지, '날씨'와 '가'로 분리할지도 결정해야 하거든요.

그래서 실제 자연어 처리에서는 여러 토큰화 방식을 사용합니다. 대표적으로 **단어 단위 토큰화**는 공백과 구두점을 기준으로 나누는 방법으로, ['안녕하세요', '오늘', '날씨가', '참', '좋네요'] 같은 결과를 만들어냅니다. 하지만 이 방법은 한국어의 조사나 어미 때문에 같은 의미의 단어가 다양한 형태로 나타나는 문제가 있어요. '학교에서' '학교로' '학교까지'는 모두 '학교'라는 핵심 의미를 포함하지만 서로 다른 토큰으로 취급되기 때문에 형태소 단위로 더 세밀하게 나누기도 합니다. 예를 들어 '날씨가'를 '날씨'+'가'로, '좋네요'를 '좋'+'네요'로 분리하는 방법이에요. 방식마다 장단점이 있기 때문에, 어떤 목적으로 사용할지에 따라 적절한 토큰화 방식을 선택해야 합니다.

토큰화 기준이 정해지면 이제 수백만 개의 문장을 모두 토큰으로 나누는 작업을 진행합니다. 이 과정에서 엄청나게 많은 토큰이 만들어지는데, 이 토큰들 사이에서 흥미로운 패턴이 나타나요. '좋다' '나쁘다' '재미

있다' 같은 일상 언어의 토큰은 자주 등장하지만, 전문용어나 고유명사는 드물게 나타납니다. 즉 상위 몇 개 단어가 전체 텍스트의 대부분을 차지하고 나머지 대다수의 단어는 아주 적게 사용되는데, 예를 들어 '이' '것' '하다' '있다' 같은 기능어들이 전체의 30퍼센트 이상을 차지합니다. 모든 토큰을 다 저장하면 메모리가 부족해지므로, 일정 빈도 이하로 나타나는 토큰은 제외하거나 〈UNK unknown 〉라는 특별한 토큰으로 대체합니다.

다음 단계로 이렇게 정제한 토큰을 모아서 **사전을 구축**합니다. 사전은 모든 유효한 토큰을 정리해서 각각에 고유한 번호를 부여하는 체계를 의미합니다. 마치 영어사전에서 단어를 알파벳순으로 정렬하듯이, 컴퓨터도 모든 토큰을 체계적으로 정리해야 활용하기 쉽겠죠. 이러한 변환 과정은 수학의 함수로 나타낼 수 있는데, $f($오늘$)=1$, $f($날씨$)=2$와 같이 각 토큰에 특정 숫자를 대응시키는 함수를 정의합니다.

실제 단어들은 보통 빈도순으로 번호를 부여하는데, 자주 사용하는 단

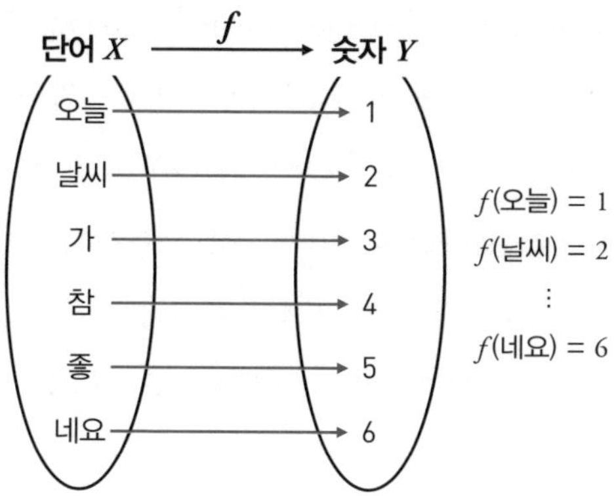

토큰에 숫자를 대입하는 함수

어일수록 작은 번호를 받습니다. 이렇게 만들어진 사전의 크기는 언어와 용도에 따라 다르지만, 보통 3만 개에서 10만 개 정도의 토큰을 포함해요. 한 번 만들어진 사전은 해당 모델을 사용하는 동안 계속 활용하므로, 신중하게 구성해야 합니다.

② 단어의 중요도 측정 : TF-IDF 알고리즘

사전이 완성되고 나면, 이제 각 단어가 문서에서 얼마나 중요한지를 판단해야 하는 새로운 과제가 생깁니다. 예를 들어 영화 리뷰 문서를 분석한다고 생각해볼까요? '영화' '이' '그' '는' 같은 단어는 거의 모든 리뷰에 나타나지만, 정작 그 리뷰가 다루는 영화가 무엇인지, 어떤 느낌의 영화인지는 알려주지 못해요. 반면 '스릴러' '감동' '코미디' 같은 단어는 덜 자주 나타나지만, 리뷰의 핵심 내용을 담아내죠. 이처럼 단순히 많이 나타나는 단어가 아니라, **문서를 대표하는 중요한 단어**를 찾아내는 과정이 필요합니다.

TF-IDF는 바로 이런 문제를 해결하고자 만들어진 방법입니다. TF-IDF는 Term Frequency-Inverse Document Frequency의 약자로, 두 요소를 곱해서 단어의 중요도를 계산하는 방식이에요. 먼저 TF는 말 그대로 특정 단어가 하나의 문서 안에서 얼마나 자주 등장하는지를 나타내는 값입니다. 직관적으로 생각하면, 어떤 단어가 문서에서 여러 번 반복된다는 것은 그 단어가 해당 문서의 주제와 관련이 깊다는 신호겠죠.

간단한 예시로 살펴볼까요? 학생들이 작성한 세 편의 감상평이 있다고 가정해보겠습니다.

문서 1 이 영화는 스릴러 장르다. 스릴러 특유의 긴장감이 정말 대단하다. 만약 스릴러를 좋아한다면 꼭 봐라. (총 15개 단어)

문서 2 로맨스 영화로 감동적이다. 로맨스 영화답게 나도 모르게 눈물이 났다. 사랑 이야기가 참 아름답다. (총 13개 단어)

문서 3 코미디 영화인데 정말 웃겼다. 여러 코미디 요소가 풍부하고 배우들 연기가 참 좋았다. (총 12개 단어)

각 문서에서 주요 단어들이 몇 번 등장하는지 세어보겠습니다.

	영화	스릴러	긴장감	로맨스	감동적	사랑	코미디	웃겼다
리뷰 1	1	3	1	0	0	0	0	0
리뷰 2	2	0	0	2	1	1	0	0
리뷰 3	1	0	0	0	0	0	2	1

이제 TF 값을 계산해보겠습니다. TF는 (해당 단어의 등장 횟수) / (문서의 전체 단어 수)로 구합니다. 예를 들면 TF(스릴러, 리뷰1)=$\frac{3}{15}$=0.2가 됩니다. 같은 방식으로 각 단어의 TF를 구하면 다음 표와 같습니다.

	영화	스릴러	긴장감	로맨스	감동적	사랑	코미디	웃겼다
TF 리뷰 1	0.07	0.2	0.07	0	0	0	0	0
TF 리뷰 2	0.15	0	0	0.15	0.08	0.08	0	0
TF 리뷰 3	0.08	0	0	0	0	0	0.15	0.08

챗GPT 상담사는 어떻게 사람처럼 대화할까?

리뷰 1에서 '스릴러'는 3번 나타나므로 TF=$\frac{3}{15}$=0.20이 되고, 리뷰 2에서 '로맨스'는 2번 나타나므로 TF=$\frac{2}{13}\approx0.15$가 됩니다. 여기서 주목할 점은 '영화'라는 단어는 모든 리뷰에 나타나지만, 이것만으로는 각 리뷰의 특징을 구분하기 어렵다는 점이에요. 만약 어떤 단어가 거의 모든 문서에 나타난다면, 그 단어는 특정 문서를 구분하는 데 별로 도움이 되지 않아요. 반대로 소수의 문서에만 나타나는 단어는 문서의 특징을 잘 드러내줍니다. IDF Inverse Document Frequency 는 바로 이 '희귀한 정도'를 수치화한 값입니다.

먼저 각 단어가 몇 개의 문서에 등장하는지 세어봅시다.

	영화	스릴러	긴장감	로맨스	감동적	사랑	코미디	웃겼다
등장 문서 수	3	1	1	1	1	1	1	1

IDF는 다음과 같이 계산합니다.

IDF(단어) = log(전체 문서 수 / 해당 단어가 등장한 문서 수)

전체 문서 수는 3개이므로, 각 단어의 IDF를 계산하면 아래와 같겠죠.

	영화	스릴러	긴장감	로맨스
IDF	$\log\left(\frac{3}{3}\right)=0$	$\log\left(\frac{3}{1}\right)=0.48$	$\log\left(\frac{3}{1}\right)=0.48$	$\log\left(\frac{3}{1}\right)=0.48$

	감동적	사랑	코미디	웃겼다
IDF	$\log\left(\frac{3}{1}\right)=0.48$	$\log\left(\frac{3}{1}\right)=0.48$	$\log\left(\frac{3}{1}\right)=0.48$	$\log\left(\frac{3}{1}\right)=0.48$

'영화'처럼 모든 문서에 나타나는 단어의 IDF는 0입니다. log(1)=0이기 때문이죠. 이는 이 단어가 문서를 구분하는 데 전혀 기여하지 못한다는 의미입니다.

여기서 로그를 사용하는 이유가 궁금할 수 있어요. 로그함수는 큰 수의 차이를 완화해주는 역할을 합니다. 예를 들어 전체 문서가 1,000개인데 어떤 단어가 10개 문서에만 나타난다면, 단순 비율로는 $\frac{1000}{10}$=100이지만, log(100)≈2가 되어 관리하기 적절한 크기가 되죠. 또한 로그의 특성상 희귀한 단어일수록 IDF값이 커지고, 흔한 단어일수록 IDF값이 작아지는 효과가 있습니다.

이제 TF와 IDF를 곱하면 각 단어의 최종 중요도 점수가 나옵니다. 예를 들어 리뷰 1에서 '스릴러'의 TF-IDF는 아래와 같은 계산을 따릅니다.

TF(스릴러, 리뷰 1) = 0.20

IDF(스릴러) ≈ 0.48

TF−IDF(스릴러, 리뷰 1) = 0.20 × 0.48 ≈ 0.096

각 단어의 TF-IDF를 곱하면 다음 표를 구할 수 있습니다.

	영화	스릴러	긴장감	로맨스	감동적	사랑	코미디	웃겼다
TF−IDF 리뷰 1	0	0.096	0.034	0	0	0	0	0
TF−IDF 리뷰 2	0	0	0	0.072	0.038	0.043	0	0
TF−IDF 리뷰 3	0	0	0	0	0	0	0.072	0.038

챗GPT 상담사는 어떻게 사람처럼 대화할까?

예를 들어 리뷰 1에서 '스릴러'의 TF-IDF는 0.096인 반면, '영화'의 TF-IDF는 0입니다. 두 단어는 모두 같은 리뷰 1에 등장했지만, '스릴러'는 0.096의 중요도를 얻은 반면, '영화'는 0의 중요도를 받았어요. 이것이 바로 TF-IDF의 핵심입니다. 해당 문서에서 자주 나타나면서도(높은 TF), 다른 문서에는 잘 나타나지 않는(높은 IDF) 단어가 높은 점수를 받는 것이죠.

표를 살펴보면 각 리뷰의 특징이 명확히 드러납니다. 리뷰 1은 '스릴러'(0.096)가, 리뷰 2는 '로맨스'(0.072)가, 리뷰 3은 '코미디'(0.072)가 가장 높은 TF-IDF값을 가져요. 모든 리뷰에서 '영화'의 TF-IDF는 0으로, 이 단어가 리뷰 구분에 전혀 도움이 되지 않는다는 사실을 보여줍니다.

TF-IDF는 실생활에서 어떻게 활용될까요? 가장 대표적인 예가 검색 엔진입니다. 우리가 넷플릭스나 영화 추천 사이트에서 '스릴러 영화 추천'이라고 검색하면, 시스템은 각 리뷰나 소개 글에서 '스릴러'와 '영화' '추천'이라는 단어의 TF-IDF 점수를 계산해요. 그리고 이 세 단어의 TF-IDF 점수가 모두 높은 콘텐츠를 우선적으로 보여주는 식이죠.

또 다른 예시로 영화 스트리밍 플랫폼에서 영화를 자동으로 분류하는 시스템을 생각해볼 수 있습니다. 액션·로맨스·코미디·스릴러 등 여러 장르가 있을 때, 각 영화의 줄거리 소개나 리뷰에서 단어들의 TF-IDF를 계산하면 영화의 특징을 잘 나타내는 핵심 키워드들을 파악할 수 있어요. '추격' '총격' 같은 단어의 TF-IDF가 높으면 액션 영화일 가능성이 크고, '눈물' '이별' 같은 단어의 TF-IDF가 높으면 로맨스 영화일 가능성이 크다는 뜻이죠.

TF-IDF는 단순하지만 강력한 방법으로 각 문서에서 정말 중요한 단어가 무엇인지를 수학적으로 찾아냅니다. 물론 최신 인공지능은 더 복잡한 방법을 사용하지만, TF-IDF는 여전히 텍스트 데이터를 이해하는 기본적이면서도 효과적인 도구로 활용되고 있어요.

③ 조건부 확률을 활용한 임베딩 학습

사전을 완성하면 이제 각 단어의 의미를 벡터로 표현하는 임베딩 학습 단계에 들어갑니다. 앞서 살펴봤듯이, 단순히 번호만 부여해서는 단어 사이의 의미 관계를 표현할 수 없어요. 여기서 핵심 아이디어는 '특정 단어 근처에 어떤 단어들이 자주 나타나는지'를 분석하는 것인데, 특정 조건에서의 확률을 살펴보는 조건부 확률로 이 과정을 처리합니다.

조건부 확률은 'A가 일어났을 때(조건) B가 일어날 확률'을 의미합니다. 간단한 예시로 조건부 확률을 한번 살펴볼까요? 한 학급에서 30명의 학생을 조사했더니 다음과 같은 결과가 나왔습니다.

사건 A 안경을 쓴 학생 → 12명

사건 B 수학을 좋아하는 학생 → 15명

사건 A∩B 안경을 쓰면서 수학도 좋아하는 학생 → 8명

이때 임의로 선택한 1명이 안경을 쓰고 있었을 때(조건), 이 학생이 수학을 좋아할 확률은 얼마일까요? 조건부 확률에서는 전체 인원을 볼 필요 없이 특정 조건에 해당하는 학생에 한해서 확률을 살펴보면 됩니다. 전체 학생 가운데 안경을 쓴 학생은 12명이고, 그중 수학을 좋아하는 학생은 8명이므로, $\frac{8}{12} = \frac{2}{3} \approx 0.67$이라는 조건부 확률을 계산할 수 있어요.

이처럼 조건 A 안에서 사건 B를 살펴보는 조건부 확률을 P(B|A)로 표현합니다.

이제 이 개념을 텍스트 데이터에 한번 적용해볼까요? 다음과 같은 5개의 간단한 문장이 있다고 가정해보겠습니다,

- 날씨가 좋다.
- 날씨가 맑다.
- 날씨가 흐리다.
- 음식이 좋다.
- 기분이 좋다.

먼저 '날씨가' 다음에 나오는 단어들을 보면, '좋다' 1번, '맑다' 1번, '흐리다' 1번으로 총 3번 나타났어요. 따라서 '날씨가' 다음에 '좋다'가 올 확률은 0.33입니다.

$$P(좋다 \mid 날씨가) = 1/3 \approx 0.33$$

마찬가지로 '음식이'라는 단어 다음에 '좋다'가 올 확률과 '기분이' 다음에 '좋다'가 올 확률을 구해보면 두 조건부 확률 모두 1이 나옵니다.

$$P(좋다 \mid 음식이) = 1/1 = 1$$

$$P(좋다 \mid 기분이) = 1/1 = 1$$

이런 식으로 각 단어 쌍의 조건부 확률을 계산해볼 수 있어요.

그렇다면 이제 핵심 질문이 남았습니다. 이런 조건부 확률 정보를 활용해서 어떻게 각 단어를 의미 있는 벡터로 변환할까요? 바로 '비슷한 문맥에서 나타나는 단어들은 비슷한 의미를 가진다'는 아이디어를 활용합니다. 예를 들어 '학생이 공부한다' '학생이 시험 본다'처럼 '학생' 다음에 자주 나타나는 단어들은 서로 관련성이 높을 가능성이 큽니다. 이 아이디어를 바탕으로 만든 것이 바로 **워드투벡터** Word2Vec 라는 알고리즘입니다. Word2Vec은 'Word to Vector'의 줄임말로, 조건부 확률을 계산하는 동시에 각 단어를 벡터로 학습시키는 방법이에요. 구체적으로 어떻게 작동하는지 스킵그램 skip-gram * 모델로 살펴보겠습니다.

먼저 다음과 같은 8개 문장을 한번 살펴볼까요?

- 학생이 공부한다.
- 학생이 시험 본다.
- 학생이 시험 준비한다.
- 학생이 시험 걱정한다.
- 학생이 책 읽는다.
- 학생이 숙제한다.
- 선생님이 수업한다.
- 의사가 진료한다.

---

*   워드투벡터의 학습 방법의 하나로, 중심 단어를 입력받아 주변 단어들을 예측하는 방식입니다.

챗GPT 상담사는 어떻게 사람처럼 대화할까?

앞 문장에서 이제 '학생이'라는 중심 단어에만 집중해 그 주변 한 칸에 나타나는 단어들을 모두 찾아보면 다음과 같습니다.

- '시험'으로 시작하는 단어 : 3번 (시험 본다, 시험 준비한다, 시험 걱정한다)
- '공부한다' : 1번
- '책 읽는다' : 1번
- '숙제한다' : 1번

이제 조건부 확률을 계산해볼까요?

- $P(\text{시험}\,|\,\text{학생이}) = 3/6 = 0.5$ (50%)
- $P(\text{공부한다}\,|\,\text{학생이}) = 1/6 \approx 0.17$ (17%)
- $P(\text{책 읽는다}\,|\,\text{학생이}) = 1/6 \approx 0.17$ (17%)
- $P(\text{숙제한다}\,|\,\text{학생이}) = 1/6 \approx 0.17$ (17%)

여기서 '시험' 관련 단어들이 50퍼센트로 가장 높은 확률을 가지는 것을 확인할 수 있습니다. '학생이' 다음에 시험과 관련 있는 단어가 나타날 가능성이 다른 단어들보다 3배 정도 높다는 뜻이죠. 실제로는 수백만 개의 문장에서 조건부 확률을 계산하기 때문에 단어들 사이 연관성을 훨씬 정확한 확률값으로 반영합니다.

먼저 처음에는 다음 예시처럼 모든 단어에 임의의 벡터값을 부여합니다.

$$학생 = [0.1, 0.3, 0.2],$$
$$시험 = [0.7, 0.1, 0.5]$$

그다음 학습 과정에서 컴퓨터는 각 단어를 벡터로 표현하면서, 함께 자주 나타나는 단어들의 벡터가 서로 가까워지도록 조정합니다. 예를 들면 앞에서 언급한 '학생' 근처에 '시험'이 자주 나타난다는 사실을 학습하면서, 아래와 같은 방식으로 비슷해집니다.

$$학생 = [0.1, 0.3, 0.2] \Rightarrow 학생 = [0.2, 0.4, 0.3]$$
$$시험 = [0.7, 0.1, 0.5] \Rightarrow 시험 = [0.3, 0.5, 0.4]$$

반대로 '학생'과 거의 함께 나타나지 않는 '월급' 같은 단어의 벡터는 멀어지도록 조정합니다. 이런 과정을 수백만 번 반복하면서 점차 의미가 유사한 단어들이 비슷한 벡터값을 갖게 되죠.

벡터의 차원 수는 보통 100차원에서 300차원 사이로 설정합니다. 차원이 너무 적으면 복잡한 의미 관계를 표현하기 어렵고, 너무 많으면 계산 비용이 커져요. 각 차원이 구체적으로 어떤 의미를 나타내는지 명확하게 해석하기는 어렵지만, 전체적으로 단어의 다양한 의미 특성을 포착할 수는 있지요. 마치 사람의 성격을 여러 측면으로 나누어 평가하듯이요. 어떤 차원은 '학습 관련-생활 관련' 성향을, 다른 차원은 '긍정적-부정적' 감정을, 또 다른 차원은 '주체-행동' 관계를 나타내는 식이죠. 사람이 직접 설계하지 않지만, 학습 과정에서 자연스럽게 의미 특성이 벡터의 각 차원에 반영됩니다.

챗GPT 상담사는 어떻게 사람처럼 대화할까?

이제 조건부 확률 학습으로 벡터를 만들면서 단어의 의미를 수학적으로 표현할 수 있게 되었습니다. 컴퓨터는 '좋다'라는 단어를 단순한 기호가 아닌, 의미를 담은 숫자의 집합으로 이해합니다. 각 단어가 고유한 벡터를 가지면서, 텍스트 처리의 새로운 가능성이 열렸습니다. 하지만 벡터만으로는 아직 부족해요. 이제 새로운 텍스트를 입력했을 때 만들어진 벡터들을 어떻게 활용할지와 벡터들 사이 관계를 측정하는 문제를 해결해야 합니다. 이제부터는 학습된 벡터들을 이용해서 단어 사이 유사도를 정확히 계산하는 수학적 방법들을 자세히 살펴보겠습니다.

관계의 핵심은 '거리'와 '각도'

① 벡터 공간에서 단어 유사도 측정하기

바로 앞에서 우리는 텍스트를 벡터로 변환하는 과정을 살펴보았습니다. 조건부 확률로 '학생'이라는 단어를 [0.2, 0.4, 0.3] 같은 숫자들의 집합으로 표현하고, '시험'을 [0.3, 0.5, 0.4]로 표현하는 것을 확인했죠. 그런데 이제 새로운 질문이 생깁니다. 이렇게 만들어진 벡터들을 어떻게 활용하면 단어들 사이의 유사성을 측정할 수 있을까요? 숫자들의 나열일 뿐인 벡터에서 어떻게 의미 관계를 찾아낼까요?

벡터는 좌표로 표현할 수 있기 때문에 공간에서 '위치'를 갖고, 두 벡터 사이에 '거리'가 존재합니다. 마치 지도 위에서 서울과 부산의 위치를 좌표로 표현하고 그 사이 거리를 계산할 수 있듯이, 단어들도 벡터 공간의 특정 위치에 배치되어 있어요. '사과'와 '배'는 과일이라는 공통점 때문에 벡터 공간에서 가까이 자리 잡고, '사과'와 '자동차'는 서로 다른 범주이므로 멀리 떨어진 곳에 자리합니다. 비록 3차원 이상의 공간을 직접 그려볼 수는 없지만, 수학적으로는 수백 차원의 공간에서도 동일한 원리가 적용되죠.

그렇다면 벡터 공간에서 두 단어가 얼마나 유사한지를 어떻게 수치로 측정할까요? 일상생활에서 우리는 집에서 학교까지의 거리, 서울에서 부산까지의 거리를 킬로미터나 미터 단위로 측정합니다. 마찬가지로 벡터 공간에서도 두 점 사이의 거리를 계산할 수 있어요. 거리가 가까우면 두 단어의 의미가 비슷하고, 멀면 의미가 다르다고 해석할 수 있습니다. 그런데 벡터 공간에서는 단순한 거리 외에도 벡터가 가리키는 방향을 고려한 각도 측정도 가능합니다.

벡터 사이 거리를 가장 직관적으로 측정하는 방법은 **유클리드 거리**입니다. 좌표평면에서 점 $A(x_1, y_1)$와 점 $B(x_2, y_2)$ 사이 거리는 고등학교 수학에서 배운 점과 점 사이 거리 공식을 활용하여 계산할 수 있었죠?

$$\sqrt{(x_2-x_1)^2+(y_2-y_1)^2}$$

벡터 공간에서도 같은 원리를 적용할 수 있어요. 예를 들어 2차원 벡터 [1, 2]와 [3, 4] 사이의 유클리드 거리는 $\sqrt{(3-1)^2+(4-2)^2}=\sqrt{4+4}=2\sqrt{2}$가 됩니다. 차원이 늘어나도 각 차원의 차이를 제곱해서 더한 후 제곱근을 구하는 방식은 동일하죠.

이 예시에서 '사과'와 '배'는 좌푯값이 가깝기 때문에 공간상에서도 서로 가깝습니다. 마찬가지로 '자동차'와 '버스'도 서로 가깝습니다. 하지

챗GPT 상담사는 어떻게 사람처럼 대화할까?

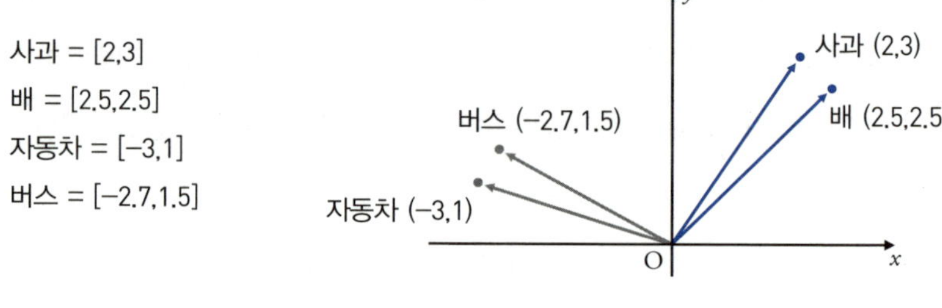

단어의 벡터값과 좌표 위치

만 '사과'와 '자동차'는 좌푯값이 크게 다르므로 공간상에서도 멀리 떨어져 있습니다. 이처럼 벡터 공간에서 단어들 사이 거리는 의미 유사성을 나타냅니다. 실제 인공지능 시스템에서는 한눈에 보이는 2차원을 넘어선 아주 많은 차원의 벡터 공간을 사용합니다. 예를 들어, GPT-3는 각 토큰을 1만 2,288개의 차원으로 구성된 벡터로 표현합니다. 높은 차원을 사용하면 단어들 사이의 복잡한 관계까지 표현할 수 있지요.

때로는 벡터의 크기보다 방향이 더 중요할 수 있어요. 예를 들어 '좋

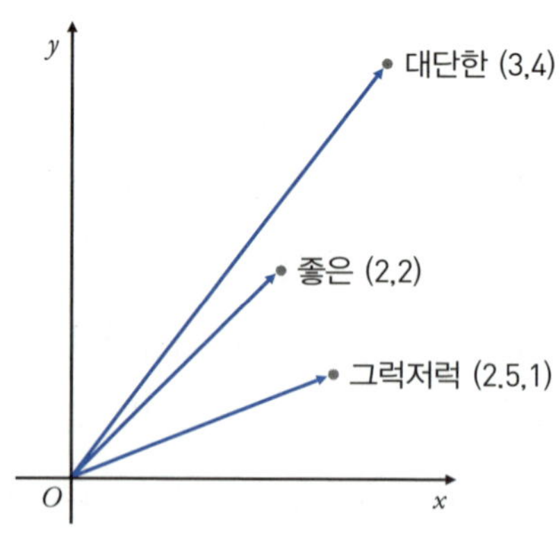

벡터의 크기와 방향 사이 유사도

은'이라는 단어가 [2, 2], '그럭저럭'이라는 단어가 [2.5, 1], '대단한'이 [3, 4]로 표현된다면 어떨까요? 비록 유클리드 거리로는 '좋은'과 '그럭저럭'이 가깝지만, '좋은'이라는 단어는 '대단한'이라는 표현과 더 유사합니다. 즉 표현의 강도에 차이가 있을 뿐, 단어가 의미하는 성향은 더 유사하다고 할 수 있죠.

실제로 벡터의 유사성을 살펴볼 때는 유클리드 유사도보다는 코사인 유사도를 주로 사용합니다. 어떤 단어가 텍스트에 자주 등장하면 벡터의 좌푯값이 커지면서 벡터의 크기가 커질 수 있습니다. 그러나 단어의 빈도와 유사성은 별개의 문제입니다. 이럴 때 사용하는 유사도가 바로 코사인 유사도입니다.

두 벡터가 $\vec{P}=(p_1, p_2, \cdots, p_n)$, $\vec{Q}=(q_1, q_2, \cdots, q_n)$일 때, 코사인 유사도는 두 벡터가 이루는 각 θ의 코사인 함숫값으로 유사한 정도를 측정합니다. 두 벡터의 성분에 대해서 코사인 유사도는 다음과 같이 정의합니다.

$$\cos\theta = \frac{p_1 q_1 + p_2 q_2 + \cdots + p_n q_n}{\sqrt{p_1^{\,2} + p_2^{\,2} + \cdots + p_n^{\,2}} \; \sqrt{q_1^{\,2} + q_2^{\,2} + \cdots + q_n^{\,2}}}$$

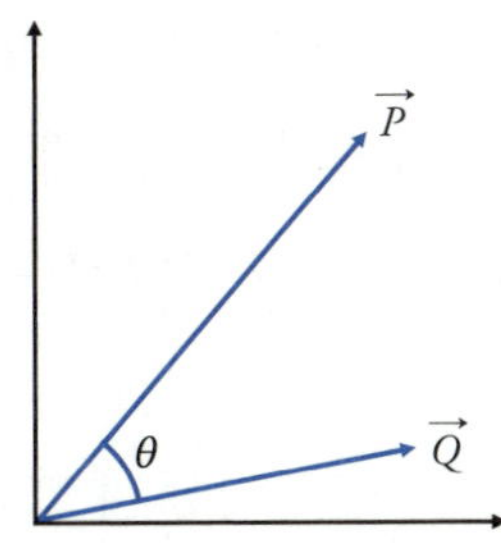

벡터와 벡터의 코사인 유사도

챗GPT 상담사는 어떻게 사람처럼 대화할까?

코사인 유사도는 -1부터 1 사이의 값을 가지며, 이 값으로 두 벡터가 얼마나 유사한 방향을 가리키는지 알 수 있습니다. 코사인 유사도가 1에 가까울수록 두 벡터는 같은 방향을 향하고, 이는 의미가 매우 유사하다는 뜻입니다. 반대로 0에 가까우면 두 벡터가 서로 직교하여 관련성이 거의 없다는 뜻이지요. -1에 가까우면 정반대 방향을 향하고 있어 반대되는 의미를 가진다고 볼 수 있습니다. 예를 들어 '긍정적'과 '부정적'이라는 단어는 코사인 유사도가 -1에 가까운 값을 가지겠죠.

자, 그러면 이제 아까 살펴본 '좋은'이라는 단어 벡터 [2, 2]와 '그럭저럭'이라는 단어 벡터 [2.5, 1] 사이의 코사인 유사도를 계산해봅시다.

$$\cos\theta_1 = \frac{2\times2.5+2\times1}{\sqrt{2^2+2^2}\cdot\sqrt{2.5^2+1^2}} = \frac{7}{\sqrt{8}\,\sqrt{7.25}} = 0.92$$

마찬가지 방법으로 '좋은'이라는 단어 벡터 [2, 2]와 '대단한'이라는 단어 벡터 [3, 4] 사이 코사인 유사도를 계산하면 다음과 같습니다.

$$\cos\theta_2 = \frac{2\times3+2\times4}{\sqrt{2^2+2^2}\cdot\sqrt{3^2+4^2}} = \frac{14}{\sqrt{8}\times5} = 0.99$$

두 값 모두 1에 가까운 양수이므로 세 단어가 모두 긍정적 의미를 공유하고 있다는 사실을 알 수 있습니다. 그런데 '좋은'과 '대단한' 사이의 코사인 유사도(0.99)가 '좋은'과 '그럭저럭' 사이의 값(0.92)보다 1에 더 가깝죠? 이는 '좋은'이라는 단어가 '그럭저럭'보다 '대단한'이라는 단어와 방향이 더 비슷하다는 뜻이고, 의미상 더 밀접한 관계에 있다는 사실을 수치로 보여주는 것입니다.

② 벡터 연산으로 발견하는 단어 관계

벡터를 이용한 단어 표현 가운데 가장 놀라운 발견은 단순한 수학 연산으로 의미 관계를 포착할 수 있다는 점입니다. 2013년 구글의 연구진이 발표한 '왕-남자+여자=여왕'이라는 공식은 전 세계를 놀라게 했어요. 이는 '왕'의 벡터에서 '남자'의 벡터를 빼고 '여자'의 벡터를 더하면, 그 결과가 '여왕' 벡터와 매우 유사하다는 의미입니다. 마치 '왕'에서 '남성성'을 빼고 '여성성'을 더한 것과 같은 효과를 내죠. 이는 단순한 우연의 일치가 아니라 벡터 공간에서 의미 관계가 수학적 규칙성을 가지고 있다는 사실의 증명이었습니다. 마치 물리학 법칙처럼 언어에도 수학적 구조가 숨어 있던 것이죠. 이러한 발견은 인공지능이 언어를 이해하는 방식을 완전히 바꾸어놓았습니다.

벡터 $\vec{u}=[a,b]$, $\vec{v}=[c,d]$의 덧셈과 뺄셈은 다음과 같습니다.

$$[a,b]+[c,d]=[a+c,\ b+d]$$
$$[a,b]-[c,d]=[a-c,\ b-d]$$

다음 예시를 보면서 위에서 이야기한 '왕-남자+여자=여왕'을 확인해 보도록 하겠습니다. 다음은 몇 가지 단어의 2차원 벡터 표현입니다.

남자 = [3,1]

여자 = [3,−1]

왕 = [4,1]

여왕 = [?,?]

챗GPT 상담사는 어떻게 사람처럼 대화할까?

'왕-남자+여자=여왕'이라는 관계를 이용하면 '여왕'의 벡터 좌표를 구할 수 있습니다.

여왕 = 왕 − 남자 + 여자
　　　= [4,1] − [3,1] + [3,−1]
　　　= [4−3, 1−1] + [3,−1] = [1,0] + [3,−1] = [4,−1]

따라서 '여왕'의 벡터 좌표는 [4,−1]입니다.

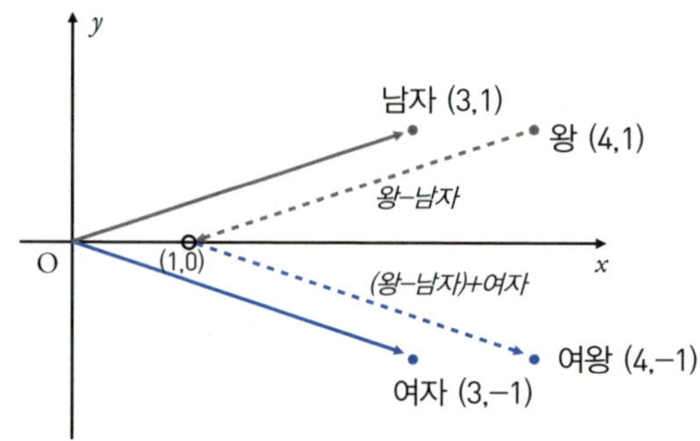

이런 마법 같은 결과가 어떻게 가능한지 벡터 연산의 기하학적 의미부터 한번 살펴볼까요? 벡터의 덧셈은 화살표를 꼬리와 머리로 연결하는 것과 같습니다. 벡터 $\vec{A}$에서 시작해서 벡터 $\vec{B}$만큼 더 이동한 최종 위치가 $\vec{A}+\vec{B}$가 되지요. 그러면 뺄셈은 반대 방향으로 이동하는 것과 같겠지요? 의미 공간에서 이런 연산을 적용하면, 2단계 과정으로 해석할 수 있습니다.

1단계 왕-남자 : '왕'에서 '남자'라는 성별 정보를 뺌

2단계 (왕-남자)+여자 : '여자'라는 성별 정보를 더함

이런 관계를 다른 단어들의 관계에 적용해보면 다음과 같아요. 우리가 일상에서 '한국 : 서울 = 프랑스 : 파리'라고 표현하는 비례 관계도 벡터로 나타낼 수 있습니다. 한국이라는 국가의 수도는 서울이고 프랑스라는 국가의 수도는 파리이므로 두 단어의 관계 벡터가 유사하다는 사실을 우리는 알고 있죠. 실제로 이런 관계를 활용해 '프랑스의 수도는 어디인가?'라는 질문을 벡터 연산으로 해결해봅시다. 예를 들어 한국, 서울, 프랑스를 나타내는 벡터는 다음과 같습니다.

한국 = [0.3, 0.7, 0.2],

서울 = [0.4, 0.8, 0.1],

프랑스 = [0.2, 0.6, 0.3]

1단계 서울-한국

  [0.4, 0.8, 0.1] − [0.3, 0.7, 0.2]

  [0.4−0.3, 0.8−0.7, 0.1−0.2] = [0.1, 0.1, −0.1]

2단계 (서울-한국)+프랑스

  [0.1, 0.1, −0.1] + [0.2, 0.6, 0.3]

  = [0.1+0.2, 0.1+0.6, −0.1+0.3] = [0.3, 0.7, 0.2]

챗GPT 상담사는 어떻게 사람처럼 대화할까?

이제 결과로 얻은 벡터 [0.3, 0.7, 0.2]와 가장 유사한 단어를 사전에서 찾으면 됩니다. 만약 파리=[0.35, 0.68, 0.42]라는 벡터가 있다면, 코사인 유사도 계산으로 이 벡터가 가장 가까운 답임을 확인할 수 있습니다.

이런 벡터 연산의 원리는 우리가 일상적으로 사용하는 많은 서비스에 적용되고 있습니다. 구글이나 네이버 같은 검색 엔진은 사용자가 입력한 검색어와 유사한 의미의 문서를 찾을 때 벡터 유사도를 활용해요. 넷플릭스나 유튜브 추천 시스템도 사용자가 좋아하는 콘텐츠와 비슷한 벡터를 가진 다른 콘텐츠를 추천합니다. 번역 서비스에서는 서로 다른 언어의 단어들이 비슷한 벡터 공간에 배치되도록 학습시켜서 정확한 번역을 시도합니다.

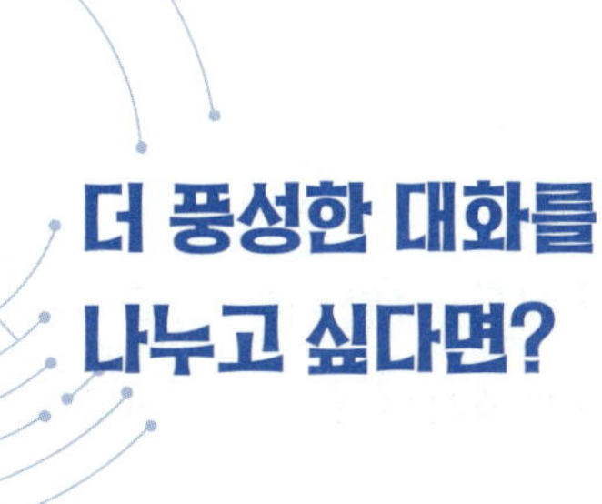

더 풍성한 대화를
나누고 싶다면?

문맥을 이해하는 인공지능
: 어텐션 메커니즘

앞에서는 단어들을 어떻게 수학적으로 표현하는지 살펴보았습니다. 원-핫 인코딩에서 시작해 워드투벡터처럼 단어를 벡터로 바꾸는 방법, 더 나아가 벡터들을 이용해서 단어 사이 유사도나 관계를 계산하는 방법까지 배웠지요. 그런데 단어의 의미를 벡터로 잘 표현했더라도, 실제 문장을 읽고 이해하는 데는 또 다른 어려움이 있습니다. 단어 하나하나의 뜻뿐 아니라, 전체 문장 속에서 어떤 단어가 핵심인지, 어떤 단어와 어떤 단어가 서로 연결되는지까지 파악해야 문장의 의미를 정확히 이해할 수 있을 테니까요. 이번 장에서는 인공지능이 '문맥'을 이해하도록 돕는 **어텐션** attention 이라는 중요한 개념을 배워보겠습니다.

우리는 문장을 읽을 때 모든 단어에 똑같은 주의를 기울이지 않습니다. "나는 오늘 시험을 봤는데, 기분이 정말 나빴다"라는 문장에서, 기분이 나빴던 이유를 찾으려 한다면 자연스럽게 '시험'이라는 단어에 집중

챗GPT 상담사는 어떻게 사람처럼 대화할까?

하겠지요. 그런데 기존의 인공지능 언어 모델들은 문장의 모든 단어를 동일하게 처리했습니다. '오늘'이든 '시험'이든 '정말'이든 모두 똑같은 비중으로 다루었지요. 그러다 보니 어떤 문맥에서는 중요한 단어를 제대로 반영하지 못해서 어색한 결과를 내기도 했습니다. 이 문제를 해결할 방법으로 도입된 기술이 바로 어텐션입니다.

어텐션은 영어로 '주의'나 '집중'을 뜻합니다. 사람이 주변에서 여러 소리가 들릴 때 필요한 정보에만 귀를 기울이듯이, 인공지능이 문장에서 어떤 단어에 더 집중할지를 스스로 판단하도록 만든 장치라는 뜻이에요. 예를 들어 교실에서 선생님이 여러 이야기를 하다가 "다음 주 시험에 나올 문제입니다"라고 말하면 학생들의 집중력이 급격히 올라가죠. 어텐션은 바로 이런 집중력의 원리를 수학적으로 모델링한 기술입니다. 모든 단어를 똑같이 취급하지 않고, 맥락에 따라 특정 단어의 중요도를 파악하여 다르게 처리하죠.

어텐션은 문장 안의 단어들이 서로를 바라보는 구조로 작동합니다. 하나의 단어가 기준이 되어 다른 단어들과의 관련성을 비교하며 '이 단어는 나에게 얼마나 중요한가?'를 스스로 계산하는 것이죠. 이때 단어와 단어 사이 연관성은 수학적으로 '유사도'를 계산하여 정량화합니다. 유사도가 높은 단어일수록 중요하다고 판단하여 더 큰 숫자를 부여하고, 그렇지 않은 단어는 작은 숫자를 부여합니다. 중요도를 정하면 인공지능은 문장을 이해할 때 어떤 정보에 더 집중할지를 결정합니다.

어텐션 메커니즘이 작동하는 핵심 구조에는 쿼리query, 키key, 밸류value 라는 세 벡터가 있습니다. 이름은 어렵게 들릴 수 있지만, 실제로는 그리 복잡하지 않습니다. 한 문장을 이해하는 과정을 가정해봅시다.

"민지가 피아노를 치자 모두가 조용해졌다."

이 문장을 이해하려는 인공지능이 '민지'라는 단어의 의미를 더 잘 파악하고자 한다고 상상해봅시다. 이때 '민지'는 중심이 되는 단어이므로 **쿼리**의 역할을 맡습니다. 다시 말해 쿼리는 지금 '내가 이해하고 싶은 단어'라고 생각하면 됩니다.

쿼리가 정해지면 주변의 다른 단어들에 '나와 얼마나 관련이 있어?'라는 질문을 던지면서 각각 연관성을 살펴봅니다. 이때 '피아노를' '치자' '모두가' '조용해졌다' 같은 단어는 저마다 자신이 가진 정보를 꺼내서 쿼리에게 보여주는데, 그들이 내미는 자기소개서가 바로 **키**입니다. 다시 말해 키는 주변 단어가 쿼리에게 '나는 이런 특징을 가진 단어야'라고 보여주는 일종의 자기 정체성입니다. 쿼리인 '민지'는 각 단어의 키와 자신의 쿼리를 비교하면서, '너는 나랑 얼마나 연관 있는지 알려줘'라고 요청하는 셈이지요.

키와 쿼리 사이에 비교는 **벡터의 내적**_{dot product} **으로 수치화**됩니다. 벡터의 내적은 벡터가 있을 때 같은 위치의 성분들을 곱한 합을 의미합니다. 예를 들어 두 벡터가 $\vec{a}=(a_1, a_2)$, $\vec{b}=(b_1, b_2)$라고 한다면, 이 두 벡터의 내적 $\vec{a}\cdot\vec{b}$의 값은 $a_1b_1+a_2b_2$로 구하며, 일반적으로는 다음과 같이 표현합니다.

$$\vec{u}=[u_1,\ u_2,\ \cdots,\ u_n],\ \vec{v}=[v_1,\ v_2,\ \cdots,\ v_n]\text{일 때,}$$
$$\vec{u}\cdot\vec{v}=u_1v_1+u_2v_2+\cdots+u_nv_n$$

챗GPT 상담사는 어떻게 사람처럼 대화할까?

벡터의 내적은 두 벡터가 서로에게 얼마나 영향을 크게 주는지 측정하는 데 유용하게 사용됩니다. 두 벡터의 내적은 두 벡터의 크기, 두 벡터가 이루는 각도 θ에 대하여 $\vec{u} \cdot \vec{v} = |\vec{u}| \cdot |\vec{v}| \cdot \cos\theta$라는 관계를 갖기 때문입니다.[*]

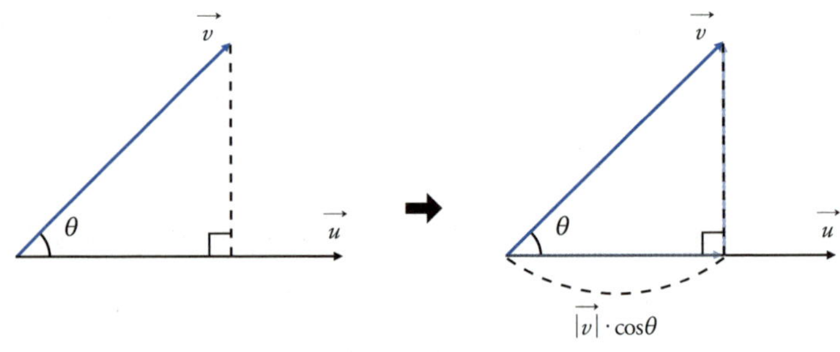

벡터의 크기와 방향 사이 유사도

위 그림을 살펴보면 $\vec{v}$를 $\vec{u}$의 방향, $\vec{u}$와 수직을 이루는 방향으로 나눌 수 있죠. 이때 $\vec{u}$ 방향의 크기를 나타내는 값은 $|\vec{v}| \cdot \cos\theta$이므로, $\vec{u} \cdot \vec{v}$는 $\vec{v}$가 $\vec{u}$에 미치는 영향 또는 $\vec{u}$가 $\vec{v}$에 미치는 영향의 크기를 의미함을 알 수 있습니다.

내적값이 클수록 서로에게 더 큰 영향을 준다는 뜻이므로, 내적값이 큰 단어는 중심 단어(민지)와 더 밀접한 관련이 있다고 판단할 수 있습니다. 하지만 키는 단지 '나의 성격'을 설명할 뿐이고, 실제로 전달할 '정보'는 따로 있습니다. 그게 바로 **밸류**입니다. 밸류는 각 단어가 문장에서 전달하는 실제 내용, 의미, 정보라고 볼 수 있습니다. 예를 들어 각 단어가

---

[*] 이 관계는 1장의 마지막 심화 탐구 부분에서 따로 다루겠습니다.

단어	밸류의 의미 역할
민지	'사람' '주어' '행동의 주체' 같은 정보
피아노를	'악기' '음악' '연주 대상' 등 피아노에 관한 정보
치자	'연주하다' '행동 동사' '능동적 사건' 같은 동사 정보
모두가	'다른 사람들' '반응의 주체' '군중'과 관련된 정보
조용해졌다	'상태 변화' '반응 결과' '환경 변화' 같은 정적인 정보

전달하는 밸류는 위 표와 같습니다.

'피아노'는 '민지'라는 쿼리에 키가 '음악' '연주' 방향을 가지는 벡터를 보여주면서 자신을 설명합니다. 동시에 밸류로는 '악기 연주'와 관련된 의미 정보를 제공합니다. 반면 '모두가'나 '조용해졌다'는 민지와 직접적 관계는 적어 보이기 때문에, 키와의 내적이 작고, 밸류도 덜 반영됩니다. 이런 과정을 거치면서 인공지능은 '민지'를 '피아노를 친 사람'이라는 의미로 이해하게 되죠.

어텐션에서는 '쿼리와 키 사이 유사도'를 계산하는 것이 중요합니다. 이 유사도는 보통 두 벡터 사이 내적으로 계산하며, 값이 클수록 더 밀접한 관계가 있다고 판단합니다. 유사도는 그 자체로 쓰기보다는 소프트맥스$_{\text{softmax}}$라는 함수를 이용해서 전체 합이 1이 되도록 정리합니다. 이 과정을 거치면 마치 조건부 확률처럼 해석할 수 있는 '가중치$_{\text{weight}}$'가 만들어지고, 이 가중치를 밸류에 곱하여 문장의 의미를 구성합니다. 다시 말해, 어텐션은 각 단어에 얼마만큼의 비중을 둘지 확률처럼 계산하고, 이를 이용해 문장의 문맥을 재구성하는 도구입니다.

한 문장에서 어텐션이 어떻게 작동하는지 한번 같이 살펴볼까요? 주

챗GPT 상담사는 어떻게 사람처럼 대화할까?

어진 문장의 각 단어가 다음과 같이 벡터로 표현되었다고 해봅시다. 먼저 문장을 토큰화합니다.

[민지, 피아노를, 치자, 모두가, 조용해졌다]

토큰화된 단어를 임베딩으로 다음과 같이 벡터로 변환했다고 가정해봅시다.

단어	키 벡터	역할	밸류 벡터
민지	[1.0, 0.4]	쿼리	
피아노를	[1.0, 0.2]	키	[0.8, 0.1]
치자	[0.9, 0.5]	키	[0.9, 0.3]
모두가	[0.1, 1.0]	키	[0.2, 0.9]
조용해졌다	[0.0, 0.8]	키	[0.1, 0.8]

이후 벡터의 내적을 계산해서 어떠한 단어들이 서로 연관성이 높은지 측정합니다.

단어	키 벡터	밸류 벡터
피아노를	[1.0, 0.2]	$1.0 \times 1.0 + 0.4 \times 0.2 = 1.0 + 0.08 = \mathbf{1.08}$
치자	[0.9, 0.5]	$1.0 \times 0.9 + 0.4 \times 0.5 = 0.9 + 0.2 = \mathbf{1.10}$
모두가	[0.1, 1.0]	$1.0 \times 0.1 + 0.4 \times 1.0 = 0.1 + 0.4 = \mathbf{0.5}$
조용해졌다	[0.0, 0.8]	$1.0 \times 0.0 + 0.4 \times 0.8 = 0 + 0.32 = \mathbf{0.32}$

이제 내적값을 소프트맥스 함수로 정규화할 차례입니다. 소프트맥스 함수는 지수함수를 활용하는데, 지수함수란 $2^3=8$처럼 어떤 수를 거듭제곱하는 함수예요. 여기서는 자연상수 $e(\approx 2.718)$를 밑으로 사용하는데[*], e는 수학에서 매우 중요한 상수로 복리 계산이나 확률분포에서 자주 등장합니다.

입력값이
$a, b, c, \cdots, d$가
있을 때

$$f(x=k) = \frac{e^k}{e^a + e^b + e^c + \cdots + e^d}$$

$(k = a, b, c, \cdots, d \text{ 중 하나})$

앞의 예시처럼 입력값이 1.08, 1.10, 0.5, 0.32일 때에는 다음과 같이 소프트맥스 함수의 값을 구할 수 있습니다.

단어	벡터의 내적	소프트맥스 함수로 구한 정규화
피아노를	1.08	$\dfrac{e^{1.08}}{e^{1.08}+e^{1.10}+e^{0.5}+e^{0.32}} = 0.33$
치자	1.10	$\dfrac{e^{1.10}}{e^{1.08}+e^{1.10}+e^{0.5}+e^{0.32}} = 0.33$
모두가	0.5	$\dfrac{e^{0.5}}{e^{1.08}+e^{1.10}+e^{0.5}+e^{0.32}} = 0.18$
조용해졌다	0.32	$\dfrac{e^{0.32}}{e^{1.08}+e^{1.10}+e^{0.5}+e^{0.32}} = 0.15$

[*] 자연상수 e에 관해서는 심화 탐구에서 별도로 다루겠습니다.

챗GPT 상담사는 어떻게 사람처럼 대화할까?

구한 값들은 마치 확률처럼 해석할 수 있어서, 인공지능이 어떤 항목에 얼마나 집중할지를 결정하는 데 자주 사용됩니다.

다음으로는 단어별로 정규화한 가중치를 단어의 밸류 벡터에 곱해서 새로운 벡터를 구해줍니다.

단어	밸류 벡터	가중치 적용된 벡터
피아노를	0.33×[0.8, 0.1]	[0.264, 0.033]
치자	0.33×[0.9, 0.3]	[0.297, 0.099]
모두가	0.18×[0.2, 0.9]	[0.036, 0.162]
조용해졌다	0.15×[0.1, 0.8]	[0.015, 0.120]
각 단어와의 관계로 만들어진 문맥 벡터		[0.612, 0.414]

구해진 벡터들을 모두 더하면 최종 문맥 벡터 [0.612, 0.414]가 나옵니다. 이 문맥 벡터는 원래 '민지'라는 단어가 갖던 기본 정보인 단어 벡터 [1.0, 0.4]에 문장 안의 다른 단어들이 제공하는 관련 정보가 추가된 '의미가 확장된 벡터'입니다. '피아노를' '치자'는 '민지'의 행동과 밀접한 관계에 있기 때문에, 쿼리인 '민지'와의 내적 점수가 높습니다. 이는 어텐션에서 높은 가중치로 반영되어, '민지'가 피아노를 친 사람이라는 맥락을 강화하는 결과를 만들어냅니다. 그리고 그 의미는 주변 단어들의 밸류를 반영하여 새롭게 만들어진 문맥 벡터로 표현되고 해석됩니다.

셀프 어텐션 self-attention 은 '민지'뿐만 아니라 문장 안의 모든 단어를 차례로 쿼리로 삼아, 나머지 단어들과의 관계를 따져보는 방식입니다. 예를 들어 '치자'가 쿼리가 되면 '민지'나 '피아노'를 바라보며, 자신이 어떤 동작을 나타내는 단어인지를 문맥 속에서 파악합니다. '모두가'는 '조용해졌다'와의 관계를 바탕으로, 행동의 결과를 받아들이는 대상임이 드러나죠. 이렇듯 각 단어가 스스로 문장 전체를 바라보며 의미를 계산하는 구조가 셀프 어텐션의 핵심입니다.

이전의 단어 처리 방식은 문장을 순서대로 따라가며 정보를 기억했기 때문에, 서로 멀리 떨어진 단어 사이의 관계를 파악하는 데 한계가 존재했습니다. 반면 셀프 어텐션은 모든 단어가 한 번에 서로를 바라보기 때문에, '민지'와 '조용해졌다'처럼 문장의 앞과 뒤에 있는 단어들도 자연스럽게 연결됩니다. 문장 전체를 동시에 이해하는 이 구조는 문장이 길거나 복잡할수록 더욱 효과적으로 작동하며, 의미를 놓치지 않고 정밀하게 포착합니다.

대화를 이어가는 챗봇
: 조건부 확률과 문장 생성

친구와 카카오톡으로 대화할 때를 생각해보세요. "오늘 날씨 어때?"라고 물으면 친구는 "좋네, 산책하기 딱 좋은 날씨야"라고 자연스럽게 답변합니다. 그런데 챗GPT나 구글 어시스턴트 같은 챗봇도 이와 비슷하게 자연스러운 답변을 만들어내죠. 대체 챗봇은 어떻게 우리 질문을 이해하고 적절한 답변을 생성하는 걸까요? 이 놀라운 능력의 핵심에는 조건부 확률이라는 수학적 개념이 숨어 있습니다. 챗봇은 마치 확률을 계산하는 수학자처럼, 주어진 상황에서 가장 적절한 다음 단어를 선택하며 문장을

챗GPT 상담사는 어떻게 사람처럼 대화할까?

완성해나갑니다.

한 번 더 되짚어보자면, 조건부 확률은 특정 조건 A가 주어졌을 때 어떤 사건 B가 일어날 확률을 의미하고 P(B|A)로 표현합니다. 예를 들어 하늘이 흐린 날(조건 A)에 사람들이 우산을 가져갈 확률(사건 B)은 맑은 날보다 훨씬 높겠죠? 언어에서도 비슷하게 적용해볼 수 있는데, '기분이'라는 단어가 나왔을 때, 그다음에 '좋아'가 올 확률은 '맛있어'가 올 확률보다 훨씬 높습니다. 챗봇은 바로 이런 언어의 확률적 패턴을 학습해서 자연스러운 대화를 만들어냅니다.

챗봇이 문장을 생성하는 핵심 원리는 '다음에 올 단어 예측하기'입니다. 챗봇은 지금까지 학습한 수많은 텍스트 데이터를 바탕으로 P(단어|이전 문맥)을 계산합니다. 예를 들어 "오늘 날씨가 ___"라는 문장에서 빈칸에 들어갈 가장 적절한 단어를 찾아봅시다. '오늘 날씨가' 다음에 각 단어가 나올 확률이 다음과 같다고 가정해볼게요.

- '좋다'가 올 조건부 확률 : P(좋다 | 오늘 날씨가) = 0.3
- '나쁘다'가 올 조건부 확률 : P(나쁘다 | 오늘 날씨가) = 0.5
- '흐리다'가 올 조건부 확률 : P(흐리다 | 오늘 날씨가) = 0.2

위처럼 각 단어의 조건부 확률을 계산해서 가장 높은 확률을 갖는 단어를 선택하는 거죠. 이 과정은 마치 수많은 책을 읽고 기억하는 사람이 문맥에 맞는 적절한 표현을 떠올리는 것과 비슷해요. 챗봇은 이런 과정을 한 단어씩 반복하면서 "날씨가 좋네요, 산책하기 딱 좋은 하루네요!"라는 완전한 답변을 만들어냅니다.

하지만 단어 하나만 보고 다음 단어를 예측하는 데는 한계가 있습니다. 예를 들어 '사과'라는 단어만 보고 다음 단어를 예측한다면 '-가 맛있다'인지, '-를 먹었다'인지, '-를 해야 할 것 같다'인지 알기 어렵죠. 따라서 문장에 나타난 단어를 고려해야 하는데, 이때 n개의 단어를 살펴보는 **N-그램**gram **모델**이라는 방법을 사용합니다. 2-그램은 앞의 단어 2개를, 3-그램은 앞의 단어 3개를 함께 고려해서 다음 단어를 예측하는 방식이에요. '나는 사과'까지 보면 다음에 '-를'이 올 가능성이 높다는 것을 알 수 있고, '나는 정말 사과'까지 보면 '-를 먹고 싶다'가 올 가능성이 높다고 파악할 수 있지요. 살펴보는 문맥이 길어질수록 더 정확하고 자연스러운 문장을 만들 수 있습니다.

그런데 챗봇이 단어를 선택할 때 항상 확률이 가장 높은 단어만 고르면 어떻게 될까요? 매번 가장 확실한 선택만 하면 "날씨가 좋습니다. 날씨가 좋습니다"처럼 반복적이고 지루한 답변만 나오겠지요. 따라서 챗봇은 확률분포에서 무작위로 단어를 선택하는 샘플링 방법을 사용해요. 확률이 높은 단어를 선택할 가능성이 높지만, 때로는 확률이 낮은 단어도 선택하면서 다양하고 창의적인 답변을 만들어냅니다. 이때 온도temperature라는 매개변수로 이 무작위성을 조절할 수 있는데, 온도가 높으면 창의적이지만 때로는 이상한 답변이, 온도가 낮으면 안전하지만 뻔한 답변이 나오는 경향이 있습니다.

이제 사용자가 "취미가 뭐야?"라고 질문했을 때의 답변 생성 과정을 살펴보려고 해요. 이 문장에 따른 답변으로 먼저 첫 번째 단어 선택에서 다음과 같은 확률분포가 나타났다고 가정해봅시다.

챗GPT 상담사는 어떻게 사람처럼 대화할까?

- 저는 : 0.4

- 음 : 0.25

- 여러 : 0.2

- 독서 : 0.15

샘플링으로 '저는'이 선택되었다면, 그다음에 올 수 있는 단어가 '독서를'(0.35), '영화'(0.3), '음악'(0.25), '운동을'(0.1) 등의 확률로 계산됩니다. 이 경우 '독서를'이 선택되겠네요. 이런 과정을 거쳐 "저는 독서를 좋아해요. 특히 과학 소설을 즐겨 읽는데, 상상력을 자극하는 이야기들이 매력적이에요"라는 자연스러운 답변이 완성됩니다.

현대의 챗GPT 같은 대화형 인공지능은 훨씬 더 정교한 방법을 사용합니다. 앞서 배운 어텐션 메커니즘을 활용해서 훨씬 긴 문맥을 동시에 고려해요. 단순히 앞의 몇 단어만 보는 것이 아니라, 전체 대화 내용과 문장 구조를 종합적으로 분석해서 확률을 계산합니다. 수천 개의 단어로 이루어진 긴 대화도 처리할 수 있고, 문장의 처음과 끝이 자연스럽게 연결되도록 전체적인 일관성을 유지할 수도 있죠. 또한 어텐션으로 중요한 키워드에 더 집중하면서 답변의 품질을 높입니다.

좋은 챗봇이 되려면 대화의 일관성도 유지해야 합니다. 방금 전에 "저는 개를 키워요"라고 답했는데, 다음 질문에서 "저는 반려견이 없어요"라고 모순된 답변을 하면 안 되겠죠. 따라서 챗봇은 이전 대화 내용을 기억하고 이를 조건부 확률 계산에 반영합니다. P(다음 단어 | 현재 문맥+이전 대화 히스토리)처럼 더 많은 조건을 고려하면서요. 또한 일관된 성격을 유지하고 마치 한 사람과 대화하는 것처럼 느끼도록 특정한 말투나 관점을

나타내는 단어들의 확률을 조정하기도 합니다. 예를 들어 친근한 말투의 챗봇이라면 '-요' '-네요' 같은 표현의 확률을 높여서 일관된 대화 스타일을 만들어내죠.

물론 확률 기반 문장 생성에도 한계가 있습니다. 가장 큰 문제는 할루시네이션hallucination이라고 불리는 환각 현상인데, 사실이 아닌 정보를 그럴듯하게 생성하는 경우예요. 확률적으로는 자연스러운 문장이지만 실제로는 틀린 내용일 수 있다는 뜻입니다. 또한 아무리 정확히 확률을 계산해도 진정한 이해나 창의성은 다른 개념이라는 철학적 문제도 있어요. 그럼에도 더 나은 대화 인공지능을 만들려는 연구는 계속되고 있습니다. 더 정확한 확률 모델, 더 효과적인 학습 방법, 더 나아가 인간의 피드백을 반영하는 새로운 수학적 접근들이 개발되고 있으니, 앞으로 더욱 놀라운 대화 인공지능을 만날 수 있을 거예요.

챗GPT 상담사는 어떻게 사람처럼 대화할까?

벡터의 내적과
각도 사이의 관계

앞에서 두 벡터의 내적은 두 벡터가 이루는 각도 θ에 대하여 $\vec{a} \cdot \vec{b} = |\vec{a}| \cdot |\vec{b}| \cdot \cos\theta$라는 관계를 갖는다고 했었죠?(58쪽 참고) 이번 심화 탐구에서는 왜 이런 관계가 성립하는지 수학적으로 증명해보겠습니다.

우선 서로 같은 벡터끼리의 내적에 대해서는 다음 식이 성립합니다.

$$\vec{a} = [a_1, a_2] \text{일 때,}$$

$$\vec{a} \cdot \vec{a} = a_1^2 + a_2^2 = \left(\sqrt{a_1^2 + a_2^2}\right)^2 = |\vec{a}|^2$$

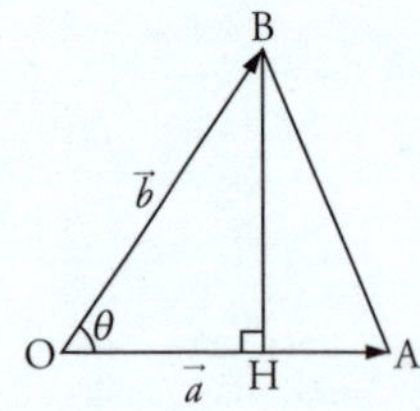

이제 두 벡터 $\vec{a} = (a_1, a_2)$, $\vec{b} = (b_1, b_2)$가 이루는 각이 θ일 때 $\vec{a} \cdot \vec{b}$의 값이 가지는 의미를 살펴보겠습니다.

먼저 $\triangle ABH$는 직각삼각형에 해당하므로 $\overline{AB}$는 피타고라스 정리에 의해 $\overline{AB}^2 = \overline{AH}^2 + \overline{BH}^2$이 성립합니다. $\overline{AH} = \overline{OA} - \overline{OH}$이지요?

68

$$\overline{AB}^2 = (\overline{OA} - \overline{OH})^2 + \overline{BH}^2$$
$$= (\overline{OA}^2 - 2\overline{OA} \cdot \overline{OH} + \overline{OH}) + \overline{BH}^2$$
$$= \overline{OA}^2 - 2\overline{OA} \cdot \overline{OH} + (\overline{OH}^2 + \overline{BH}^2)$$

이때 $\overline{OH}$와 $\overline{BH}$은 직각삼각형 $\triangle OBH$의 두 변이므로 피타고라스 정리가 성립합니다.

$$\overline{OH}^2 + \overline{BH}^2 = \overline{OB}^2$$

여기서 $\overline{OH} = \overline{OB} \times \cos\theta$라는 점을 고려하여, 다음과 같이 정리해볼 수 있습니다.

$$\overline{AB}^2 = \overline{OA}^2 - 2\overline{OA} \cdot \overline{OH} + \overline{OB}^2$$
$$= \overline{OA}^2 - 2\overline{OA} \cdot \overline{OB} \cdot \cos\theta + \overline{OB}^2$$
$$\downarrow$$
$$\overline{OA}^2 + \overline{OB}^2 - \overline{AB}^2 = 2\overline{OA} \cdot \overline{OB} \cdot \cos\theta \qquad \cdots \text{①}$$

여기서 좌변을 한번 살펴볼까요? 좌변의 각 항을 $\vec{a}, \vec{b}$로 나타내면 다음과 같아요.

$$\overline{OA}^2 = |\vec{a}|^2$$
$$\overline{OB}^2 = |\vec{b}|^2$$

$$\overline{AB}^2 = |\vec{a} - \vec{b}|^2 = (\vec{a} - \vec{b}) \cdot (\vec{a} - \vec{b}) = \vec{a} \cdot \vec{a} - 2\vec{a} \cdot \vec{b} + \vec{b} \cdot \vec{b}$$

$$= |\vec{a}|^2 - 2\vec{a} \cdot \vec{b} + |\vec{b}|^2$$

$$\overline{OA}^2 + \overline{OB}^2 - \overline{AB}^2 = |\vec{a}|^2 + |\vec{b}|^2 - \left(|\vec{a}|^2 - 2\vec{a} \cdot \vec{b} + |\vec{b}|^2\right) = 2\vec{a} \cdot \vec{b}$$

우변에서 $\overline{OA} = |\vec{a}|$, $\overline{OB} = |\vec{b}|$로 나타내면 ①의 식은 다음과 같이 정리됩니다.

$$\overline{OA}^2 + \overline{OB}^2 - \overline{AB}^2 = 2\overline{OA} \cdot \overline{OB} \cdot \cos\theta$$

$$2\vec{a} \cdot \vec{b} = 2|\vec{a}| \cdot |\vec{b}| \cdot \cos\theta$$

따라서 $\vec{a} \cdot \vec{b} = |\vec{a}| \cdot |\vec{b}| \cdot \cos\theta$을 확인할 수 있습니다.

소프트맥스 함수와 지수함수

지수함수가 뭔가요?

우리가 은행에 돈을 맡겨놓으면 이자가 붙습니다. 만약 1년에 무조건 총 금액에 10퍼센트 이자가 생긴다고 가정해볼게요. 이 은행 상품에 100만 원을 맡겼다면 1년 후에는 110만 원이 되고, 다시 1년이 더 흐르면 110만 원에 10퍼센트가 붙어서 121만 원이 되죠? 이처럼 시간이 지날수록 점점 더 빠르게 증가하는 현상을 '지수적 증가'라고 합니다.

수학에서는 지수함수를 $y=a^x$ 형태로 표현합니다. 여기서 a를 밑, x를 지수라고 해요. 우리가 쉽게 보는 거듭제곱에 변수 x가 들어간 형태라고 생각하면 쉽습니다. 지수함수의 가장 큰 특징은 특정 구간에서는 x값이 조금만 변화해도 y값이 급격히 변화한다는 점입니다. 예를 들어 2^x에서 x가 1, 2, 3, 4로 증가하면 y는 2, 4, 8, 16으로 배수로 늘어납니다.

일반적으로 지수함수 $y=a^x (a>0, a \neq 1)$ 그래프는 값에 따라 다음과 같이 그려집니다.

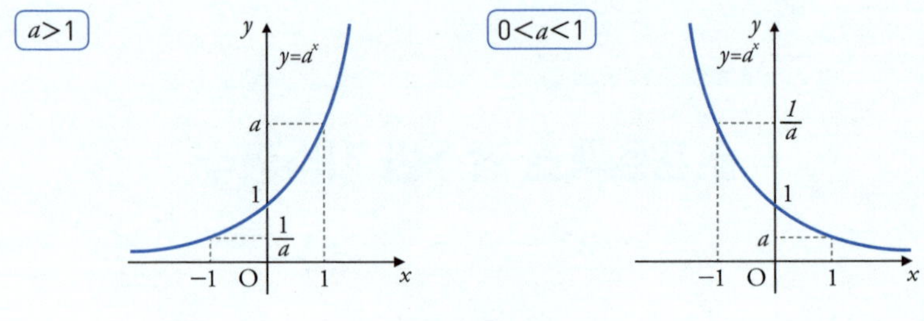

*a*값에 따른 지수함수 그래프

자연상수 *e*는 무엇인가요?

자연상수 e는 약 $2.71828\cdots$인 무리수로, $\lim\limits_{n\to\infty}\left(1+\frac{1}{n}\right)^{n}$으로 정의합니다. 즉 n의 값이 커질수록 $\left(1+\frac{1}{n}\right)^{n}$은 약 $2.71828\cdots$이라는 수에 가까워지는데, 이 수를 자연상수 e라고 부릅니다.

e는 수학에서 매우 중요한 상수입니다. 이 숫자는 왜 특별할까요? e의 가장 흥미로운 성질은 증가율과 증가 주기를 설명할 수 있다는 점인데, 이자 계산으로 쉽게 설명해볼 수 있습니다.

은행은 보통 1년 단위로 이자를 계산하는데, 일정 기간을 기준으로 총 금액에 이자를 적용하는 방식을 복리라고 합니다. 그런데 만약 은행이 1년에 한 번이 아니라 매월, 매일, 매시간, 심지어 매 순간 이자를 쪼개어 지급한다면 어떻게 될까요? 한 번에서 n번으로 이자 지급 횟수를 늘리되, 적용하는 이율을 1이 아닌 $\frac{1}{n}$로 쪼갠다면 어떻게 되는지 살펴봅시다.

예를 들어 100만 원을 연 100퍼센트 이자(실제로는 불가능한 수학적 예시

이자 지급 시기 (1년 기준)	최종 금액
1번	최종 금액 = 100만 원$\times(1+1)^1$ = 200만 원
2번 (6개월마다)	6개월 이자율 = 100%/2 = 50% 최종 금액 = 100만 원$\times(1+1/2)^2$ = 225만 원
4번 (3개월마다)	3개월 이자율 = 100%/4=25% 최종 금액 = 100만 원$\times(1+1/4)^4$ = 244.1만 원
12번 (매달)	월 이자율 = 100%/12$\approx$8.33% 최종 금액 = 100만 원$\times(1+1/12)^{12}$ = 261.3만 원
365번 (매일)	일 이자율=100%/365$\approx$0.274% 최종 금액 = 100만 원$\times(1+1/365)^{365}$ = 371.46만 원

입니다)로 맡긴다고 가정해봅시다. 그런데 이자를 언제 지급하느냐에 따라 결과가 달라집니다. 위 표에서는 이자 지급 기간에 따른 최종 금액을 정리했습니다.

마지막으로 무한히 자주 복리 계산을 해보면 다음과 같아요.

$$\text{최종 금액} = \lim_{n\to\infty}\{100\text{만 원}\times(1+1/n)^n\}= e\times100\text{만 원}$$
$$= 271.828\text{만 원}$$

놀랍게도 아무리 자주 복리를 계산해도 결과는 e배(약 2.718배)를 넘지 않습니다! 이것이 바로 e가 '자연스러운' 성장의 한계를 나타내는 이유라고 할 수 있지요.

또한 $f(x)=e^x$함수는 미분해도 자기 자신이 나오는 특별한 성질이 있습니다. 그래서 자연현상을 설명하는 많은 공식에서 e가 등장합니다.

소프트맥스 함수에서 지수함수 e^x를 사용하는 이유는 몇 가지가 있습니다.

먼저, 지수함수는 항상 양수로 값을 출력합니다. $e^{-100}=0.000\cdots003$처럼 아주 작은 양수로 가더라도, 절대 음수가 되지 않아요. 확률은 항상 0 이상이어야 하므로 무척 중요한 성질이지요.

다음으로, 지수함수는 입력값의 차이를 크게 확대합니다. 예를 들어 입력값이 [1, 2, 3]이라고 해봅시다.

$$e^1 \approx 2.7$$

$$e^2 \approx 7.4$$

$$e^3 \approx 20.1$$

지수함수를 적용하면 원래 3:2:1의 비율이 20:7:3 정도로 차이가 더 벌어져요. 이런 특성 덕분에 가장 높은 점수를 받은 항목이 더욱 확실하게 선택될 가능성이 높아집니다. 소프트맥스는 가장 높은 값에 가장 큰 확률을 주되, 다른 값들도 0보다 큰 확률을 유지하도록 해줘요. 그 값이 매우 작더라도요. 학습 과정에서 더 부드럽고 안정적인 계산을 할 수 있겠지요?

미래를 예측하는 인공지능 모델은 가능한가?

: 손실함수로 오차를 줄여라!

1도가 오를 때
아이스크림 매출의 변화는?

데이터, 세상을 읽다

현대 사회에서 우리는 끊임없이 데이터를 만들어내고 있습니다. 스마트폰으로 사진을 찍고, 메시지를 보내고, 위치를 확인하는 모든 행동에서 우리가 모르는 사이 데이터가 생성됩니다. 사실 인류는 오래전부터 정보를 기록해서 많은 부분에 활용했습니다. 고대 이집트인이 농작물 수확량을 기록해서 세금을 산출하는 데 활용한 파피루스도 데이터 수집과 활용의 한 예지요. 데이터는 현실의 일부분을 반영하기 때문에, 사회의 중요한 흐름을 파악하거나 미래를 예측하는 귀중한 자원과도 같습니다.

"데이터는 21세기의 새로운 원유다"라는 널리 사용되는 표현이 있지요. 이 말은 여러 의미를 담고 있어요. 마치 원유가 정제되어 휘발유·경유·플라스틱 같은 다양한 제품으로 변환되듯, 숫자나 글자의 모임인 데이터도 분석을 거쳐 가치 있는 정보를 추출할 수 있다는 뜻이지요. 또한 원유가 많은 산업의 동력이나 재료가 되는 것처럼 데이터 역시 많은 산업을 움직이며 경제적 가치를 창출합니다. 한편 원유는 일부 지역에서 생성되고 추출에 많은 비용이 든다는 제약이 있지만 데이터는 어디에서나 생성과 수집이 가능하다는 차이점도 있어요. 지역적 제약이 없기 때문에 많은 국가와 기업이 가능성을 보고 미래 산업의 핵심 동력인 데이터를 수집하기 위해 노력하고 있어요.

데이터가 어떤 모습을 하고 있는지 하나의 예시로 살펴볼까요?[*] 아래 표는 한 편의점의 8일간 운영 데이터입니다. 표에는 날짜와 요일부터 방문객 수, 기온, 날씨, 판촉 행사 여부까지 다양한 정보가 포함되어 있습니다. 이와 같은 데이터는 편의점 운영을 이해하고 개선하는 데 중요한 역할을 하죠.

데이터를 모았다면 이제 그 안에서 유용한 정보를 찾아낼 차례입니다.

날짜	요일	방문객 수	기온(℃)	날씨	판촉 행사	총매출 (만 원)
5/1	월	80	23	흐림	×	40
5/2	화	90	20	맑음	×	44
5/3	수	110	21	맑음	할인	52
5/4	목	100	22	비	×	30
5/5	금	128	22	맑음	할인	45
5/6	토	160	21	흐림	할인	65
5/7	일	150	22	흐림	×	80
5/8	월	76	21	비	×	25

편의점의 8일간 매출 분석 데이터

---

[*] 인공지능이 다루는 데이터는 크게 두 가지로 나뉩니다. 정형 데이터는 표처럼 행과 열로 정리된 데이터(숫자·날짜·범주 등)를 말하고, 비정형 데이터는 텍스트·이미지·음성처럼 일정한 형식 없이 자유로운 형태를 가진 데이터를 의미합니다.

미래를 예측하는 인공지능 모델은 가능한가?

앞의 표에서 날짜, 요일, 방문객 수, …, 총매출 등에 해당하는 열(세로)을 '속성'이라고 하는데, 이 속성은 데이터 과학자들이 패턴을 발견하고 예측 모델을 만드는 핵심 재료라고 할 수 있어요. 그러니 아무리 많은 데이터가 있어도 의미 있는 속성이 포함되어 있지 않다면 유용한 통찰을 얻기 어렵겠지요.

앞 표에서 각 열에는 방문객 수, 기온, 총매출처럼 같은 종류의 값들이 들어가 있는데, 속성들 사이에서 흥미로운 관계를 발견할 수 있습니다. 예를 들어, 방문객 수가 많은 날은 대체로 매출액도 높은 경향을 보이지만, 날씨와 판촉 행사 여부에 따라 그 관계가 달라지기도 하죠. 이렇게 두 속성이 얼마나 연관성 있는지 살펴보는 통계적 개념을 **상관관계**라고 합니다.

상관관계는 크게 세 가지로 살펴볼 수 있습니다. 키와 발 크기처럼 한 속성이 증가할 때 다른 속성도 증가하면 '양의 상관관계'가 있다고 합니다. 반대로 운동 시간과 비만도처럼 한 속성이 증가할 때 다른 속성이 감소하면 '음의 상관관계'가 있다고 하죠. 수학 점수와 등교 소요 시간처럼 두 속성 사이에 뚜렷한 관계가 없을 때는 '뚜렷한 상관관계가 없다'고 합니다.

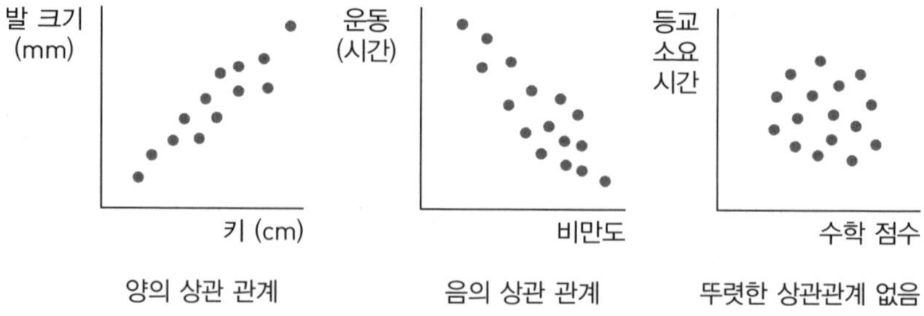

이런 상관관계를 파악하는 가장 직관적인 방법으로는 '시각화'와 '수치화'가 있습니다. 예를 들어 '산점도 scatter plot'라는 그래프는 하나의 점이 하루의 데이터를 나타내며, 가로축과 세로축에 놓인 점들로 두 속성의 관계를 한눈에 볼 수 있습니다. 방문객 수를 가로축에, 매출액을 세로축에 표시하면 강한 양의 상관관계가 있음을 시각적으로 확인할 수 있지요. 하지만 시각화만으로는 상관관계의 강도를 정확히 비교하기 어렵기 때문에 '상관계수'라는 수치를 활용해 더 정확한 분석을 합니다. 상관계수는 -1부터 1 사이의 값을 가지며, 1에 가까울수록 강한 양의 상관관계, -1에 가까울수록 강한 음의 상관관계를 나타내고, 0에 가까울수록 상관관계가 약하다는 뜻입니다.

앞에서 제시한 편의점 데이터에서 방문객 수와 매출액의 상관계수는 0.85로 강한 양의 상관관계를 보입니다. 방문객이 많은 날일수록 매출도 높다는 사실을 수치로 확인해주는 결과죠. 반면 기온과 매출액의 상관계수는 0에 가까우며 이는 매출이 5월의 기온과는 큰 연관성이 없다는 점을 알려주지요. 상관계수라는 수치로 우리는 어떤 속성들이 서로 얼마나 관련되는지 정확히 비교할 수 있습니다. 인공지능은 이러한 속성 사이 관계를 데이터 예측이나 분류에 유용하게 활용합니다.

매출처럼 인공지능이 예측·분류하여 살펴보고자 하는 속성을 **레이블**이라고 하고, 이 레이블을 예측하는 데 중요한 역할을 하는 속성들을 '핵심 속성'이라고 합니다. 인공지능으로 좋은 예측 결과를 얻으려면 레이블과 관련성이 높은 핵심 속성을 선별하는 일이 중요해요. 예를 들어 카페의 매출을 예측하려고 할 때, 불필요한 속성을 너무 많이 포함하면 오히려 데이터가 혼란스러워져서 인공지능 모델의 성능이 떨어지겠지요.

미래를 예측하는 인공지능 모델은 가능한가?

핵심 속성을 찾으려면 앞서 배운 산점도와 상관계수 같은 도구를 활용해서 각 속성과 목표 변수 사이의 관계를 분석해야 하는데, 이런 과정을 **'핵심 속성 추출'** 혹은 '특성 선택'이라고 하며, 효과적인 인공지능 모델을 만드는 데 필수적인 단계입니다.

인공지능, 패턴을 찾아내다

스마트폰에서 지도 앱을 켜고 목적지를 입력해서 도착 예상 시간을 구하는 경험을 해보셨나요? 불과 10년 전만 해도 내비게이션은 단순히 경로만 알려줬지만, 오늘날에는 실시간 교통 상황까지 반영하여 놀라울 정도로 정확하게 도착 시간을 예측합니다. 이와 마찬가지로, 앞서 살펴본 편의점 매출도 다양한 요소를 반영하여 예측할 수 있어요. 방문객 수, 판촉 행사 같은 핵심 속성은 매출이라는 레이블을 예측하는 중요한 단서가 됩니다.

새벽배송 서비스가 가능한 것도 비슷한 원리예요. 쿠팡이나 마켓컬리 같은 업체들은 과거 주문 데이터, 요일, 날씨, 계절 같은 정보를 바탕으로 수요를 정확하게 예측해서 전날 물류센터에 재고를 준비해두죠. 이 모든 기술이 가능한 이유는 데이터와 인공지능을 활용한 예측 기술이 발전했기 때문입니다.

영화 〈히든 피겨스〉에는 예측의 힘을 보여주는 흥미로운 이야기가 나옵니다. 컴퓨터의 능력이나 사용 방법이 제한적이던 시절, 캐서린은 복잡한 수학적 계산으로 우주선의 지구 귀환 경로를 정확하게 예측해냈습니다. 이 사례는 데이터를 바탕으로 한 정확한 수학적 모델이 예측에 얼마나 중요한 역할을 하는지 잘 보여주죠. 오늘날 인공지능도 이와 같은 수학적 원리에 기반하며, 인간이 수작업을 하는 대신 컴퓨터가 방대한 데이터에서 숨은 패턴을 찾아내는 방식으로 발전했습니다.

수학에서 예측은 어떻게 가능한 것일까요? 기본적으로 예측은 측정한 데이터에 잠재된 패턴을 찾아 미래에 적용하는 과정입니다. 예를 들면 〈히든 피겨스〉의 경우 캐서린 존슨은 중력과 관련한 물리 법칙과 수학 공식을 활용해서 우주선의 궤도를 계산했죠. 편의점 데이터에서도 마찬가지로, 방문객 수와 매출 사이 강한 상관관계(0.85)는 예측에 활용할 만한 중요한 패턴입니다. 또한 주말보다 주중에 손님 수가 감소하는 패턴도 매출 예측에 중요한 정보입니다. 사람은 지식과 이론에 기반하여 데이터를 해석하는 반면, 인공지능은 스스로 데이터에서 숨은 패턴을 찾아내고 내재된 법칙을 발견하는 능력을 갖추고 있어요.

편의점 운영자는 오랜 경험을 바탕으로 '토요일은 매출이 높다' 또는 '비 오는 날은 손님이 적다' 같은 지식을 쌓아 예측에 활용합니다. 한편, 인공지능은 다양한 속성 간 복잡한 상호작용까지 파악할 수 있어요. 예를 들어 '기온이 25도 이상이고, 판촉 행사가 있으며, 비가 오지 않는 토요일' 같은 복합적인 조건에서의 매출을 더 정확히 예측하는 것이지요. 인공지능은 인간의 능력보다 훨씬 더 많은 데이터를 다룰 수 있고, 더 빠르게 계산하며 정교한 알고리즘을 사용하기 때문에 더 정확한 예측이 가능합니다.

인공지능의 학습 과정은 마치 화가가 정밀화를 그리는 과정과 비슷합니다. 정밀화를 그릴 때 처음에는 실제 모습의 대략적 특징만 슥슥 스케

미래를 예측하는 인공지능 모델은 가능한가?

인간의 학습과 인공지능의 학습

치하기 때문에 실제 모습과는 많은 차이가 나겠죠. 그러나 차이점을 계속해서 살펴보며 세부 요소들을 표현해갈수록 그림은 점점 실제 모습에 가까워집니다. 편의점 매출 예측에서도 인공지능은 처음에는 방문객 수라는 한 가지 속성만 고려한 단순한 모델로 시작합니다. 이 모델은 다른 요인을 무시하기 때문에 오차가 클 수 있습니다. 하지만 점차 기온, 날씨, 판촉 행사 같은 다양한 핵심 속성을 고려하면서 예측 모델은 정교해집니다. 인공지능은 처음에는 실제와 차이가 나는 모델(스케치)로 시작하지만, 예측 결과와 실제 결과 사이의 차이(오차)를 계속 살펴보며 이 차이를 줄이는 방향으로 모델을 반복적으로 수정해나갑니다.

이때 수학은 마치 화가의 예리한 감각처럼, 어떻게 모델을 조정해야 실제와의 차이가 가장 효율적으로 줄어드는지 알려줍니다. 예를 들어, 편의점 매출을 예측하는 인공지능은 수많은 실제 데이터와 예측 데이터 사이 차이를 분석하면서 점점 더 정교한 패턴을 발견하는데, 이 패턴이 초기의 엉성한 스케치를 실제 매출 움직임과 더욱 비슷한 정밀화로 발전시키는 안내서인 셈입니다. 이 과정에서 앞의 표에서 살펴본 핵심 속성들은 매출 예측의 정확도를 높이는 중요한 요소로 작용합니다. 날씨와 기온 같은 속성은 방문객 수에 영향을 미치고, 이는 다시 매출에 영향을 주며, 인공지능은 이 연쇄적인 관계를 학습합니다.

물론 모든 예측에는 오차가 존재합니다. 인공지능은 지속적으로 더 많은 데이터를 얻고, 보다 나은 예측 모델과 기술을 적용해가면서 점점 더 정확해지기도 합니다. 학습 과정에서 실제 결과와 다른 '오차'는 중요한 학습 신호가 됩니다. 예측이 실제와 얼마나 다른지를 측정하고, 그 차이를 최소화하는 방향으로 모델을 조정하면서 인공지능은 점점 더 정확한 예측을 하게 되죠. 예측 오차를 줄이는 것은 인공지능 발전의 핵심 목표입니다.

예측 인공지능은 현실 세계의 다양한 분야에서 활용됩니다. 의료 분야에서는 환자의 건강 데이터를 분석하여 질병의 진행을 예측하거나 맞춤형 치료법을 제안합니다. 금융권에서는 시장 데이터를 바탕으로 주가 변동을 예측하고, 개인의 소비 패턴을 분석하여 신용 평가를 수행합니다. 카페 같은 소규모 사업장에서도 날씨와 계절에 따른 방문객 수를 예측하여 직원을 효율적으로 배치하거나, 재료 주문량을 조절하여 낭비를 줄입니다. 효과적인 마케팅 전략을 수립하는 데 도움을 받을 수도 있겠죠. 모든 산업에서 인공지능 예측 모델은 데이터에 기반한 의사결정을 가능하게 하여 효율성과 수익성을 높이는 데 기여합니다.

이번 장에서는 인공지능이 어떠한 값을 어떻게 예측하는지, 예측 모델을 어떻게 학습하는지를 수학의 눈으로 살펴보려고 합니다. 이 과정으로 우리는 '미분'과 '최적화 optimization'라는 수학적 도구를 바탕으로 인공지능이 어떻게 데이터의 경향성을 표현하는지 배워볼 수 있습니다. 먼저 카페 데이터를 예시로 활용하여 방문객 수나 날씨가 매출에 미치는 영향을

미래를 예측하는 인공지능 모델은 가능한가?

수학적으로 모델링해보고, 여러 예측 모델 가운데 어떤 모델이 더 좋은지, 가장 좋은 모델은 어떻게 찾을 수 있는지 차근차근 따라가봅시다.

수학이 '오답 노트'를 작성하는 방식

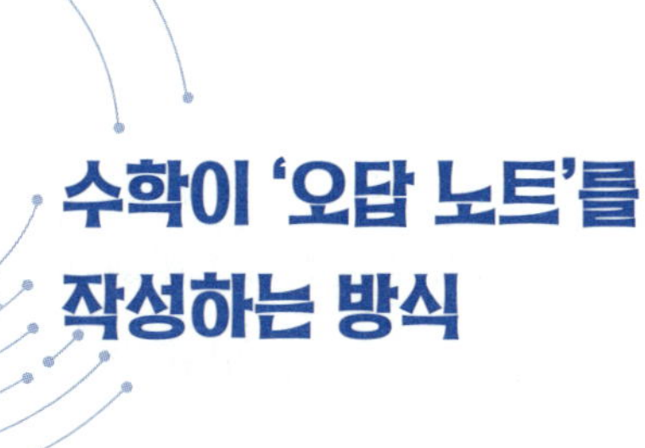

어떤 모델이 더 좋은 예측일까?
: 손실함수

우리 주변에는 다양한 현상을 설명하려는 '모델'이 존재합니다. 기상학자들은 대기의 움직임을 수학 방정식으로 표현한 모델을 사용해서 일기 예보를 하고, 역학자들은 뉴턴의 운동법칙이라는 모델을 활용해서 물체의 운동을 설명합니다. 경제학자들은 시장의 움직임을 예측하는 경제 모델을, 의학자들은 질병의 확산을 예측하는 역학 모델을 만들고요. 이러한 모델들은 복잡한 현실을 수학적으로 단순화하여 표현함으로써, 현상을 이해하고 미래를 예측하는 데 도움을 줍니다. 모델은 실제 세계의 '지도'와 같습니다. 모든 세부 사항을 완벽히 담지는 못하더라도 지역의 지형이나 도로 같은 여러 정보를 충분히 제공하죠.

인공지능 역시 실제 세계의 여러 현상을 예측하는 데 다양한 모델을 만들어 사용합니다. 인공지능의 '학습'이란 데이터를 축적하며 모델을 점점 더 정밀하게 만들어가는 과정이라고 할 수 있습니다. 인공지능이 사용하는 가장 기본적인 예측 모델은 직선 형태입니다. 직선은 '이 값이 증가하면 저 값도 얼마나 증가하는지'를 간단하게 표현해주기 때문에 많은 현상을 쉽고 직관적으로 설명하기에 매우 유용해요. 이런 직선 모델을 찾는 방법을 **선형회귀분석** linear regression analysis 이라고 부릅니다.

선형회귀분석은 변수 사이의 관계를 파악하여 직선 형태로 패턴을 표현하는 방법입니다. 기온과 아이스크림 판매량의 관계를 나타낸 아래 그래프를 볼까요? 그래프는 기온(℃)과 아이스크림 판매량(개)에 대한 30개 데이터를 기록하고 있습니다. 기온이 높아질수록 아이스크림 판매량도 증가하는 경향이 뚜렷하게 나타나지요. 비록 데이터의 모든 점이 직선 위에 완벽히 자리하지는 않지만, 직선의 모양과 방정식으로 데이터에서 나타나는 전반적인 경향성을 파악할 수 있습니다.

기온에 따른 아이스크림 판매량 데이터를 통계적으로 분석해보면 $y=5.2x-24.9$라는 선형회귀분석 모델을 구할 수 있습니다. 이 직선은 기

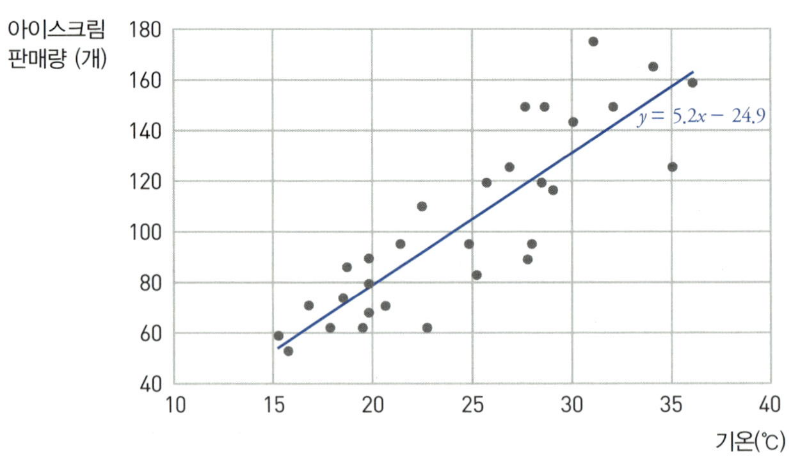

기온에 따른 아이스크림 판매량

온과 아이스크림 판매량 사이의 관계를 간결하게 설명해줍니다. 먼저 기울기인 5.2라는 값은 기온이 1도 상승할 때마다 아이스크림 판매량이 평균적으로 5.2개 정도 증가하는 경향을 보인다는 뜻입니다. 즉, 오늘보다 내일 기온이 2도 높아진다면, 아이스크림은 약 10.4개(5.2×2) 더 많이 팔린다는 경향성을 생각해볼 수 있습니다. 또한 가게 주인은 내일 기온이 33도로 예보되었다면, 판매량을 147개(5.2×33－24.9) 정도로 예측할 수 있습니다. 그러면 예측 판매량에 맞게 재고 관리와 직원 배치를 효율적으로 계획할 수 있겠죠?

선형회귀분석의 강점은 데이터를 단순화하면서도 유용한 통찰을 제공한다는 점입니다. 복잡한 관계를 직선이라는 단순한 형태로 표현함으로써, 우리는 변수들 사이의 관계를 쉽게 이해하고 미래의 값을 예측할 수 있습니다. 선형회귀분석은 경제 예측·의학 연구·마케팅 전략 수립 등 다양한 분야에서 널리 활용되며, 인공지능의 기본적인 학습 방법 가운데 하나로 자리 잡았습니다.

이제 인공지능이 어떻게 가장 적합한 회귀 모델을 찾는지 살펴보겠습니다. 한 카페에서 10분 단위로 방문한 인원에 따른 매출을 예측하는 모델을 만들고자 한다고 가정해봅시다. 특정 시간에 10분 단위로 수집한 데이터를 인원수에 따라 정리한 표는 다음과 같습니다.

방문 인원	4	8	12	16	20
매출(만 원)	6	5	16	12	20

10분 동안 방문한 인원수와 매출

미래를 예측하는 인공지능 모델은 가능한가?

카페 주인은 방문 인원으로 대략적인 매출을 가늠할 수 있는 $y=ax$ 꼴의 예측 모델을 구하고 싶어서 A와 B 두 회사에 개발을 의뢰했습니다. 그 결과 A 회사는 $y=\dfrac{9}{8}x$ 라는 모델을, B 회사는 $y=\dfrac{7}{8}x$ 라는 모델을 제안했습니다. 두 모델이 '방문객 1명당 평균 매출'을 다르게 예측했는데, 과연 어떤 회사의 모델이 실제 데이터와 더 잘 맞을까요?

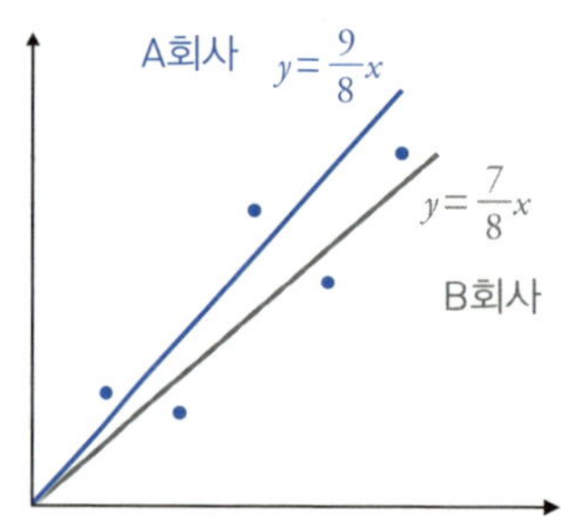

인원	매출	A 회사 예측	A 회사 오차	B 회사 예측	B 회사 오차
4	6	4.5	1.5	3.5	2.5
8	5	9	−4	7	−2
12	16	13.5	2.5	10.5	5.5
16	12	18	−6	14	−2
20	20	22.5	−2.5	17.5	2.5

회사 A, B의 예측 모델과 오차

예측 모델은 실제 데이터와 어느 정도 차이가 나기 때문에, 이 차이를 객관적 수치로 평가할 방법이 필요합니다. 이러한 역할을 하는 것이 **손실함수**loss function 입니다. 다시 말해 손실함수는 '이 모델은 몇 점, 이 모델은 몇 점' 같은 방식으로 평가를 내려서 어떤 모델이 더 좋거나 더 나쁜지 판정하는 평가자 역할을 하는 셈이죠.

선형회귀에서 사용하는 대표적인 손실함수로는 평균절대오차Mean Absolute Error; MAE 와 평균제곱오차Mean Squared Error; MSE 가 있습니다. 평균절대오차는 오차의 절댓값을 평균 낸 값이고, 평균제곱오차는 오차를 제곱한 후 평균을 구한 값입니다.

이제 두 모델의 평균절대오차와 평균제곱오차를 각각 계산해볼게요. 먼저 평균절대오차의 경우입니다.

$$\text{A 모델} : y = \frac{9}{8}x$$

$$MAE_A = \frac{|1.5| + |-4| + |2.5| + |-6| + |-2.5|}{5} = 3.3$$

$$\text{B 모델} : y = \frac{7}{8}x$$

$$MAE_B = \frac{|2.5| + |-2| + |5.5| + |-2| + |2.5|}{5} = 2.9$$

평균절대오차의 경우 B 모델이 더 낮은 값을 보이는데, 그만큼 오차가 작다는 의미이고 실제 데이터와 가깝다는 의미입니다. 그렇다면 평균제곱오차로 손실함수를 살펴보면 어떨까요?

$$\text{A 모델} : y = \frac{9}{8}x$$

$$MSE_A = \frac{1.5^2 + (-4)^2 + 2.5^2 + (-6)^2 + (-2.5)^2}{5} = 13.35$$

$$\text{B 모델} : y = \frac{7}{8}x$$

$$MSE_B = \frac{2.5^2 + (-2)^2 + 5.5^2 + (-2)^2 + 2.5^2}{5} = 10.15$$

두 지표 모두 B 회사의 모델이 더 낮은 값을 보이므로, A 모델보다 B 모델의 결과가 실제 데이터와 오차가 더 작습니다. 따라서 우리는 두 회사 가운데 B 회사의 모델이 더 좋다고 판단할 수 있지요. 이처럼 손실함수로 모델을 비교해보고 실제 결과와 오차가 작은 모델을 선택하는 것이 인공지능 학습의 가장 기본적인 원리입니다.

그렇다면 과연 B 모델이 최선의 모델일까요? 가장 좋은 예측을 하는 모델은 어떻게 찾을 수 있을까요? 인공지능은 두 모델을 비교할 뿐만 아니라, 손실함수의 값을 최소로 하는 최적의 모델을 찾아내는 과정까지 수행합니다. 이 과정에서는 미분이라는 수학적 도구가 중요한 역할을 합니다.

자, 이제 인공지능이 어떻게 미분을 활용하여 최적의 모델을 효율적으로 찾아내는지 살펴보도록 하겠습니다.

가장 좋은 모델을 찾아라!
: 최적화

바로 앞에서 두 회사가 제안한 모델 $y=\dfrac{9}{8}x$, $y=\dfrac{7}{8}x$ 중에서는 손실함수 값이 더 작은 $y=\dfrac{7}{8}x$가 더 좋은 모델이라는 사실을 확인했습니다. 그러나 $y=\dfrac{7}{8}x$가 최선의 모델일까요? 다른 회사가 $y=x$라는 모델을 제시할 때마다 끝없이 비교해야 할까요?

인공지능은 무한히 많은 가능한 모델 사이에서 가장 좋은 예측 모델을 찾아야 하는데, 이 과정을 **최적화**라고 합니다. 최적화란 주어진 조건 속에서 가장 좋은 해답이 무엇인지 찾아내는 과정을 의미해요. 모델에 대한 손실함수의 값이 가장 작다는 말은 현실과의 오차가 가장 작다는 의미이고, 오차가 가장 작은 모델을 찾았다는 말은 현실을 가장 잘 예측하는 모델을 발견했다는 뜻입니다.

앞에서 살펴본 카페 데이터를 다시 활용해볼게요.

방문 인원	4	8	12	16	20
매출(만 원)	6	5	16	12	20

10분 동안 방문한 인원수와 매출

우선 $y=ax$ 형태의 단순한 모델을 찾아볼 예정입니다. 여기서 a는 '방문객 1명당 평균 매출'을 의미하죠. 우리의 목표는 최적화 과정으로 평균절대오차와 평균제곱오차라는 두 손실함수의 값을 가장 작게 만드는 a의 값을 찾는 것입니다.

① 평균절대오차의 최적화

먼저 평균절대오차의 최적화 과정을 함께 살펴봅시다. 그러려면 먼저 예측 결과와 실제 결과의 차이를 살펴봐야 합니다.

방문 인원	4	8	12	16	20
매출(만 원)	6	5	16	12	20
$y = ax$	$4a$	$8a$	$12a$	$16a$	$20a$
절대오차	$\|6-4a\|$	$\|5-8a\|$	$\|16-12a\|$	$\|12-16a\|$	$\|20-20a\|$

방문객 1명당 평균 매출의 절대오차

미래를 예측하는 인공지능 모델은 가능한가?

평균절대오차의 손실함수 $L_{MAE}(a)$를 가장 작게 만드는 최적의 a값을 찾는 것은 $L_{MAE}(a)$를 표현한 (절댓값이 포함된) 일차방정식의 최솟값을 풀이하는 것과 같습니다.

우선 $y=ax$로 예측한 값에 따른 평균절대오차 $L_{MAE}(a)$를 구하면 다음과 같아요.

$$L_{MAE}(a) = \frac{|6-4a|+|5-8a|+|16-12a|+|12-16a|+|20-20a|}{5}$$

$L_{MAE}(a)$는 a값의 변화에 따라 값이 변화합니다. 여기서는 절댓값이 여러 개 나오기 때문에 a의 값을 여러 구간으로 나누어 $L_{MAE}(a)$의 최솟값을 구해볼 수 있습니다. 해당 구간의 $L_{MAE}(a)$의 최솟값을 각각 구해보고, $y=L_{MAE}(a)$의 그래프를 그려보면 다음과 같습니다.

a의 범위		최솟값
$a \leq \frac{5}{8}$	→	4.3
$\frac{5}{8} < a \leq \frac{3}{4}$	→	3.2
$\frac{3}{4} < a \leq 1$	→	2.6
$1 \leq a < \frac{4}{3}$	→	2.6
$\frac{4}{3} \leq a < \frac{3}{2}$	→	4.47
$\frac{3}{2} \leq a$	→	6.2

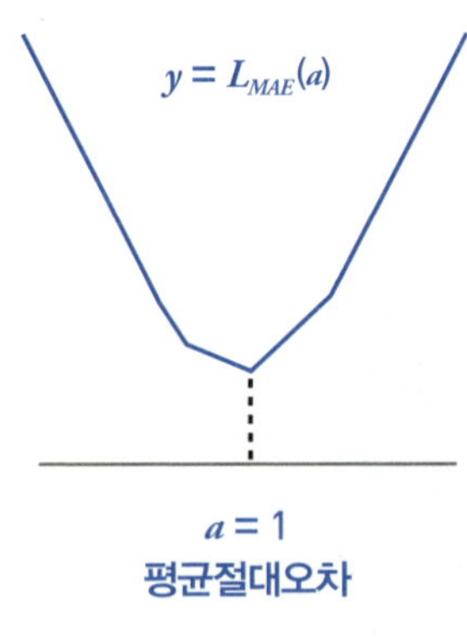

a의 구간별 최솟값과 그래프

$y = L_{MAE}(a)$ 그래프는 꺾인 선으로 그려지는데, 가장 낮은 뾰족한 곳에서 최솟값을 가지는 것을 볼 수 있죠. 최솟값을 가지는 곳의 a값을 구해보면 $a = 1$이라는 사실을 확인할 수 있습니다. 따라서 평균절대오차를 손실함수로 선택할 경우, 현실을 가장 잘 반영한 가장 좋은 모델은 $y = x$임이 최적화 과정으로 드러납니다.

② 평균제곱오차의 최적화

이번에는 평균제곱오차에서 최적화를 한번 진행해봅시다.

방문 인원	4	8	12	16	20
매출(만 원)	6	5	16	12	20
$y = ax$	$4a$	$8a$	$12a$	$16a$	$20a$
제곱 오차	$(6-4a)^2$	$(5-8a)^2$	$(16-12a)^2$	$(12-16a)^2$	$(20-20a)^2$

방문객 1명당 평균 매출의 제곱오차

우선 예측 결과와 실제 값의 오차를 제곱으로 정리해보면 위 표와 같습니다. $y = ax$로 예측한 값에 따른 평균제곱오차 $L_{MSE}(a)$의 함수는 다음과 같아요.

$$L_{MSE}(a) = \frac{(6-4a)^2+(5-8a)^2+(16-12a)^2+(12-16a)^2+(20-20a)^2}{5}$$

이 함수를 잘 살펴보면 이차함수 형태가 되고, 완전제곱의 형태로 정리하면 다음과 같습니다.

미래를 예측하는 인공지능 모델은 가능한가?

$$L_{MSE}(a) = \frac{1}{5}(880a^2 - 1696a + 861)$$
$$\fallingdotseq 176(a - 0.96)^2 + \cdots$$

평균제곱오차의 이차함수와 a의 최솟값 그래프

$y = L_{MSE}(a)$를 그래프로 그려보면 아래로 볼록한 포물선으로 그려지고, 최솟값은 꼭짓점에 해당하는 위치에서 갖습니다. $L_{MSE}(a)$에서 최솟값을 갖는 a의 값은 약 0.96이므로 평균제곱오차를 손실함수로 선택할 경우, 현실을 가장 잘 반영한 가장 좋은 모델은 $y=0.96x$라고 할 수 있습니다.

흥미로운 점은 평균절대오차와 평균제곱오차라는 서로 다른 손실함수를 사용했을 때 최적 모델이 달라진다는 것입니다. 평균절대오차를 손실함수로 택하면 $y=x$가 최적 모델이지만, 평균제곱오차를 손실함수로 택하면 $y=0.96x$가 최적 모델로 나타났어요. 차이가 발생하는 이유는 두 손실함수가 오차를 다루는 방식이 다르기 때문입니다. 평균절대오차는 모든 오차를 동등하게 취급하지만, 평균제곱오차는 큰 오차에 더 많은 가중치를 부여합니다.

이 차이가 실제로 어떤 영향을 미치는지 살펴볼까요? 우리 데이터에서 방문 인원이 12명일 때 매출은 16만 원이었고, 이 매출 값은 다른 인원수에 따른 매출보다 상대적으로 높은 값을 나타냈습니다. 이때 평균절대오차로 최적화한 모델인 $y=x$의 경우 매출액을 12만 원으로 예측해 4만 원의 오차를 보인 반면, 평균제곱오차로 최적화한 모델인 $y=0.96x$은 11.52만 원을 예측해 4.48만 원의 오차를 보였습니다. 상대적으로 큰 오차를 보인 데이터의 경우 평균제곱오차가 더 큰 차이를 보였죠? 이는 평균절대오차로 최적화한 모델이 이러한 특이한 데이터의 이상치 outlier 에 좀 더 가깝게 맞추려고 하는 경향이 있기 때문입니다.

손실함수의 특성이 다르기 때문에 적용하려는 상황에 따라 어떤 손실함수를 선택할지 결정해야 합니다. 예를 들어, 특이한 값에 덜 민감하고 전체적인 오차 균형을 중요시한다면 평균절대오차가 적절하고, 큰 오차를 더 심각하게 고려하고 이상치도 잘 설명해야 한다면 평균제곱오차가 더 적합합니다. 우리가 살펴본 예시에서는 두 모델의 차이가 작아 보이지만, 데이터의 특성과 이상치에 따라 차이는 더 커질 수 있습니다.

수학적 관점으로 보면 또 다른 차이도 존재합니다. 평균제곱오차는 이차함수의 매끄러운 포물선 형태의 그래프를 가지므로 모든 지점에서 미분이 가능해요. 이는 다음에 다룰 경사하강법 같은 일반적인 최적화 알고리즘을 적용할 때 큰 장점이 됩니다. 반면 평균절대오차는 오차가 정확히 최소가 되는 지점에서 꺾이는 형태를 보이며, 이 지점에서는 미분이 정의되지 않아요. 이런 특성 때문에 평균절대오차의 최적화는 알고리즘 구현이 조금 더 복잡해질 수 있습니다.

미래를 예측하는 인공지능 모델은 가능한가?

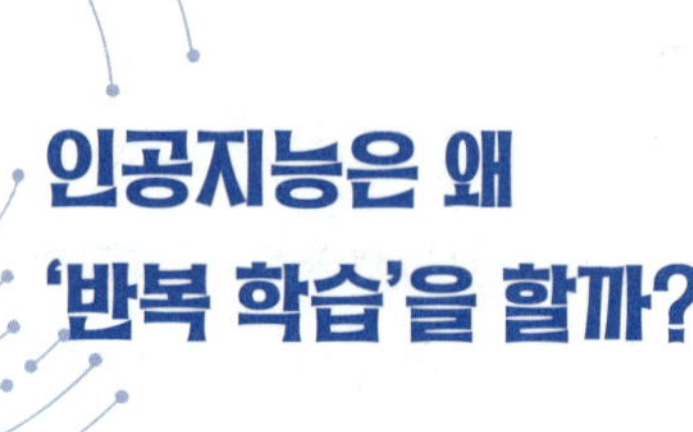

인공지능은 왜
'반복 학습'을 할까?

직접 계산이 어려울 때
: 경사하강법

앞서 살펴본 평균제곱오차 손실함수 그래프는 아래로 볼록한 포물선 모양이었습니다. 이런 간단한 형태의 함수는 우리가 직접 수식을 활용해서 최솟값을 구할 수 있었지만, 현실의 인공지능 모델은 훨씬 더 복잡한 형태의 손실함수를 가지기도 합니다. 복잡한 함수에서는 직접 계산하여 최솟값을 구하기 어렵기 때문에, 반복적으로 조금씩 접근해가는 방법이 필요해요. 경사하강법은 바로 이런 상황에서 활용하는 알고리즘입니다. 그렇다면 어떻게 최솟값을 향해 조금씩 나아갈까요?

① 접선의 기울기 : 최솟값의 방향을 알려주는 나침반

미분을 직관적으로 이해하기 위해 함수의 그래프와 접선의 기울기를 한번 생각해봅시다. 어떤 함수의 그래프 위에 놓인 한 점에서의 미분값은 그 점에서 그래프에 그린 접선의 기울기를 의미해요. 기울기의

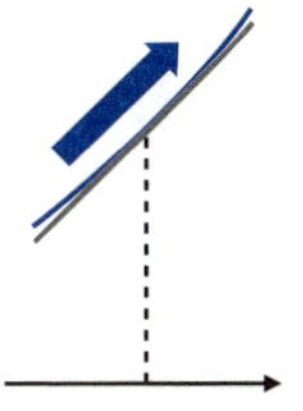
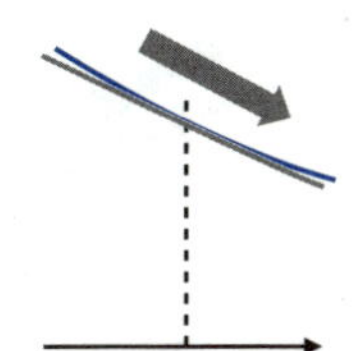
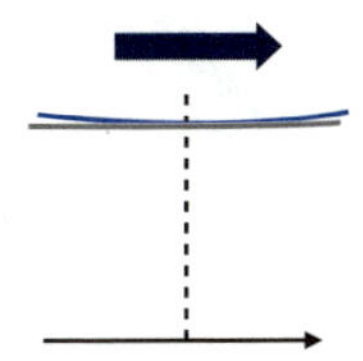

부호는 함수가 그 지점에서 증가하는지 혹은 감소하는지를 알려주고, 기울기의 절댓값은 변화의 빠르기를 알려줍니다. 기울기가 크고 양수라면, 함수는 그 지점에서 빠르게 증가하는 상태라는 의미입니다. 기울기가 작고 양수라면, 완만하게 증가한다는 뜻이죠. 반대로 기울기가 음수라면 함수는 감소하고 있는 상태입니다. 마지막으로 기울기가 정확히 0이라면, 그 지점에서 함수는 일시적으로 증가도, 감소도 하지 않는 상태입니다.

이제 미분이 인공지능의 학습 과정에서 어떻게 활용되는지 살펴볼게요. 앞서 살펴본 평균제곱오차 손실함수 그래프는 아래로 볼록한 포물선 모양이었습니다. 하지만 현실의 인공지능 모델은 훨씬 더 복잡한 형태의 손실함수를 가지기 때문에 함수의 최솟값을 공식으로 구하기 어려운 경우가 대부분입니다. 따라서 한 번에 최솟값을 가지는 위치를 찾는 방법보다는 비록 여러 단계를 거치더라도 점차적으로 최솟값을 '찾아가는' 일반적 접근 방법이 필요합니다.

이 방법을 이해하려면 접선의 기울기가 제공하는 정보를 살펴볼 줄 알아야 해요. 먼저 함수의 미분값(접선의 기울기)을 이용하면 함수의 값이

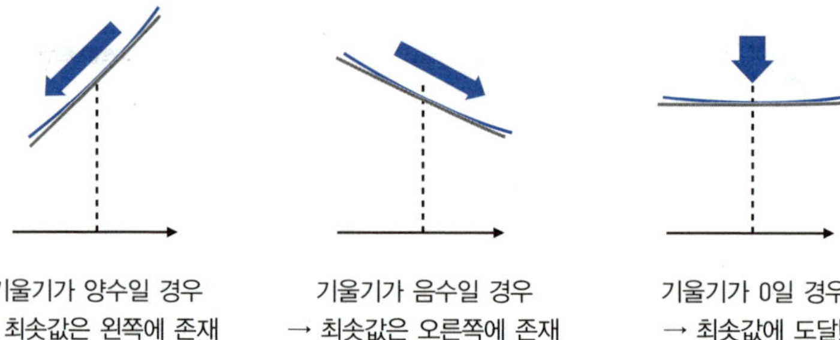

감소하는 방향을 찾을 수 있습니다. 만약 미분값(접선의 기울기)이 양수라면, 이는 그 지점에서 함수가 증가하고 있다는 뜻이므로, 지금보다 반대 방향(왼쪽)으로 이동하면 증가하기 전의 함숫값을 찾을 수 있습니다. 반대로 미분값이 음수라면, 함수는 감소하고 있으므로 오른쪽으로 이동하면 더 감소한 함숫값을 찾을 수 있죠. 즉, 그래프가 하강하는 방향으로 이동하면 현재보다 더 작은 함숫값을 찾을 수 있는데 이를 바로 '경사하강법'이라고 합니다.

조금 더 직관적으로 예시를 한번 살펴보기로 해요.

상황 바닷속 가장 깊은 곳에는 '보물 상자'가 가라앉아 있다.

조건 바다의 지형은 모르는 상황이며 배에서 닻을 내린 후 닻은 곳의 경사면을 확인할 수 있다.

비록 우리는 해저의 지형을 알 수 없지만 경사도를 따라 더 깊은 곳이 어디인지 가늠해볼 수 있습니다. 그렇다면 우리는 전체 지형은 모르더라도 닻을 내린 부근의 정보를 바탕으로 더듬더듬 조금씩 이동해가며 가장

깊은 곳을 찾아갈 수 있겠죠? 이게 바로 경사하강법의 기본적인 원리입니다.

② 얼마나 이동해야 할까? : 접선 기울기의 절댓값과 학습률

미분으로 최솟값이 어느 방향으로 향하는지 알았다면, 이제는 한번에 얼마나 많이 이동할지 결정할 차례입니다. 너무 크게 성큼성큼 이동하면 최솟값의 위치를 지나칠 수 있고, 너무 작게 움직이면 최솟값에 도착하는 데 시간이 너무 오래 걸리겠지요. 그래서 움직이는 보폭을 적절하게 조절해야 하는데, 여기에는 접선의 기울기와 학습률learning rate 이라는 두 요소가 영향을 미칩니다.

손실함수 $y=L(x)$에서 $x=x_n$에서의 접선 기울기를 $L'(x_n)$라고 합시다. 만약 접선의 기울기가 크다면(경사가 급하다면) 아직 급격하게 변화하고 있다는 뜻이므로, 최솟값은 멀리 있을 가능성이 높습니다. 그러면 조금 많이 이동해도 괜찮겠죠? 한편 접선의 기울기가 0에 가까우면 근처에 최솟값이 있을 가능성이 크므로 조금씩 이동하면 됩니다. 한마디로 접선의 급하고 완만한 정도에 비례하여 이동 거리를 결정합니다.

미래를 예측하는 인공지능 모델은 가능한가?

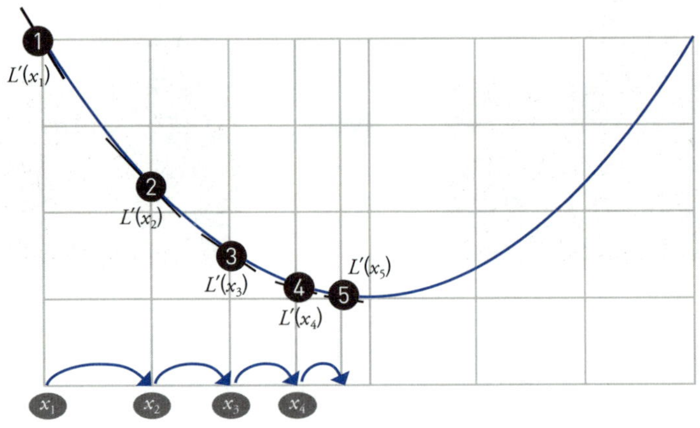

접선의 기울기에 따라 달라지는 이동 거리

$L'(x_n) > 0$이라면? ➡ 왼쪽으로 이동(- 방향)

$L'(x_n) < 0$이라면? ➡ 오른쪽으로 이동(+ 방향)

$$x_n \quad \Rightarrow \quad x_{n+1} = x_n - L'(x_n) \times r(\text{학습률})$$

이때 접선의 기울기가 큰 경우 너무 많이 이동할 우려가 있기 때문에, 적절하게 속도를 조절할 필요가 있습니다. 그래서 접선의 기울기에 일정한 하나의 수를 곱하는데 이 값을 '학습률'이라고 합니다. 만약 학습률의 값이 크면 이동 간격이 너무 커져서 모델이 최적점 주변에서 진동하거나 발산하고, 학습률이 너무 작으면 학습 속도가 느려져서 계산 자원을 낭비합니다. 이러한 이유로 많은 인공지능 연구자가 적절한 학습률을 찾고자 다양한 전략을 시도하고 있으며, 때로는 학습 과정에서 학습률을 점진적으로 조정하는 방법도 활용합니다.

경사하강법의 실제 작동법을 따라가보자

보다 간단한 예시를 보면서 경사하강법이 어떻게 작동하는지 같이 살펴봅시다. 데이터와 예측 모델, 손실함수는 다음과 같습니다.

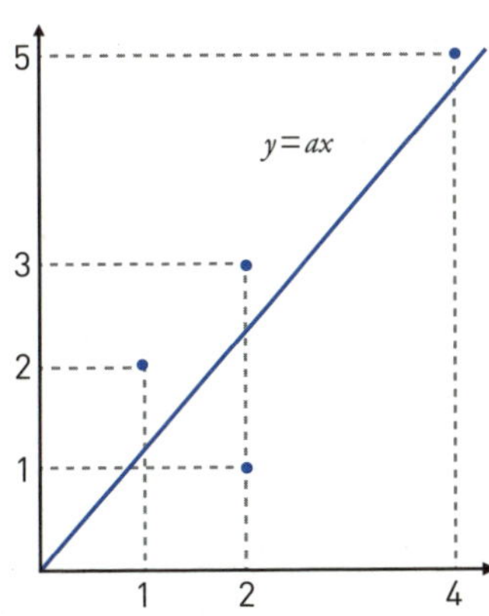

- 데이터 : (1,2), (2,1), (2,3), (4,5)
- 예측 모델 : $y = ax$
- 손실함수 : 평균제곱오차
- 학습률 : 0.06

① 손실함수 $L(x)$ 구하기

먼저 예측값과 오차를 구한 다음, 오차의 제곱을 평균 내서 함수로 나타냅니다.

x	1	2	2	4
y	2	1	3	5
$y = ax$	a	$2a$	$2a$	$4a$
오차	$2-a$	$1-2a$	$3-2a$	$5-4a$

미래를 예측하는 인공지능 모델은 가능한가?

$$L(a) = \frac{(2-a)^2+(1-2a)^2+(3-2a)^2+(5-4a)^2}{4}$$

$$= \frac{1}{4}(25a^2-60a+39) = \frac{1}{4}\left\{25\left(a-\frac{6}{5}\right)^2+3\right\}$$

우리는 위의 완전제곱식으로 함수가 $a=\frac{6}{5}=1.2$에서 최솟값을 가진다는 걸 알고 있죠. 하지만 여기서는 완전제곱식이 아닌 경사하강법이 a가 1.2라는 값을 어떻게 찾아가는지 확인해보려고 합니다.

② 도함수 $L'(x)$ 구하기

도함수란 $y=f(x)$에서 유도되는 함수라는 뜻으로 x의 위치에서 $y=f(x)$의 미분계수, 즉 접선의 기울기를 알려주는 함수입니다. 이 도함수를 구하는 방법을 미분법이라고 합니다.

$L(a)$의 도함수는 $L'(a)=12.5a-15$입니다. 이제 우리는 $L(a)$의 접선 기울기를 $L'(a)$를 활용해 구할 수 있습니다. 예를 들어 $a=2$에서 접선의 기울기는 $L'(2)=12.5\times2-15=25-15=10$입니다.

③ 경사하강법으로 손실함수가 최솟값을 갖는 a 구하기

보통 최초 시작점과 학습률은 임의로 정합니다. 여기서는 $a_0=5$에서 시작하고, 학습률 r은 0.06으로 설정해봅시다. 이때, a_1, a_2를 다음과 같이 단계적으로 구할 수 있습니다.

$$a_1 = a_0-L'(a_0)\times r=5-(12.5\times5-15)\times0.06=2.15$$

$$a_2 = a_1-L'(a_1)\times r=2.15-(12.5\times2.15-15)\times0.06=1.4375$$

이와 같은 방법으로 a_n에서의 함숫값과 접선의 기울기로 a_{n+1}을 구해 보면 다음과 같습니다(소수점 아래 열 자리까지 구한 결과입니다).

n	a_n	$L'(a_n)$	$a_{n+1}(r=0.06)$
0	5	47.5	2.15
1	2.15	11.875	1.4375
2	1.4375	2.96875	1.259375
3	1.259375	0.7421875	1.21484375
4	1.21484375	0.185546875	1.2037109375
5	1.2037109375	0.0463867187	1.2009277344
6	1.2009277344	0.0115966797	1.2002319336
7	1.2002319336	0.0028991699	1.2000579834
8	1.2000579834	0.0007247925	1.2000144958
9	1.2000144958	0.0001811981	1.2000036240
10	1.2000036240	0.0000452995	1.2000009060
11	1.2000009060	0.0000113249	1.2000002265
12	1.2000002265	0.0000028312	1.2000000566
13	1.2000000566	0.0000007078	1.2000000142
14	1.2000000142	0.0000001770	1.2000000035
15	1.2000000035	0.0000000442	1.2000000009
16	1.2000000009	0.0000000111	1.2000000002
17	1.2000000002	0.0000000028	1.2000000001
18	1.2000000001	0.0000000007	1.2000000000
19	1.2000000000	0.0000000002	1.2000000000

경사하강법으로 기울기가 0이 되는 지점을 찾는 과정

어때요? 위 표를 보면 우리가 완전제곱식으로 구한 최솟값 위치인 $a=1.2$에 가까워진다는 것과, 접선의 기울기는 점점 더 0에 가까워진다는 것을 알 수 있습니다. 이론적으로는 기울기가 정확히 0이 되는 지점이 최솟값이지만, 컴퓨터의 수치 계산에서는 정확히 0에 도달하기 어렵기 때문에 다음과 같은 종료 조건을 사용합니다.

미래를 예측하는 인공지능 모델은 가능한가?

1) 기울기의 크기가 매우 작아질 때 (예: $|f'(a_n)| < 0.001$),

2) a_n의 변화가 매우 작아질 때 (예: $|a_{n+1}-a_n| < 0.0001$),

3) 사전에 정한 최대 반복 횟수에 도달했을 때 (예: 1만 회)

이런 조건들은 알고리즘이 적절한 시점에 종료되도록 보장하여 계산을 무한히 계속하지 않도록 방지합니다.

만약 학습률을 0.06과 다르게 설정하면 결과는 어떻게 변화할까요? 학습률에 따른 a_n의 변화를 보면 다음과 같습니다. 표에서 알 수 있듯 학

n	$r = 0.045$	$r = 0.06$	$r = 0.075$	$r = 0.09$
a	5	5	5	5
a_1	2.8625	2.15	1.4375000000	0.7250000000
a_2	1.92734375	1.4375	1.2148437500	0.1906250000
a_3	1.5182128906	1.259375	1.2009277344	−0.9449218750
a_4	1.3392181396	1.21484375	1.2000579834	−3.3579589844
a_5	1.2609079361	1.2037109375	1.2000036240	−8.4856628418
a_6	1.2266472220	1.2009277344	1.2000002265	−19.3820335388
a_7	1.2116581596	1.2002319336	1.2000000142	−42.5368212700
a_8	1.2051004448	1.2000579834	1.2000000009	−91.7407451987
a_9	1.2022314446	1.2000144958	1.2000000001	−196.2990835473
a_{10}	1.2009762570	1.2000036240	1.2000000000	−418.4855525380
a_{11}	1.2004271124	1.2000009060	1.2000000000	−890.6317991432
a_{12}	1.2001868617	1.2000002265	1.2000000000	−1893.942573179
a_{13}	1.2000817520	1.2000000566	1.2000000000	−4025.977968006
a_{14}	1.2000357665	1.2000000142	1.2000000000	−8556.553182013
a_{15}	1.2000156478	1.2000000035	1.2000000000	−18184.02551177
a_{16}	1.2000068459	1.2000000009	1.2000000000	−38642.40421252

학습률에 따른 a_n의 변화

습률 r의 값이 작으면 학습 속도가 느려지는 반면, r의 값이 어느 값보다 커지면 a는 최적의 값과 오히려 점점 더 멀어져 최적화에 실패합니다.

좀 더 나은 예측 모델은 없을까?

앞서 우리는 데이터를 예측하는 방법으로 $y=ax$ 형태의 직선 방정식 모델을 구하는 방법을 살펴보았습니다. 이 선형회귀 모델은 특정한 요인에 비례하는 정도를 살펴볼 수 있는데, 이를테면 방문객 1명당 평균 매출이 어느 정도인지 이해하는 데 도움을 줍니다. 하지만 원점을 지나지 않는 직선 모델은 카페 매출이나 아이스크림 판매량처럼 $x=0$일 때도 기본값이 존재하는 현상을 더 정확히 표현할 수 있습니다. 따라서 현실 데이터에서는 $y=ax+b$ 형태의, 원점을 지나지 않아도 되는 직선 모델이 더 적합합니다.

$y=ax+b$ 모델에서 두 매개변수 a와 b는 각각 중요한 역할을 담당합니다. a는 직선의 '기울기'로, x가 한 단위 증가할 때 y가 얼마나 변화하는지를 결정합니다. 예를 들어 기온과 아이스크림 판매량 관계에서 $a=5$라면, 기온이 1도 상승할 때마다 아이스크림이 평균 5개 더 팔린다는 의미입니다. 반면 b는 직선의 '위치'를 위아래로 이동시키는 역할을 하며, $x=0$일 때의 y값을 나타냅니다. $b=10$이라면, 기온이 0도일 때도 기본적으로 10개의 아이스크림이 팔린다는 의미이죠.

그렇다면 $y=ax+b$라는 모델로 예측한다면 손실함수는 어떤 형태로 나타날까요?

미래를 예측하는 인공지능 모델은 가능한가?

x	1	2	2	4
y	2	1	3	5
$y = ax+b$	$a+b$	$2a+b$	$2a+b$	$4a+b$
오차	$a+b-2$	$2a+b-1$	$2a+b-3$	$4a+b-5$

$$L = \frac{(a+b-2)^2+(2a+b-1)^2+(2a+b-3)^2+(4a+b-5)^2}{4}$$

위 표의 평균제곱오차를 다룬 아래 식은 a와 b라는 두 값에 영향을 받습니다. 이처럼 2개 이상의 변수로 표현되는 함수를 **다변수함수**라고 해요. 함수가 2개 이상의 변수를 다룬다니 낯설게 느껴지겠지만, 다변수함수는 일상생활에서도 자주 활용됩니다. 예를 들어 국어 점수 k와 수학 점수 m, 영어 점수 e의 평균을 구하는 식도 다변수함수에 속합니다.

$$f(k,m,e) = \frac{k+m+e}{3}$$

만약 국어와 영어에는 0.9, 수학에는 1.2의 가중치를 준다면 다음과 같은 다변수함수가 나오겠죠.

$$g(k,m,e) = \frac{0.9k+1.2m+0.9e}{3}$$

다변수함수는 여러 요인에 의해 결정되는 값을 수학을 활용하여 효과적으로 나타냅니다. 예를 들어 기온 t과 습도 h, 고객 수 n으로 아이스크림 판매 개수를 예측하는 모델을 g라고 한다면 $y=g(t,h,n)$과 같은 다변수 함수로 나타낼 수 있겠죠?

$y=ax+b$라는 모델로 예측할 때 손실함수는 기울기 a와 y절편 b라는 두 변수의 영향을 받으므로 $L(a,b)$라고 표현할 수 있습니다. $L(a,b)$는 완전제곱식을 여러 개 포함하고 있어서 복잡해 보이지만, 각 제곱항을 전개한 다음 동류항끼리 정리하면 다음과 같이 간단하게 표현됩니다.

$$L(a,b) = \frac{(a+b-2)^2+(2a+b-1)^2+(2a+b-3)^2+(4a+b-5)^2}{4}$$
$$= \frac{1}{4}(25a^2+18ab+4b^2-60a-22b+39)$$

이 식은 a와 b의 제곱항이 각각 양수 계수를 가지는데, 이런 입체 도형을 포물곡면paraboloid이라고 합니다. 3차원 공간에서 나타내면 수직 단면이 포물선의 모양을 가지는 입체 도형의 모양으로 그려져요. 마치 밥그릇의 내부나 위성 안테나의 모양처럼 아래쪽으로 볼록한 입체적 형태를 갖습니다.

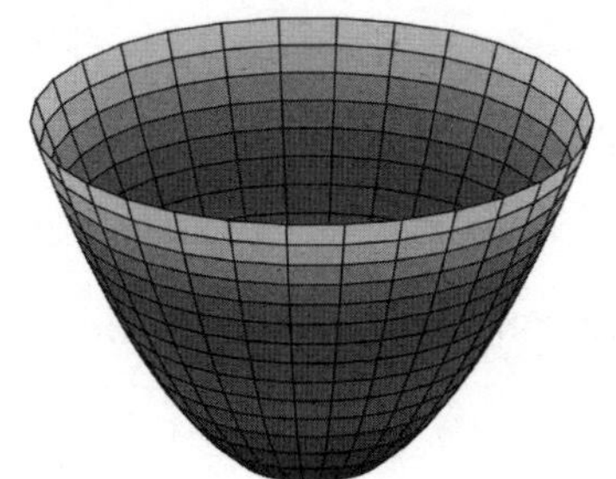

포물곡면 그래프(왼쪽)와
포물곡면 모양의 파라볼라 위성통신 안테나(오른쪽)

미래를 예측하는 인공지능 모델은 가능한가?

그렇다면 $L(a,b)$의 값은 a,b의 값에 따라 어떻게 변화할까요? a와 b의 값 하나를 임의로 고정시키고 다른 하나를 변화시켜 보면 다음과 같은 결과가 나옵니다.

a	b	$L(a,b)$
0.2	1	3.4
0.4	1	2.05
0.6	1	1.2
0.8	1	0.85
1	1	1
1.2	1	1.65

b값을 1로 고정

a	b	$L(a,b)$
0.8	0.6	0.97
0.8	0.8	0.87
0.8	1	0.85
0.8	1.2	0.91
0.8	1.4	1.05
0.8	1.6	1.27

a값을 0.8로 고정

위 표를 보면 a의 값과 b의 값에 따라 $L(a,b)$의 값이 변화하는 것을 볼 수 있습니다. 그렇다면 $L(a,b)$의 값이 최소가 되는 지점은 어떻게 파악할까요? 이에 관한 해답도 미분에 있습니다.

먼저 $z=L(a,b)$의 그래프가 3차원 공간에 어떻게 표현되는지 살펴볼게요. a,b의 값에 따라 계산되는 $L(a,b)$의 값을 z로 표현하면 다음 페이지 그림과 같이 납작하고 볼록한 주머니 형태가 나타납니다.

다음 $z=L(a,b)$ 그래프를 a축 방향에서 바라본 단면의 모습과 b축 방향에서 바라본 단면의 모습은 모두 이차함수의 형태로 생겼어요. $z=L(a,b)$ 그래프에서 가장 작은 값이 위치하는 곳인 (p,q)의 위치는 각 포물선에서 맨 아래 꼭짓점에 해당하지요. 따라서 a의 관점에서 최소가 되는 위치인 p, b의 관점에서 최소가 되는 q의 위치가 각각 어디인지 확인하면

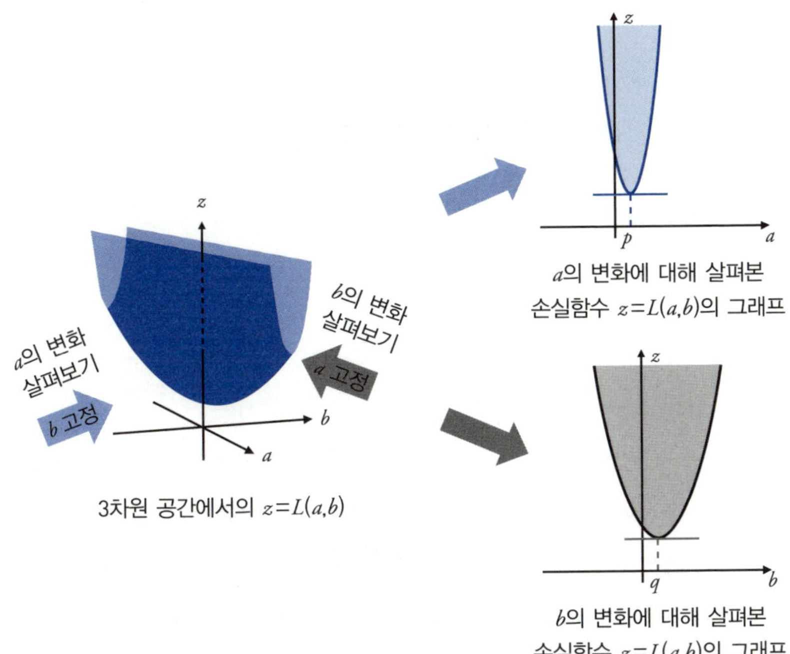

충분합니다.

먼저 $L(a,b) = \dfrac{1}{4}(25a^2 + 18ab + 4b^2 - 60a - 22b + 39)$에서 b를 상수 취급하고 a만 미분해주면* 다음과 같은 식을 얻을 수 있어요.

$$\frac{\partial L(a,b)}{\partial a} = L_a(a,b) = \frac{25}{2}a + \frac{9}{2}b - 15$$

---

* 다른 변수를 상수로 취급하고 하나의 변수에 대해서만 미분하는 방법을 '편미분'이라고 합니다. $L(a,b)$를 a에 대해서 미분하는 것을 $\frac{\partial L(a,b)}{\partial a} = L_a(a,b)$로 표현합니다.

미래를 예측하는 인공지능 모델은 가능한가?

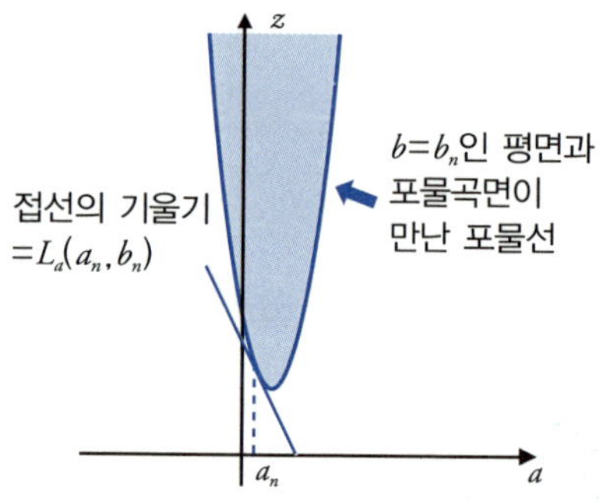

이 식에 (a_n, b_n)이라는 값을 대입하면, $b=b_n$인 평면이 포물곡면과 만나 생기는 포물선에서 $a=a_n$일 때 접선의 기울기가 나옵니다. a 방향으로 증가하는 상태인지, 감소하는 상태인지를 알려주는 정보인 셈이죠.

마찬가지로 b를 상수 취급하고 a에 대해서만 미분해주면 다음과 같은 식을 얻을 수 있어요.

$$\frac{\partial L(a,b)}{\partial b} = L_b(a,b) = \frac{9}{2}a + 2b - \frac{11}{2}$$

포물곡면은 $a=p$, $b=q$일 때 각각 최솟값, 즉 꼭짓점에 해당하므로 모든 방향에서 접선의 기울기가 0이어야 합니다. 즉 $L_a(p,q)$와 $L_b(p,q)$의 값이 모두 0이라는 뜻이죠. 따라서 다음과 같은 연립방정식을 구할 수 있습니다.

$$\frac{25}{2}p + \frac{9}{2}q - 15 = 0$$
$$\frac{9}{2}p + 2q - \frac{11}{2} = 0$$

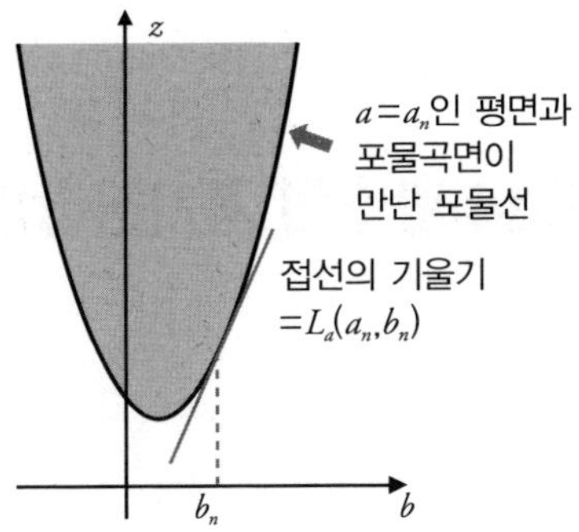

이 방정식의 해가 포물곡면의 최솟값인 꼭짓점의 좌표입니다.

연립방정식을 풀면 $p=\dfrac{21}{19}$, $q=\dfrac{5}{19}$가 나오고, 이때 $L(a,b)$는 0.737로 최솟값을 가집니다. 다시 말해 이번 사례에서 $y=ax+b$라는 형태의 가장 최적화된 모델은 $y=\dfrac{21}{19}x+\dfrac{5}{19}\fallingdotseq=1.105x+0.236$이라는 뜻이지요.

미래를 예측하는 인공지능 모델은 가능한가?

다변수함수의 경사하강법

앞에서 우리는 경사하강법으로 최솟값을 구하는 방법을 알아보았습니다. 그렇다면 다변수함수의 경사하강법은 어떻게 될까요? 공간이 확장되어서 매우 복잡해 보이지만 앞의 과정을 잘 따라왔다면 크게 어렵지 않습니다. 접선의 기울기를 이용하는 방법이 조금 더 확장될 뿐, 기본적인 원리는 동일하거든요. 조금 복잡해 보이지만 a, b, z축으로 나타낸 포물곡선의 그래프와, 접선 위에서 경사하강법을 활용하여 a_n과 b_n이 찾아가는 하강 위치를 그려보면 다음 페이지 그림과 같습니다.

우선 아까와 달리 이제는 변수가 하나 더 늘어나서 그래프와 접선의 모양이 조금 복잡해졌어요. 그러나 크게 a 방향의 증가, b 방향의 증가 두 가지를 생각해서 경사하강법을 각각 한 번씩 해주면 됩니다. 앞에서는 a_n의 값만 계속해서 수정해주면 되었지만, 이제는 아래 두 가지의 차이가 있을 뿐입니다.

① a_{n+1}, b_{n+1}의 값을 a_n, b_n을 활용해 구한다.

② a_{n+1}은 $L_a(a_n, b_n)$을 활용해, b_{n+1}은 $L_b(a_n, b_n)$을 활용해 구한다.

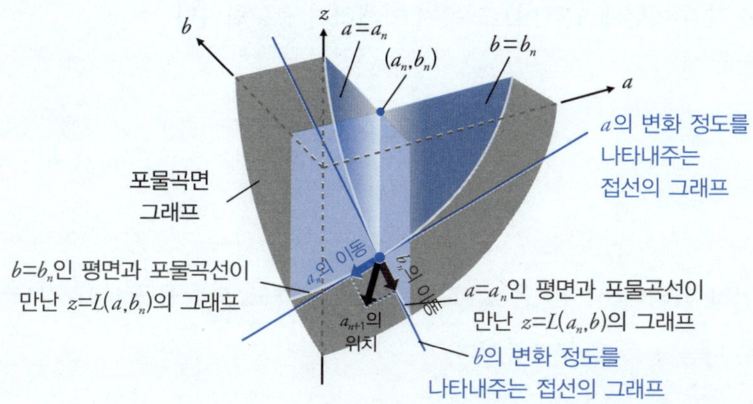

앞에서 살펴본 경사하강법의 순서를 다시 한번 떠올려볼까요?

① 손실함수 구하기

② 손실함수와의 접선 기울기를 알려주는 도함수 구하기

③ 초기 시작점과 학습률을 설정한 후 a의 값 업데이트하기

우리는 이미 손실함수와 a, b 축의 관점에서 기울기를 알려주는 도함수도 구해놓은 상태입니다. 다시 정리해보면 다음과 같아요.

$$L(a,b)=\frac{1}{4}(25a^2+18ab+4b^2-60a-22b+39)$$

$$\frac{\partial L(a,b)}{\partial a}=L_a(a,b)=\frac{25}{2}a+\frac{9}{2}b-15$$

$$\frac{\partial L(a,b)}{\partial b}=L_b(a,b)=\frac{9}{2}a+2b-\frac{11}{2}$$

따라서 다음 식과 같은 경사하강법의 방법에 따라, 초기 시작점에서 a_n과

b_n이 각각 어떻게 업데이트되는지 이해하면 충분합니다.

$$a_{n+1}=a_n-L_a(a_n,b_n)\times r$$

$$b_{n+1}=b_n-L_b(a_n,b_n)\times r$$

먼저 임의의 시작점을 $a_0=1$, $b_0=0.5$로 정하고, 학습률을 0.01 정도로 정한 다음 a_1, b_1을 구해봅시다.

$$a_1=a_0-L_a(a_0,b_0)\times0.01=1.5-6\times0.01=1.44$$

$$b_1=b_0-L_a(a_0,b_0)\times0.01=0.5-2.25\times0.01=0.4775$$

이를 바탕으로 다시 a_2, b_2를 구하면 다음과 같습니다.

$$a_2=a_1-L_a(a_1,b_1)\times0.01=1.44-5.149\times0.01=1.389$$

$$b_2=b_1-L_b(a_1,b_1)\times0.01=0.4775-1.935\times0.01=0.45815$$

이런 방법으로 a_n과 b_n을 계속해서 구해나가면 다음 페이지의 표 같은 과정이 나타납니다.

여러 번의 반복을 거쳐 점차 최적의 모델에 가까워지는 것이 보이지요? 약 1,600번의 반복 후 a값은 1.105126, b값은 0.263528로 수렴하며, 이는 우리가 수학적으로 계산한 정확한 값인 a=1.105 및 b=0.263에 매우 근접합니다. 인공지능은 이와 같은 방식으로 때로는 수백만 개의 매개변수를 동시에 최적화하면서 복잡한 패턴을 예측하는 모델을 만들어냅니다.

n	a_n	b_n
0	1.5	0.5
1	1.44	0.4775
2	1.389	0.45815
⋮	⋮	⋮
100	1.084143	0.320253
200	1.090168	0.303963
300	1.094475	0.292321
400	1.097553	0.284
500	1.099753	0.278054
600	1.101325	0.273804
700	1.102449	0.270767
800	1.103252	0.268596
900	1.103826	0.267044
1000	1.104236	0.265935
1100	1.104529	0.265143
1200	1.104738	0.264577
1300	1.104888	0.264172
1400	1.104995	0.263883
1500	1.105072	0.263676
1600	1.105126	0.263528

작은 웅덩이를 넘어서
: 모멘텀으로 경사하강법 보완하기

앞서 우리가 살펴본 평균제곱오차 손실함수는 아래로 볼록한 포물선이나 포물곡면 형태였습니다. 이런 단순한 형태에서는 경사하강법이 어디서 시작하든 결국 하나의 최솟값으로 수렴합니다. 하지만 실제 인공지능 모델에서는 손실함수가 훨씬 더 복잡한 형태를 갖기도 합니다.

복잡한 손실함수는 접선 기울기가 0인 지점이 여러 개 생길 수 있는데, 이 모든 지점이 진짜 최솟값은 아닙니다. 주변보다는 낮지만 함수 전체에서 가장 낮은 곳은 아닌 지점들이 존재하기 때문이죠. 이런 지점을

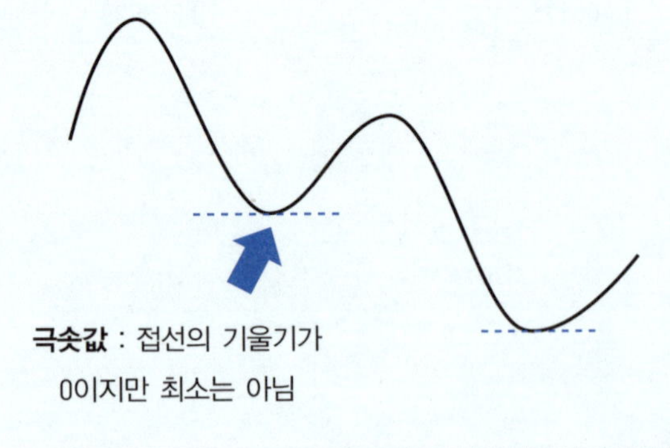

극솟값_{local minimum} 이라고 합니다. 이는 마치 여러 계곡이 있는 복잡한 산에서 가장 낮은 계곡을 찾는 문제와 같습니다. 경사하강법은 시작점에 따라 다른 계곡(극솟값)에 도달할 수 있어요. 북쪽에서 출발하면 북쪽 계곡에, 남쪽에서 출발하면 남쪽 계곡에 도착하는 식이죠.

극솟값 문제를 완화하는 데는 여러 전략이 사용됩니다. 첫 번째는 '여러 시작점에서 실행하기'입니다. 서로 다른 초깃값에서 경사하강법을 여러 번 실행한 후, 그중 가장 낮은 손실함수 값을 갖는 결과를 선택하는 방식이에요. 마치 여러 곳에 동시에 탐험대를 보내서 가장 깊은 계곡을 찾는 것과 같습니다.

두 번째는 '학습률 조절하기'입니다. 학습률이 적절하면 작은 극솟값을 피해 갈 가능성이 높아집니다. 때로는 학습 과정에서 학습률을 점차 줄여나가는 전략도 사용하죠.

하지만 이런 방법들만으로 충분하지 않을 때가 많아요. 그래서 경사하강법 자체를 개선한 방법이 필요한데, 그중 하나가 바로 '모멘텀_{momentum}'입니다.

관성의 힘, 모멘텀

모멘텀의 핵심 아이디어는 '관성'입니다. 공을 언덕 위에서 굴리면, 작은 웅덩이를 만나도 이전에 받은 속도 덕분에 웅덩이를 빠져나오지요. 모멘텀은 바로 이 원리를 경사하강법에 적용한 방법입니다.

기존 경사하강법은 오직 현재 위치의 기울기만 보고 다음 이동 방향을 결정합니다. 앞서 우리가 배운 경사하강법의 업데이트 식을 다시 떠올려봅시다.

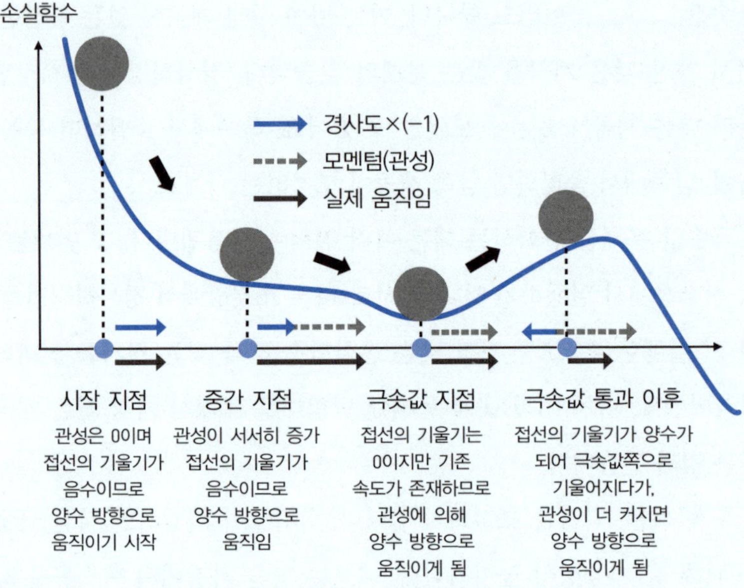

$$a_{n+1} = a_n - r \times L'(a_n)$$

여기서 r은 학습률, $L'(a)$는 현재 위치에서 접선의 기울기입니다. 이 식은 현재 위치 a_n에서의 기울기 정보만을 사용하여 다음 위치 a_{n+1}을 결정하죠. 모멘텀을 적용한 경사하강법은 여기에 속도라는 개념을 추가합니다. 마치 물리학에서 물체의 운동을 다룰 때 위치와 속도를 함께 고려하는 것처럼요.

먼저 속도 v를 다음과 같이 정의합니다.

$$v_{n+1} = \beta \times v_n + r \times L'(a_n)$$

여기서 β는 모멘텀 계수[*]인데, 주로 0.9를 사용합니다. 위 식의 의미를 간단히 살펴보면 다음과 같습니다.

$$\beta \times v_n : \text{이전 속도의 } \beta \text{배만큼 유지(관성)}$$
$$r \times L'(a_n) : \text{현재 기울기에 의한 가속}$$

이 속도를 이용하여 위치를 업데이트합니다.

$$a_{n+1} = a_n - v_{n+1}$$

두 식을 합쳐서 정리하면 다음 식을 얻습니다.

$$a_{n+1} = a_n - (\beta \times v_n + r \times L'(a_n))$$

이 식의 의미를 생각해봅시다. 만약 어떤 지점에서 $L'(a)=0$라면(즉 극솟값에 도달했다면), 기존 경사하강법은 $a_{n+1}=a_n$이 되어 그 자리에 멈춥니다. 하지만 모멘텀을 사용하면 v_n이 0이 아닌 이상 $a_{n+1}=a_n-\beta \times v_n$이 되어 계속 움직입니다.

119

추천 알고리즘은 진짜 내 취향을 아는 걸까?

: 행렬 분해를 알면 패턴이 보인다

수학이 나의 취향을 말해준다

'회원님을 위한 추천'
: 추천 시스템의 등장

여러분은 넷플릭스에서 영화를 보거나 유튜브에서 동영상을 시청할 때 '추천 영상'이나 '회원님을 위한 추천' 같은 문구를 본 적이 있나요? 이런 추천은 우연히 표시되는 것이 아니라 여러분의 취향을 분석한 인공지능이 선별해서 보여주는 것입니다. 스마트폰으로 음악을 듣거나, 온라인 쇼핑을 하거나, SNS를 사용할 때도 추천 시스템은 항상 작동합니다. 심지어 배달 앱에서 메뉴를 고를 때나 온라인 서점에서 책을 찾을 때도 추천 알고리즘이 여러분의 선택에 영향을 미쳐요. 이제 우리 일상에서 추천 시스템은 없어서는 안 될 중요한 기술이 되었죠.

추천 시스템의 역사는 생각보다 오래되었습니다. 1990년대 중반, 인터넷 사용이 보편화하면서 정보의 홍수 속에서 사용자에게 필요한 정보를 찾아주는 기술의 필요성이 대두했어요. 당시에는 인터넷에서 정보를 찾을 때 사용하는 검색 엔진조차 지금처럼 정교하지 않았기 때문에, 사

넷플릭스의 추천 알고리즘

용자들은 수많은 웹페이지를 일일이 방문하며 원하는 정보를 찾아야 했습니다. 이런 불편함을 해결하고자 등장한 기술이 바로 추천 시스템이었어요. 초기의 추천은 단순히 인기 있는 콘텐츠나 편집자가 선정한 항목을 보여주는 수준이었지만, 점차 개인의 취향을 반영한 맞춤형 추천으로 발전해갔습니다.

이 분야의 혁신을 이끈 선구자는 바로 아마존이었습니다. 1995년 온라인 서점으로 시작한 아마존은 1998년부터 '이 책을 구매한 사람들이 함께 구매한 책'이라는 혁신적인 추천 서비스를 도입했어요. 단순해 보이지만 매우 강력한 아이디어였습니다. 예를 들어 해리포터 시리즈 첫 번째 책을 구매한 사람들이 두 번째, 세 번째 책도 함께 구매한다는 패턴을 발견하면, 첫 번째 책만 구매한 새로운 고객에게 나머지 시리즈를 추천하는 식이었죠. 아마존은 이를 더욱 발전시켜 '이 상품을 본 고객이 구매한 다른 상품' '고객님이 관심 가질 만한 상품' 등 다양한 형태의 추천을 제공했습니다. 추천 시스템 덕분에 아마존 매출은 크게 증가했고, 다

추천 알고리즘은 진짜 내 취향을 아는 걸까?

른 전자상거래 사이트들도 앞다투어 비슷한 시스템을 도입했어요.

기업들은 왜 이렇게 추천 시스템에 막대한 투자를 하는 걸까요? 가장 큰 이유는 추천 시스템이 **직접적인 수익 증대로 이어지기 때문**입니다. 사용자가 원하는 바를 빠르게 찾아주면 구매 확률이 높아지겠죠? 평소라면 발견하지 못했을 상품을 추천해주면서 구매를 유도하면 매출이 증가하겠고요. 이로써 사용자 만족도가 높아지면 재방문율과 충성도가 올라가겠지요. 넷플릭스의 경우 추천 시스템이 없었다면 사용자들이 수많은 콘텐츠 속에서 원하는 바를 찾지 못해 서비스를 떠날 가능성이 높았을 거예요. 반대로 정확한 추천을 받은 사용자들은 더 오래 서비스를 이용하고, 더 많은 콘텐츠를 소비합니다.

흥미롭게도 쇼핑 플랫폼에서는 추천 시스템이 고객 만족을 넘어 기업 운영 효율성까지 향상시킵니다. 예를 들어 쿠팡이나 11번가 같은 이커머스 기업은 추천 알고리즘으로 재고 관리를 최적화해요. 창고에 재고가 많이 남아 있는 상품이나 유통기한이 임박한 식품을 적절한 고객에게 추천함으로써 재고 손실을 줄이고, 반대로 인기 상품의 재고 부족 상황을 미리 예측하여 적시에 물량을 확보합니다. 또한 지역별 배송 거점에 어떤 상품을 얼마나 보관할지도 추천 시스템의 예측 데이터를 활용하여 결정하죠. 이처럼 추천 시스템은 단순히 '무엇을 보여줄까'를 넘어서 '무엇을 어디에 얼마나 준비할까'라는 물류·운영의 핵심 질문까지 해결하는 종합적인 의사결정 도구입니다.

추천 서비스의 실제 효과는 통계로도 입증됩니다. 맥킨지 등의 분석에 따르면 아마존은 전체 매출의 35퍼센트가량이 추천 시스템에서 발생한다고 발표했어요. 넷플릭스는 사용자가 시청하는 콘텐츠의 80퍼센트 이상이 추천 시스템으로 발견된다고 밝혔습니다. 유튜브에서는 2017년 기준 추천 동영상을 시청하는 시간이 전체의 70퍼센트를 차지한다고 해요. 스포티파이는 개인화된 플레이리스트인 '디스커버 위클리'로 2020년까지 23억 시간 이상의 음악이 재생되었다고 발표했습니다. 이런 수치들은 추천 시스템이 단순한 부가 기능이 아니라 플랫폼의 핵심 경쟁력이라는 사실을 보여줍니다.

오늘날 추천 시스템은 훨씬 더 정교하고 복합적으로 발전했습니다. 유튜브는 여러분이 어떤 영상을 얼마나 오래 시청했는지, 어느 부분에서 영상을 중단했는지, 어떤 채널을 구독했는지, 심지어 어떤 댓글에 반응했는지까지 분석해요. 스포티파이는 여러분이 듣는 음악의 템포, 분위기, 악기 구성은 물론 하루 동안 어떤 음악을 언제 듣는지까지 파악해서 상황에 맞는 음악을 추천합니다. 넷플릭스는 시청 습관뿐만 아니라, 같은 콘텐츠라도 사용자마다 서로 다른 이미지(썸네일)를 보여주고 어떤 이미지에 더 반응하는지까지 실험하죠. 쿠팡이나 11번가 같은 쇼핑 플랫폼에서는 구매 이력, 검색 기록, 상품 페이지 체류 시간, 심지어 장바구니에 담았다가 빼는 행동까지 분석해서 추천에 활용합니다.

인공지능은 정말로 우리 취향을 '정확히' 알까요? 실제로 추천 시스템은 여러분의 과거 행동을 바탕으로 미래 선호도를 예측하는 것이기 때문에 완벽하지 않습니다. 또한 사람의 취향은 고정적이지 않고 기분이나 상황, 시기에 따라 바뀌기도 하며, 가끔은 평소와 완전히 다른 새로운 것을 시도하고 싶을 때도 있어요. 그럼에도 추천 시스템은 계속해서 발전하고 있으며, 인공지능 기술의 발달과 함께 더욱 정교해지고 있습니다.

직접 추천 시스템을 체험해보면 이해가 더 쉬울 것입니다. 한번 넷플

추천 알고리즘은 진짜 내 취향을 아는 걸까?

릭스, 유튜브, 스포티파이 같은 서로 다른 플랫폼이 여러분에게 어떤 콘텐츠를 추천하는지 비교해보세요. 각 플랫폼이 같은 장르(코미디 등)에서도 어떻게 다른 콘텐츠를 추천하는지 살펴보는 것도 재미있을 거예요. 또한 친구와 서로의 추천 목록을 비교해보면 같은 플랫폼이라도 사람에 따라 완전히 다른 콘텐츠를 추천한다는 사실에 놀랄지도 모릅니다. 이런 개인화된 추천이 어떻게 가능한지, 그 뒤에 숨은 수학적 원리는 무엇인지 차근차근 알아보겠습니다.

추천 시스템의 데이터
: 명시적 피드백과 암시적 피드백

금요일 저녁, 제나가 넷플릭스에 접속해서 영화를 고르려고 합니다. 수천 편의 영화 가운데 무엇을 봐야 할지 막막한 상황이에요. 그런데 신기하게도 넷플릭스가 '제나님을 위한 추천'이라는 개인화된 목록을 보여줍니다. 제나가 좋아할 만한 영화들이 정확히 상위에 배치되어 있어요. 대체 어떤 원리로 이런 개인화 추천이 가능한 걸까요?

추천 시스템의 데이터는 앞서 1장과 2장에서 살펴본 데이터들과는 완전히 다른 형태와 특징을 지닙니다. 1장의 챗봇에서는 '안녕' '오늘' '날씨가'처럼 단어들의 순서와 의미가 핵심이었어요. 2장의 편의점 매출 예측에서는 '방문객 수 80명' '기온 23도' '매출 40만 원'처럼 명확하고 객관적인 수치들이 중요했지요. 하지만 추천 시스템이 다루는 데이터는 이들과는 근본적으로 다릅니다. 추천 시스템의 데이터는 단순한 수치나 텍스트가 아니라, 사용자의 취향과 선호도를 나타내는 '신호'예요. 더 중요한 것은 이런 신호들이 앞으로 사용자가 무엇을 좋아할지 예측하는 '조건'을 제공한다는 점입니다. 제나가 액션 영화를 좋아했다는 조건은 제나가 다른 액션 영화도 좋아할 가능성을 높여주는 중요한 요소거든요.

추천 시스템이 수집하는 사용자 데이터는 크게 두 형태로 나뉩니다. 첫 번째는 **명시적 피드백**explicit feedback 으로, 사용자가 의도적으로 자신의 선호도를 표현한 데이터예요. 넷플릭스에서 영화에 별 5개를 주거나, 유튜브에서 동영상에 '좋아요'를 누르거나, 쇼핑몰에서 상품에 '정말 만족합니다!'라는 리뷰를 남기는 행동들이 명시적 피드백에 해당합니다. 명시적 피드백은 사용자의 마음을 직접 반영하기 때문에 신뢰성이 높은 반면, 모든 사용자가 항상 평점을 매기거나 리뷰를 남기지는 않기 때문에 수집할 수 있는 데이터양이 제한적이라는 한계가 있어요.

두 번째는 **암시적 피드백**implicit feedback 으로, 사용자가 의식하지 않은 상태에서 자연스럽게 드러내는 행동 데이터입니다. 어떤 영상을 얼마나 오래 시청했는지, 어떤 상품 페이지를 몇 번 클릭했는지, 어떤 음악을 반복해서 들었는지, 심지어 스크롤을 멈춘 지점이 어디였는지까지도 모두 암시적 피드백이에요. 사용자가 굳이 '이 노래 좋아요'라고 표현하지 않더라도 같은 노래를 10번 반복해서 들었다면 그 노래를 좋아한다고 추측할 수 있죠. 암시적 피드백은 사용자의 모든 행동에서 자동으로 수집되기 때문에 데이터양이 훨씬 많고, 사용자가 의식하지 못하는 숨겨진 선호까지 드러냅니다. 예를 들어 제나가 SF 영화에 평점을 남기지 않더라도 실제로 SF 영화를 평균보다 길게 시청한다면, 이는 제나의 숨겨진 SF 취향을 보여주는 중요한 조건이 됩니다.

추천 알고리즘은 진짜 내 취향을 아는 걸까?

구체적인 예시를 들어보겠습니다. 다음은 한 영화 스트리밍 서비스에서 제나의 활동 데이터입니다.

명시적 피드백				
영화	어벤져스	인터스텔라	기생충	겨울왕국
평점	★★★★★	★★★★	★★	★★

암시적 피드백

– 액션 영화 평균 시청 시간 : 95% (거의 끝까지 봄)
– SF 영화 평균 시청 시간 : 87%
– 로맨스 영화 평균 시청 시간 : 45% (중간에 멈춤)
– 크리스토퍼 놀란 감독 영화 검색 횟수 : 8회

이 데이터를 종합하면 제나에 관한 **여러 조건을 파악**할 수 있습니다. '제나는 액션 영화를 좋아한다' '제나는 SF 영화도 어느 정도 선호한다' '제나는 로맨스 영화를 별로 좋아하지 않는다' '제나는 크리스토퍼 놀란 감독을 선호한다' 같은 조건들 말이죠. 이제 새로운 영화를 추천할 때 이런 조건들을 활용할 수 있습니다. 만약 크리스토퍼 놀란 감독의 새로운 SF 액션 영화가 개봉한다면, 위의 모든 조건이 제나가 이 영화를 좋아하리라는 예측을 뒷받침해 주겠죠. 더 흥미로운 점은 여러 조건이 결합할 때 예측의 정확도가 크게 향상한다는 것입니다. 단순히 '제나가 액션 영화를 좋아한다'는 하나의 조건만으로는 모든 액션 영화를 추천할 수 있지만, 여기에 'SF 요소가 있는 영화를 선호한다' '특정 감독을 좋아한다'는 조건을 추가하면 추천이 훨씬 정교해져요.

하지만 추천 시스템의 데이터는 독특한 특성을 가집니다. 희소성 sparsity 문제가 대표적이죠. 아무리 영화를 많이 보는 사람이라도 넷플릭스의 전체 영화 가운데 1퍼센트도 보지 못하죠. 따라서 사용자-영화 데이터의 99퍼센트 이상이 빈 공간으로 남고, 추천 시스템은 '모르는 것'이 '아는 것'보다 압도적으로 많은 상황에서 예측을 해야 합니다. 이런 상황에서는 기존에 알고 있는 조건을 최대한 활용하는 것이 중요해지죠.

또 다른 특징은 데이터의 주관성과 시간에 따른 변화입니다. 어떤 사람은 웬만해서는 별 5개를 주지 않는 까다로운 평가자인 반면, 다른 사람은 조금만 괜찮아도 별 5개를 주는 관대한 평가자일 수 있어요. 따라서 A라는 사용자의 별 4개와 B라는 사용자의 별 4개가 같은 선호도를 의미한다고 단순하게 가정할 수 없습니다. 또한 사용자의 취향은 고정적이지 않아서 시간이 지나면서 변할 수 있어요. 대학생 때는 액션 영화를 좋아했던 사람이 직장인이 되면서 다큐멘터리에 관심을 가질 수도 있고, 계절에 따라 선호하는 음악 장르가 달라질 수도 있습니다.

이런 복잡하고 다양한 데이터를 어떻게 활용해야 정확한 추천이 만들어질까요? 핵심은 데이터가 제공하는 모든 조건을 수학적으로 체계화하는 것입니다. 조건을 활용한 예측에는 조건부 확률이, 아이템들 사이 유사도 분석에는 벡터의 거리 측정이, 숨은 패턴 발견에는 행렬 분해 matrix factorizaition 가, 사용자의 시청 유형과 일반적 특성 파악에는 군집화 clustering 기법이 각각 활용돼요. 다양한 수학적 방법들이 어떻게 함께 어우러지며 정교한 개인화 추천 서비스를 만들어내는지, 지금부터 차근차근 따라가 보겠습니다.

코미디 영화를 좋아하면서 로맨스 영화를 좋아할 확률

나의 영화 취향을 맞춰봐!
: 조건부 확률과 연관성 분석

제나의 넷플릭스 데이터를 분석한 결과, 액션 영화에 강한 선호가 드러 났습니다. 그렇다면 이 정보를 바탕으로 제나에게 어떤 영화를 추천해야 할까요? 가장 직관적인 방법은 '액션 영화를 좋아하는 사람이 다른 장르 도 좋아할 확률'을 계산하는 것입니다. 이때 핵심 도구가 바로 조건부 확 률이에요. 1장에서 조건부 확률 $P(B|A)$란 '사건 A가 일어났다는 조건하 에서 사건 B가 일어날 확률'을 의미한다고 배웠죠. 추천 시스템에서는 이 개념이 더욱 중요하고 구체적인 의미를 가집니다.

제나의 경우를 조건부 확률로 표현해보면 P(제나가 SF 영화를 좋아함 | 제 나가 액션 영화를 좋아함)이 됩니다. 이는 '제나가 액션 영화를 좋아한다는 조건 하에서 SF 영화도 좋아할 확률'을 나타내요. 단순히 '제나가 SF 영 화를 좋아할 일반적 확률'과는 완전히 다른 개념입니다. 전체 사용자 가 운데 SF 영화를 좋아하는 비율이 30퍼센트라고 해도, 액션 영화를 좋아

하는 사람들만 따로 보면 SF 영화를 좋아할 확률이 60퍼센트로 높아질 수 있거든요. 이런 조건부 관계를 파악하는 일이 개인화 추천의 첫 번째 단계입니다.

구체적인 예시로 한 영화 스트리밍 서비스의 데이터를 살펴보겠습니다. 1만 명의 사용자를 분석한 결과가 다음과 같다고 가정해봅시다.

- 액션 영화를 좋아하는 사용자 : 4,000명
- SF 영화를 좋아하는 사용자 : 3,000명
- 액션과 SF를 모두 좋아하는 사용자 : 2,400명

이 데이터를 바탕으로 P(SF를 좋아함 | 액션을 좋아함)이라는 조건부 확률을 계산해보면 다음과 같습니다.

먼저 액션을 좋아하는 사람이라는 조건이 붙기 때문에 전체 1만 명이 아닌 4,000명을 대상으로 합니다. 이 중 SF를 좋아하는 사람은 2,400명이니까 조건부 확률은 다음과 같습니다.

$$P(\text{SF} \mid \text{액션}) = \frac{2400}{4000} = \frac{3}{5} = 0.6$$

이 확률은 액션을 좋아한다는 정보가 반영되지 않은 상황에서 단순히 SF를 좋아하는 사람의 확률인 $\frac{3000}{10000} = 0.3$과는 차이가 나죠? 다시 말해 '액션 영화를 좋아한다'는 조건이 주어지면, SF 영화를 좋아할 확률이 높아질지 낮아질지 보다 정확하게 예측할 수 있다는 의미입니다. 다시 말해 새로운 사용자가 가입해서 액션 영화에 높은 평점을 준다면, 이 사용

추천 알고리즘은 진짜 내 취향을 아는 걸까?

자는 일반적인 30퍼센트 확률이 아닌 60퍼센트 확률로 SF 영화를 보다 정확하게 추천받을 수 있죠.

조건부 확률이 추천 시스템에서 강력한 이유는 **여러 조건을 결합할 수 있기 때문**입니다. 단일 조건만으로도 유용하지만, 복수의 조건을 결합하면 예측의 정확도가 더욱 향상해요. 예를 들어 그냥 로맨스를 영화를 좋아하는 확률 P_1보다는 드라마와 감성적인 음악을 좋아하는 20대 여성이 로맨스 영화를 좋아할 확률 P_2가 더욱 정확한 예측이 됩니다. 이처럼 여러 조건이 결합한 조건부 확률은 단순한 인구통계나 단일 장르 선호도보다 훨씬 정확한 예측을 가능하게 합니다.

그런데 조건이 구체적일수록 해당 조건을 만족하는 사용자 수는 줄어들어요. 통계적 신뢰성과 개인화 정확도 사이에서 절묘한 균형점을 찾아야 하죠. 그렇다면 이런 조건부 확률을 실제로 어떻게 계산할까요? 여기서 등장하는 것이 **연관성 분석** association rule mining 입니다. 연관성 분석은 'A를 구매한 사람이 B도 구매할 가능성'을 체계적으로 분석하는 방법으로, 1990년대 아마존이 '이 상품을 구매한 고객이 함께 구매한 상품' 추천을 구현할 때 사용한 핵심 기술이에요. 수학적으로 보면 연관성 분석은 조건부 확률을 계산하고 활용하는 구체적 방법론이라고 할 수 있습니다.

연관성 분석에서 사용하는 핵심 지표는 두 가지입니다. 첫 번째는 **신뢰도** confidence 로, 조건부 확률을 말합니다.

$$신뢰도(A \rightarrow B) = P(B|A)$$

$$= \frac{(A,\ B\ 모두\ 좋아하는\ 사용자\ 수)}{(A를\ 좋아하는\ 사용자\ 수)}$$

사용자 \ 장르	액션	로맨스	코미디	호러
제나	○	○	○	
철수	○	○		○
영희	○		○	
준호	○	○	○	
세영		○	○	
수진	○	○	○	
지원	○	○	○	
태현			○	○

8명의 사용자가 평가한 영화 데이터를 예시로 신뢰도를 한번 구해볼 게요. 위 표를 볼까요?

이 데이터에서 흥미로운 패턴을 발견할 수 있어요. 신뢰도가 높은 영화는 연관성이 높은 영화라고 할 수 있습니다. 과연 액션 영화와 다른 영화들 사이에는 어느 정도의 신뢰도가 계산될까요?

영화 장르	신뢰도
신뢰도(액션 → 로맨스)	5/6=0.83
신뢰도(액션 → 코미디)	5/6=0.83
신뢰도(액션 → 호러)	1/6=0.17

장르마다 신뢰도를 살펴보면 코미디는 원래 대부분의 사람이 좋아하는 대중적 장르예요. 가족과 함께 보기 좋고, 부담 없이 즐길 수 있어서

추천 알고리즘은 진짜 내 취향을 아는 걸까?

액션 팬이 아니어도 많은 사람이 선택합니다. 따라서 액션 팬이 코미디를 본다면 단순히 코미디의 대중성 때문일 가능성이 높죠. 실제로는 액션 영화와 코미디의 연관성이 낮지만 신뢰도는 높게 나왔다고 할 수 있습니다.

이를 구분할 방법으로 **향상도** lift 라는 지표가 있습니다. 향상도(A → B)는 A를 좋아한다는 조건이 B를 좋아할 확률을 얼마나 높여주는지를 나타내요.

$$\text{향상도}(A \to B) = \frac{P(B|A)}{P(B)} = \frac{P(A \cap B)}{P(A) \times P(B)}$$

$$= \frac{A, B\text{를 모두 좋아할 확률(비율)}}{A\text{를 좋아할 확률(비율)} \times B\text{를 좋아할 확률(비율)}}$$

그렇다면 액션 영화와 로맨스, 코미디, 호러 사이의 향상도를 한번 구해볼까요?

영화 장르	향상도
향상도(액션 → 로맨스)	$\dfrac{\frac{5}{8}}{\frac{6}{8} \times \frac{6}{8}} = \dfrac{10}{9} \fallingdotseq 1.1$
향상도(액션 → 코미디)	$\dfrac{\frac{5}{8}}{\frac{7}{8} \times \frac{6}{8}} = \dfrac{40}{42} \fallingdotseq 0.95$
향상도(액션 → 호러)	$\dfrac{\frac{1}{8}}{\frac{6}{8} \times \frac{2}{8}} = \dfrac{2}{3} \fallingdotseq 0.67$

다시 살펴보면 코미디 영화는 원래 사람들이 많이 봅니다. 액션 영화와의 향상도에서 코미디는 로맨스에 비해 높지 않게 나왔어요. 향상도가 1보다 높은 경우 선택이 연관되어 있다고 보고, 1보다 작으면 연관성이 낮다고 봅니다. 다시 말해 코미디는 액션과 연관되어 시청되었다고 보기 어려운 반면, 로맨스는 액션과 연관되어 시청되었다고 볼 수 있습니다. 액션 영화를 좋아하는 사람들이 연인과 함께 영화를 볼 때 로맨스를 선택하거나, 액션과 로맨스를 결합한 영화를 선호하는 패턴이 있다고 볼 수 있죠.

그런데 신뢰도와 향상도만으로는 충분하지 않은 경우가 있습니다. 예를 들어 '마이너 독립영화를 본 사람 90퍼센트가 특정 다큐멘터리도 본다'는 규칙이 있다고 해볼까요? 신뢰도는 90퍼센트로 매우 높지만, 실제로 마이너 독립영화를 본 사람이 전체 사용자의 0.001퍼센트에 불과하다면 이 규칙은 대부분의 사용자에게 아무런 도움이 되지 않아요. 이런 문제를 해결하기 위해 **지지도** support 라는 개념을 추가로 사용합니다.

지지도는 전체 사용자 중에서 특정 조합이 얼마나 자주 나타나는지를 나타내는 값입니다. 수식으로 표현하면 $P(A \cap B)$에 해당하며 지지도(A, B) = (A와 B를 모두 본 사용자 수) / (전체 사용자 수)로 계산합니다. 예를 들어 전체 사용자 1,000명 가운데 액션 영화와 로맨스 영화를 모두 본 사람이 150명이라면, 지지도는 $\frac{150}{1000}=0.15$, 즉 15퍼센트가 됩니다. 지지도가 높다는 말은 이 조합이 실제로 많은 사람에게서 나타나는 보편적인 패턴이라는 의미예요.

신뢰도, 향상도, 지지도는 각각 다른 측면을 보여줍니다. 신뢰도는 '조건이 주어졌을 때 결과가 나올 확률'을, 향상도는 '우연보다 얼마나 더

추천 알고리즘은 진짜 내 취향을 아는 걸까?

강한 연관성인지'를, 지지도는 '이 패턴이 얼마나 자주 나타나는지'를 알려주죠. 세 가지를 함께 고려해야 실용적인 추천 규칙을 찾을 수 있습니다.

연관성 분석을 추천 시스템에 적용할 때는 보통 최소 지지도와 최소 신뢰도라는 기준을 설정합니다. 예를 들어 지지도 5퍼센트 이상, 신뢰도 60퍼센트 이상인 규칙들만 추천에 활용하는 식이에요. 이는 너무 드물게 나타나는 패턴(낮은 지지도)이나 예측력이 떨어지는 규칙(낮은 신뢰도)을 걸러내기 위함입니다. 실제 넷플릭스나 아마존 같은 서비스에서는 수백만 개의 연관성 규칙을 실시간으로 계산하고 업데이트하면서 추천을 수행해요.

하지만 조건부 확률만으로는 한계가 있습니다. 같은 장르라도 영화마다 세부 특성이 다르고, 사용자의 미묘한 취향 차이를 포착하기 어려워요. 제나가 액션 영화를 좋아한다고 해서 모든 액션 영화를 추천할 수는 없겠죠. 이런 한계를 극복할 방법으로 다음 단계에서는 영화 자체의 구체적 특성을 분석하는 콘텐츠 기반 필터링을 살펴보겠습니다.

콘텐츠 기반인가 사용자 기반인가

조건부 확률에 기반한 장르 추천은 제나에게 SF 영화를 추천해주었지만, 여전히 아쉬운 점이 있었습니다. '액션을 좋아하는 사람이 SF도 좋아할 확률이 높다'는 규칙만으로는 제나의 세밀한 취향을 파악하기 어렵다는 점이죠. 같은 액션 영화라도 마블의 슈퍼히어로 영화와 〈존 윅〉 시리즈는 완전히 다른 매력을 가지고 있거든요. 더 정교하게 추천하려면 단순한 장르 분류를 넘어서 '무엇이 얼마나 비슷한가?'를 수치로 측정할 수 있어야 합니다. 이때 핵심이 되는 수학적 도구가 바로 1장에서 배운 유사도 개념이에요. 하지만 유사도를 계산할 때 어떤 관점에서 접근하느냐에 따라 완전히 다른 추천 결과가 나옵니다.

개인화 추천에서 유사도는 크게 두 가지 관점으로 접근해요. 첫 번째는 **콘텐츠 유사도 관점**으로, 아이템 자체의 특성을 비교하는 방법입니다. 영화의 장르, 감독, 배우, 키워드를 분석해서 '이 영화와 저 영화가 얼마나 비슷한가?'를 계산하는 거죠. 두 번째는 **사용자 유사도 관점**으로, 사람들의 취향 패턴을 비교하는 방법이에요. '제나와 철수가 영화를 평가하는 패턴이 얼마나 비슷한가?'를 분석해서 비슷한 취향을 가진 사용자를 찾습니다.

같은 수학적 도구인 유사도를 사용하지만, 무엇을 비교하느냐에 따라 추천의 성격이 달라져요. 이번 장에서는 이 두 관점을 모두 살펴보고, 각각 제나에게 어떤 다른 추천을 제공하는지 비교해보겠습니다.

① 콘텐츠 유사도 관점

먼저 콘텐츠 유사도 관점에서 추천 시스템이 어떻게 작동하는지 살펴보겠습니다. 콘텐츠 기반 필터링에서는 각 영화를 여러 특성으로 분해해서 벡터로 표현합니다. 예를 들어 〈어벤져스〉는 장르(액션, SF), 감독(루소 형제), 키워드(슈퍼히어로, 팀워크) 등의 특성을 [1, 1, 0, 1, 0.7] 같은 벡터로 나타낼 수 있습니다. 이러한 벡터에 제나가 준 평점이 높을수록 제나의 취향에 더 큰 영향을 주도록 추천을 하죠.

추천 알고리즘은 진짜 내 취향을 아는 걸까?

자세한 예시를 보면서 콘텐츠 기반 필터링을 살펴봅시다. 다음은 제나가 본 5개 영화 평점입니다.

제나가 본 영화	평점	액션	SF	놀란 감독	슈퍼 히어로	상영 시간	벡터 표현
어벤져스	★★★★★	1	1	0	1	0.7	[1, 1, 0, 1, 0.7]
인터스텔라	★★★★	0	1	1	0	0.8	[0, 1, 1, 0, 0.8]
타이타닉	★★	0	0	0	0	0.9	[0, 0, 0, 0, 0.9]
토이 스토리	★★★	1	0	0	1	0.6	[1, 0, 0, 1, 0.6]
다크 나이트	★★★★★	1	0	1	1	0.8	[1, 0, 1, 1, 0.8]

1단계 | 선호 프로필 계산

제나가 각 영화에 준 평점을 가중치로 사용하여 선호 프로필을 계산합니다. 가중평균이란 각 값에 중요도(가중치)를 곱한 후 전체 중요도의 합을 평균 내는 방법으로, 평점이 높은 영화가 제나의 취향에 더 큰 영향을 주도록 반영합니다. 성적 산출에 중간고사 40퍼센트, 기말고사 60퍼센트를 반영한다고 할 때, 가중평균을 적용한 A와 B 두 학생의 성적 산출은 다음과 같이 차이가 납니다.

$$A : \text{중간 100점, 기말 80점}$$
$$\text{가중평균} = \frac{0.4 \times 100 + 0.6 \times 80}{0.4 + 0.6} = 88$$

$$B : \text{중간 80점, 기말 100점}$$
$$\text{가중평균} = \frac{0.4 \times 80 + 0.6 \times 100}{0.4 + 0.6} = 92$$

이러한 가중평균 방법을 영화 평점 비중으로 각 벡터에 적용하여 계산하면 선호 프로필을 구할 수 있는데, 계산 과정은 다음과 같습니다.

제나의 선호 프로필

$$= \frac{5 \times [1, 1, 0, 1, 0.7] + 4 \times [0, 1, 1, 0, 0.8] + \cdots + 5 \times [1, 0, 1, 1, 0.8]}{5 + 4 + \cdots + 2}$$

$$= \frac{1}{19} \times [13, 9, 9, 13, 14.3] = [0.68, 0.47, 0.47, 0.68, 0.75]$$

2단계 | 새로운 영화들과의 유사도 계산

아래 표는 제나가 보지 않은 5개 영화의 특성입니다.

제나가 보지 않은 영화	액션	SF	놀란 감독	슈퍼 히어로	상영 시간	벡터 표현
인셉션	1	1	1	0	0.8	[1, 1, 1, 0, 0.8]
블레이드 러너	1	1	0	0	0.7	[1, 1, 0, 0, 0.7]
원더우먼	1	0	0	1	0.8	[1, 0, 0, 1, 0.8]
셰이프 오브 워터	0	1	0	0	0.6	[0, 1, 0, 0, 0.6]
맘마미아	0	0	0	0	0.4	[0, 0, 0, 0, 0.4]

1단계에서 계산한 제나의 프로필과 아직 보지 않은 영화들의 코사인 유사도[*]를 살펴보면 다음과 같습니다. 제나의 선호 프로필 벡터와 〈인셉션〉 영화 벡터의 코사인 유사도를 볼까요?

$$\frac{[0.68, 0.47, 0.47, 0.68, 0.75] \cdot [1, 1, 1, 0, 0.8]}{\sqrt{0.68^2+0.47^2+0.47^2+0.68^2+0.75^2}\sqrt{1^2+1^2+1^2+0.8^2}}$$

$$= \frac{2.22}{1.39 \times 1.91} = 0.84$$

이와 같은 방식으로 각각의 유사도를 계산하면 다음과 같은 결과를 구할 수 있어요.

영화	제나의 선호 프로필과의 코사인 유사도	추천 순위
인셉션	0.84	2
블레이드 러너	0.76	3
원더우먼	0.87	1
셰이프 오브 워터	0.57	4
맘마미아	0.54	5

이 분석을 바탕으로 제나에게 〈원더우먼〉을 먼저 추천하고, 그다음에 〈인셉션〉을 추천하는 편이 적절하다고 유추할 수 있습니다.

콘텐츠 기반 필터링의 장점은 **명확하고 설명 가능한 추천을 제공**한다는 점입니다. '이 영화를 추천하는 이유는 당신이 좋아하는 액션과 SF 장르 조합이고, 〈어벤져스〉와 84퍼센트의 유사성을 가지기 때문'이라고 구체적으로 설명할 수 있어요. 또한 새로운 사용자나 새로운 아이템에 대해서도 즉시 추천이 가능합니다. 방금 가입한 이용자라고 해도 몇 개 영화에만 평점을 주면 바로 선호 프로필을 만들 수 있거든요.

② 사용자 유사도 관점

이제 사용자 유사도 관점에서 같은 상황을 분석해보겠습니다. 콘텐츠 기반 추천에서 제나는 〈원더우먼〉〈인셉션〉〈블레이드 러너〉 같은 영화들을 추천받았지만, 여전히 한계가 보입니다. 추천받은 영화 모두 액션이나 슈퍼히어로 요소를 포함하고 있어서, 제나의 기존 취향을 벗어나지 못하고 있어요. 제나가 잠재적으로 좋아할 수 있는 드라마나 스릴러 같은 새로운 장르는 어떻게 발견할 수 있을까요?

이런 문제를 해결하는 열쇠는 바로 '제나와 비슷한 취향을 가진 다른 사람들'에게 있습니다. 제나와 영화 취향이 비슷한 사용자들이 공통으로 좋아하는 영화가 있다면, 제나도 좋아할 가능성이 높겠죠. 이처럼 다른 사용자들의 평가 데이터를 활용하여 추천하는 방법을 **협업 필터링** collaborative filtering 이라고 합니다. 협업 필터링의 핵심 아이디어는 '집단 지성' 활용으로, 수많은 사용자의 취향 패턴에서 개인이 놓칠지 모르는 숨은 선호를 발견하는 데 있어요.

협업 필터링에서는 제나와 다른 사용자들의 평점 패턴을 비교해서 비슷한 취향을 가진 사람들을 찾습니다. 예를 들어 제나가 액션 영화에는 높은 점수를, 로맨스 영화에는 낮은 점수를 주는 패턴을 보인다면, 비슷한 패턴을 보인 사람들을 찾는 것이죠. 그 후 사용자들의 평점 데이터를 사용자-아이템 행렬로 정리하고, 각 사용자를 하나의 벡터로 표현한 후 벡터 간 코사인 유사도를 계산합니다. 이렇게 찾은 '취향 친구'가 좋아하는 영화 가운데 제나가 아직 보지 않은 것들을 추천하는 거예요. 이 방법으로 제나는 혼자서는 절대 발견하지 못했을 새로운 장르나 작품을 추천받을 수 있습니다.

추천 알고리즘은 진짜 내 취향을 아는 걸까?

사용자	어벤져스	인터스텔라	타이타닉	스파이더맨	조커	기생충
제나	5	4	2	2	?	?
철수	5	5	1	1	4	3
영희	1	2	5	4	2	5
준호	3	1	3	2	5	4
세영	2	1	4	5	2	3
수진	2	4	2	5	4	2

우선 제나가 본 영화인 〈어벤져스〉〈인터스텔라〉〈타이타닉〉〈스파이더맨〉 평점을 벡터 [5, 4, 2, 2]로 나타냅니다. 그리고 이 벡터와 다른 사람들의 평점 사이 코사인 유사도를 구합니다. 예를 들어 제나의 평점 벡터 [5, 4, 2, 2]와 철수의 벡터 [5, 5, 1, 1] 사이 코사인 유사도를 구하면 다음과 같습니다.

$$\frac{[5, 4, 2, 2] \cdot [5, 5, 1, 1]}{\sqrt{5^2+4^2+2^2+2^2}\sqrt{5^2+5^2+1^2+1^2}} = \frac{49}{7 \times 7.21} = 0.97$$

이와 같은 방법으로 각 사용자와 제나의 코사인 유사도를 찾으면 다음과 같습니다.

사용자	제나와의 유사도	유사도 순위
철수	0.97	1
영희	0.65	5
준호	0.86	2
세영	0.67	4
수진	0.82	3

그렇다면 제나가 〈조커〉와 〈기생충〉에 어느 정도 평점을 내릴 것으로 예상할 수 있을까요? 철수, 준호, 수진의 유사도와 각 영화 평점을 반영한 가중평균을 구해보면 다음과 같습니다.

영화	가중 평균	예상 평점
조커	$\dfrac{4\times0.97+5\times0.86+4\times0.82}{0.97+0.86+0.82}=4.32$	4.3
기생충	$\dfrac{3\times0.97+4\times0.86+2\times0.82}{0.97+0.86+0.82}=3.02$	3.0

협업 필터링 분석 결과, 제나는 〈조커〉를 추천받습니다. 이 영화는 제나가 지금까지 선호해온 액션 SF와는 완전히 다른 장르예요.

③ 두 관점의 추천 결과

두 관점의 추천 결과를 비교해보면 흥미로운 차이점을 발견할 수 있습니다. 콘텐츠 기반 필터링은 〈원더우먼〉을 1순위로 추천했는데, 이는 제나의 기존 취향(액션과 슈퍼히어로)을 강화하는 추천이에요. 반면 협업 필터링은 〈조커〉를 추천했는데, 이는 제나가 아직 경험하지 못한 새로운 장르입니다. 콘텐츠 기반 추천은 '당신이 좋아하는 특성과 비슷한 영화'를 찾아주고, 사용자 기반 추천은 '당신과 비슷한 사람들이 좋아하는 영화'를 찾아주는 서로 다른 철학을 가지고 있어요. 전자는 안전하고 예측 가능한 만족을, 후자는 의외의 발견과 취향 확장의 기회를 제공합니다.

추천 알고리즘은 진짜 내 취향을 아는 걸까?

각 방법에는 고유한 장단점이 있어요. 콘텐츠 기반 필터링은 추천 이유를 명확하게 설명할 수 있습니다. 또한 새로운 아이템을 추가해도 즉시 분석이 가능하고, 다른 사용자의 데이터에 의존하지 않아서 독립적입니다. 하지만 가장 큰 단점은 사용자가 기존 취향에만 갇혀서 새로운 경험을 할 기회를 잃는다는 점이죠. 협업 필터링의 장점은 바로 이런 새로운 발견을 가능하게 한다는 것입니다. 제나가 상상도 못 한 〈기생충〉이나 〈조커〉 같은 영화를 추천받아 취향을 확장할 수 있어요.

협업 필터링에도 한계는 있습니다. 새로운 사용자나 아이템의 경우에는 충분한 데이터가 없어서 정확한 추천이 어렵다는 콜드 스타트_{cold start} 문제가 발생합니다. 제나가 처음 가입했을 때는 평점 데이터가 없어서 비슷한 사용자를 찾을 수 없는 것이지요. 또한 추천 이유를 설명하기 어려워요. '비슷한 취향을 가진 사용자들이 좋아해서'라는 설명은 콘텐츠 기반 추천의 구체적 설명에 비해 모호한 측면이 있습니다.

무엇보다 두 방법 모두 대규모 데이터에서는 계산 비용이 급증하고, 사용자-아이템 행렬에서 대부분의 칸이 비어버리는 희소성 문제가 발생해서 정확한 유사도 계산이 어려워집니다. 실제 서비스에서는 다양한 기법을 사용해서 이런 한계들을 보완합니다. 넷플릭스나 스포티파이 같은 플랫폼은 콘텐츠 기반과 협업 필터링을 결합한 하이브리드 방식을 사용해요. 초기에는 콘텐츠 기반으로 추천하다가 충분한 사용자 데이터가 쌓이면 협업 필터링을 활용하는 식이죠.

지금까지 살펴본 방법들은 모두 전체 데이터를 직접 활용하는 접근법으로, 데이터가 커질수록 한계가 명확해집니다. 이를 근본적으로 해결하려면 데이터의 숨은 패턴을 학습하는 방법이 필요한데, 바로 다음으로 다룰 행렬 분해 기법입니다. 행렬 분해는 사용자와 아이템의 잠재적 특성을 발견하게 해주고, 보다 정확하고 효율적인 추천 시스템을 만들어줍니다.

추천 알고리즘은 진짜 내 취향을 아는 걸까?

취향을 공유하는 '나만의 그룹'을 찾아서

숨은 패턴 발견하기
: 행렬 분해의 수학

앞서 제나는 콘텐츠 기반 필터링으로 〈원더우먼〉을, 협업 필터링으로 〈조커〉를 추천받았습니다. 두 방법 모두 나름의 장점이 있었지만, 아쉬운 점들이 남았었어요. 콘텐츠 기반 추천은 제나의 기존 취향에만 갇혀 있었고, 협업 필터링은 왜 〈조커〉를 추천했는지 명확한 설명이 어려웠습니다. 무엇보다 넷플릭스에 수만 개의 영화와 수백만 명의 사용자가 있다면, 앞서 살펴본 방법들로는 계산량이 너무 많아진다는 점이 문제였죠. 이런 한계들을 근본적으로 해결할 수 있는 혁신적인 방법이 바로 **행렬 분해**입니다.

행렬 분해의 핵심은 '왜 제나가 특정 영화를 좋아하는가?'라는 질문에 새롭게 접근한다는 점입니다. 기존 방법들이 '제나는 액션 영화를 좋아한다'라고 단순하게 분류했다면, 행렬 분해는 제나의 취향을 여러 숨은 요소들로 분해해서 이해합니다. 마치 배달 음식 추천 서비스에서 음식을

'한식' '양식'으로 나누는 대신 한쪽에서는 '이 음식에서 매운맛이 얼마나 있는가?'라고 측정하고, 다른 한쪽에서는 '이 고객은 매운맛을 얼마나 좋아하는가?'를 측정한 다음 두 결과를 합산하여 메뉴를 추천하는 것과 유사합니다.

구체적인 작동법은 어떨까요? 행렬 분해 기법은 사용자들과 영화 평점이 정리된 거대한 행렬을 2개의 작은 행렬로 분해합니다. 첫 번째 행렬은 '각 사용자가 액션·멜로 등을 얼마나 좋아하는가?'를 보여주고, 두 번째 행렬은 '각 영화에 액션·멜로 요소가 얼마나 들어 있는가?'를 보여줍니다. 이렇게 분해하면 제나가 아직 보지 않은 영화도 '제나의 액션 선호도'와 '그 영화의 액션 함량'을 조합해서 정확한 평점을 예측할 수 있어요. 복잡해 보이는 추천 시스템이 실제로는 단순한 원리로 작동한다는 점이 행렬 분해의 가장 큰 매력입니다.

구체적인 예시로 행렬 분해 과정을 살펴볼게요. 다음은 제나와 5명의 친구가 6개 영화를 평가한 사용자-영화 평점 행렬입니다. 평점은 1~5점이며, 빈칸은 아직 영화를 평가하지 않았다는 뜻입니다.

사용자	어벤져스	인터스텔라	타이타닉	스파이더맨	조커	기생충
제나	5	4	2			
철수	5		1	1	4	3
영희	1	2	5		2	5
준호	3	1		2	5	4
세영		1	4	5	2	3
수진	2	4	2	5		2

추천 알고리즘은 진짜 내 취향을 아는 걸까?

이 표를 행렬로 나타내면 다음과 같습니다.

$$M = \begin{pmatrix} 5 & 4 & 2 & \square & \square & \square \\ 5 & \square & 1 & 4 & 4 & 3 \\ 1 & 2 & 5 & \square & 2 & 5 \\ 3 & 1 & \square & 2 & 5 & 4 \\ \square & 1 & 4 & 5 & 2 & 3 \\ 2 & 4 & 2 & 5 & \square & 2 \end{pmatrix}$$

빈칸으로 나타난 부분들이 바로 우리가 예측하고 싶은 평점들입니다. 모든 사용자가 모든 영화를 보지는 않기 때문에 실제 추천 시스템에서는 이보다 훨씬 높은 비율로 대부분의 칸이 비어 있죠. 행렬 분해를 활용하면 이러한 불완전한 데이터에서도 숨겨진 패턴을 찾아내어 비어 있는 칸을 추측할 수 있습니다.

먼저 행렬 분해는 이 6×6 행렬을 사용자의 취향을 나타내는 행렬 U와 영화의 특성을 나타내는 행렬 V의 곱으로 분해합니다. 인공지능은 학습을 거쳐 영화의 특성과 사용자의 특성을 파악하여 표현하는데, 각 요인의 정도에 따른 값을 행렬의 성분으로 가집니다. 예를 들어 위 행렬 M을 인공지능이 학습하여 다음 페이지 표와 같이 사용자 요인과 영화 특성을 파악했다고 해보겠습니다.

제나의 〈조커〉 영화 평점은 제나의 요인 1, 요인 2를 나타내는 벡터 $u=[2.3, 1.4]$와 〈조커〉 영화에 대한 벡터 $v=[2.1, 0.8]$의 내적값인 2.3×2.1+1.4×0.8=5.95입니다. 5보다 큰 숫자가 나왔지만 평점은 5점에 해당한다고 말할 수 있죠.

사용자	요인 1	요인 2
제나	2.2	1.4
철수	1.8	0.8
영희	0.1	2.5
준호	1.7	0.4
세영	0.1	1.8
수진	1.0	1.3

영화	요인 1	요인 2
어벤져스	2.0	0.3
인터스텔라	1.1	0.9
타이타닉	−0.3	2.0
스파이더맨	0.8	2.7
조커	2.1	0.8
기생충	1.2	1.6

이런 결과를 하나의 영화에도 적용할 수 있지만 전체 사용자들의 전체 영화 평점으로도 계산할 수 있습니다. 먼저 위 표를 바탕으로 다음과 같은 사용자 행렬 U와 영화 행렬 V를 만들어냅니다.

$$U = \begin{pmatrix} 2.2 & 1.4 \\ 1.8 & 0.8 \\ 0.1 & 2.5 \\ 1.7 & 0.4 \\ 0.1 & 1.8 \\ 1.0 & 1.3 \end{pmatrix} \qquad V = \begin{pmatrix} 2.0 & 0.3 \\ 1.1 & 0.9 \\ -0.3 & 2.0 \\ 0.8 & 2.7 \\ 2.1 & 0.8 \\ 1.2 & 1.6 \end{pmatrix}$$

이 행렬 U에 V의 전치행렬 V^T를 구해서 곱합니다. 전치행렬은 행과 열의 순서를 바꾼 행렬을 말합니다. V의 전치행렬 V^T는 다음과 같아요.

$$V^T = \begin{pmatrix} 2.0 & 1.1 & -0.3 & 0.8 & 2.1 & 1.2 \\ 0.3 & 0.9 & 2.0 & 2.7 & 0.8 & 1.6 \end{pmatrix}$$

추천 알고리즘은 진짜 내 취향을 아는 걸까?

U와 V^T의 곱을 구하면 다음과 같습니다.

$$UV^T = \begin{pmatrix} 2.2 & 1.4 \\ 1.8 & 0.8 \\ 0.1 & 2.5 \\ 1.7 & 0.4 \\ 0.1 & 1.8 \\ 1.0 & 1.3 \end{pmatrix} \begin{pmatrix} 2.0 & 1.1 & -0.3 & 0.8 & 2.1 & 1.2 \\ 0.3 & 0.9 & 2.0 & 2.7 & 0.8 & 1.6 \end{pmatrix}$$

$$= \begin{pmatrix} 4.82 & 3.68 & 2.14 & 5.54 & 5.74 & 4.88 \\ 3.84 & 2.70 & 1.06 & 3.60 & 4.42 & 3.44 \\ 0.95 & 2.36 & 4.97 & 6.83 & 2.21 & 4.12 \\ 3.52 & 2.23 & 0.29 & 2.44 & 3.89 & 2.68 \\ 0.74 & 1.73 & 3.57 & 4.94 & 1.65 & 3.00 \\ 2.39 & 2.27 & 2.30 & 4.31 & 3.14 & 3.28 \end{pmatrix}$$

이렇게 구해진 행렬의 각 성분에서 5가 넘는 값을 5로 조정하고, 다른 값을 반올림하여 정리한 다음, 표로 나타내면 다음과 같습니다.

사용자	어벤져스	인터스텔라	타이타닉	스파이더맨	조커	기생충
제나	5	4	2	5	5	5
철수	4(5)	3	1	4	4	3
영희	1	2	5	5	2	4(5)
준호	4	2(1)	0	2	4(5)	3(4)
세영	1	2(1)	4	5	2	3
수진	2	2(4)	2	4(5)	3	3(2)

물론 일부 값은 원래 평점과 조금 차이가 나긴 하지만(괄호 참고), 그래도 전체적인 평점 결과가 꽤 정확히 나타납니다. 행렬 분해의 가장 큰 장점은 효율성과 해석 가능성입니다. 기존 6×6 행렬을 저장하려면 36개의 숫자가 필요하지만, 2개의 잠재 요소로 분해하면 6×2+6×2=24개 숫자만으로도 거의 같은 정보를 표현할 수 있어요. 또한 제나가 〈스파이더맨〉에 높은 점수를 줄 것으로 예측되는 이유를 '제나의 요인1, 요인2 선호도와 〈스파이더맨〉의 해당 요인들이 잘 맞기 때문'이라고 수치로 설명할 수 있습니다.

그렇다면 인공지능은 어떻게 이런 숨은 요인들을 찾아낼까요? 컴퓨터는 처음에 완전히 무작위 값으로 시작합니다. 예를 들어 제나의 초기 취향을 [1.1, 1.3], 〈어벤져스〉의 초기 특성을 [1.2, 1.5]라고 무작위로 설정해봅시다. 이때 제나의 〈어벤져스〉 예측 평점을 계산하면 $1.1 \times 1.2 + 1.3 \times 1.5 = 3.27$이 되죠. 하지만 실제 제나가 〈어벤져스〉에 준 평점은 5점이므로 1.73점 차이가 납니다.

이러한 오차는 제나-어벤져스라는 하나의 값 외에도 각 사용자와 영화 전체에서 발생합니다. 이때, 2장에서 배운 것처럼 각 오차를 제곱하여 합을 계산하고 줄여나가는 경사하강법을 적용해나갑니다. 지금은 U의 각 성분과 V의 각 성분을 조절하는 다변수함수이기 때문에 계산 과정을 다 설명하긴 어렵지만, 편미분으로 적절한 학습률과 오차를 줄여주는 U와 V의 기울기를 찾아나가면서 가장 최적의 U와 V를 찾는 학습을 진행합니다.

행렬 분해를 활용한 추천 서비스는 넷플릭스가 2006년부터 개최한 '넷플릭스 프라이즈' 알고리즘 대회에서 등장했습니다. 자사의 추천 시

추천 알고리즘은 진짜 내 취향을 아는 걸까?

스템을 10퍼센트 개선하는 사람에게 100만 달러의 상금을 주는 경진대회에서 결국 행렬 분해를 포함한 여러 기법을 결합한 팀이 우승했어요. 이 대회는 추천 시스템 연구에 큰 영향을 미쳤고, 행렬 분해는 현대 추천 시스템의 기본 기술로 자리 잡았습니다.

나는 어디에 속한 사람일까?
: 군집화에 따른 추천

지금까지 제나는 개인화된 추천을 받으면서 다양한 수학적 방법을 경험했습니다. 콘텐츠 기반 필터링으로 비슷한 영화를 추천받고, 협업 필터링으로 비슷한 취향을 가진 사람들이 선호하는 작품을 발견했으며, 행렬 분해로 자신도 몰랐던 잠재적 취향까지 추천받았어요. 각각의 방법이 서로 다른 관점에서 같은 목표를 향해 나아가는 것을 확인했죠.

이제 관점을 바꿔서 생각해볼까요? 넷플릭스 같은 서비스 제공자 입장에서는 제나 1명만이 아니라 수백만 명의 사용자 데이터를 다뤄야 합니다. 개별 사용자마다 맞춤 추천을 제공하는 일도 중요하지만, 전체 사용자들 속에서 어떤 패턴이 나타나는지, 어떤 그룹이 형성되는지 파악하는 일도 마찬가지로 중요하죠.

그룹 분석의 필요성은 단순히 엔터테인먼트 영역에만 국한되지 않습니다. 도서관에서는 대출 기록을 분석해 '학술 연구자' '실용서 애독자' '소설 마니아층' 같은 이용자 그룹을 파악하고, 각 그룹에 맞는 신간 구매나 공간 배치를 계획할 수 있겠지요. 실제로 언론사는 독자들의 기사

소비 패턴을 분석해 '정치 뉴스 관심층' '경제 분석 선호 그룹' '라이프 스타일 콘텐츠 애호가'를 구분하고, 각 그룹에 특화된 뉴스레터나 맞춤 콘텐츠를 제공합니다. 온라인 교육 플랫폼에서는 '집중 학습형' '반복 학습형' '실습 선호형' 같이 학습자 유형을 분류해 더 효과적인 교육 과정을 설계하기도 하죠.

주변을 자세히 관찰해보면 비슷한 특성을 가진 것들끼리 자연스럽게 무리를 이루는 현상을 쉽게 발견할 수 있습니다. 학교에서는 취미나 성격이 비슷한 친구들끼리 어울리는 모습을, 카페에서는 비슷한 연령대의 사람들이 모여 앉는 모습을 볼 수 있죠. 동물계에서도 같은 종끼리 무리를 지어 생활하고, 비슷한 먹이를 찾는 동물들이 같은 지역에서 발견되는 경우가 많아요. 이런 현상들의 공통점은 누군가가 의도적으로 '너는 이 그룹, 너는 저 그룹'이라고 정해주는 것이 아니라, 각자 특성에 따라 자연스럽게 패턴을 형성한다는 점입니다.

수학에서는 데이터 속에 숨어 있는 자연스러운 그룹과 패턴을 찾아내는 작업을 **군집화**라고 부르며, 복잡한 정보를 체계적으로 이해하는 강력한 도구로 활용합니다.

그렇다면 군집화가 구체적으로 어떻게 작동하는지 가장 널리 사용되는 K-평균$_{\text{K-means}}$ 군집화 방법으로 살펴보겠습니다. 다음 페이지의 표에는 사용자별 요인 두 가지가 정리되어 있습니다.

① 1단계-1 : 임의의 군집점 설정 및 각 점과의 거리 측정

먼저 군집 중심점의 개수를 정해야 하는데, 여기서는 3개의 군집점을 정해볼게요. 최초 군집 중심점의 위치는 임의로 정합니다. 예를 들

추천 알고리즘은 진짜 내 취향을 아는 걸까?

사용자	요인 1	요인 2	좌표
A	5	5	(5,5)
B	4	6	(4,6)
C	1	7	(1,7)
D	4	5	(4,5)
E	9	2	(9,2)
F	8	3	(8,3)
G	7	2	(7,2)
H	8	1	(8,1)
I	9	3	(9,3)
J	6	6	(6,6)
K	7	1	(7,1)
L	8	2	(8,2)
M	6	4	(6,4)
N	9	1	(9,1)
O	2	9	(2,9)
P	3	8	(3,8)
Q	1	8	(1,8)
R	2	7	(2,7)
S	3	9	(3,9)
T	5	6	(5,6)

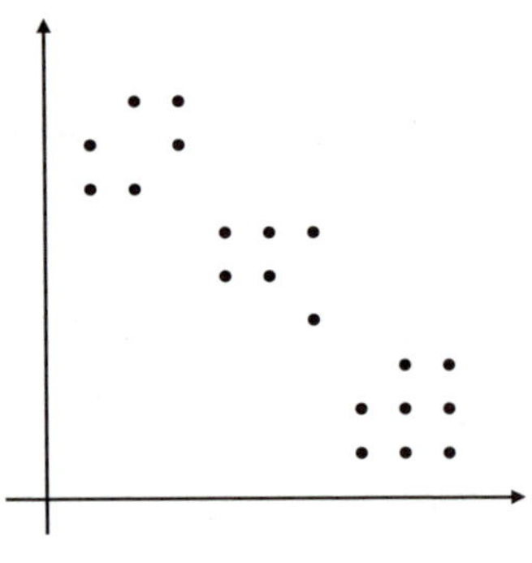

요인에 따른 사용자 좌표의 위치

어 세 점이 각각 X(3, 3.5), Y(7.5, 5.5), Z(5, 8.5)로 정해졌다고 가정해봅시다. 이제 데이터마다 3개 점과의 거리를 측정하고, 가장 가까운 점에 속한 군집으로 편성합니다.

먼저 두 점 $P_1(x_1, y_1)$, $P_2(x_2, y_2)$사이의 거리는 1장에서 살펴봤듯이 $\overline{P_1P_2} = \sqrt{(x_2-x_1)^2+(y_2-y_1)^2}$입니다. 이를 활용하여 각 점과 군집점 X, Y, Z사이의 거리를 각각 구하고, 그중 가장 가까운 점에 해당하는 군집으로 각각 편성한 결과는 다음과 같습니다.

사용자	좌표	X와 거리	Y와 거리	Z와 거리	군집
A	(5,5)	2.5	2.55	3.5	X
B	(4,6)	2.69	3.54	2.69	X
C	(1,7)	4.03	6.67	4.27	X
D	(4,5)	1.8	3.54	3.64	X
E	(9,2)	6.18	3.81	7.63	Y
⋮	⋮	⋮	⋮	⋮	⋮
R	(2,7)	3.64	5.7	3.35	Z
S	(3,9)	5.5	5.7	2.06	Z
T	(5,6)	3.2	2.55	2.5	Z

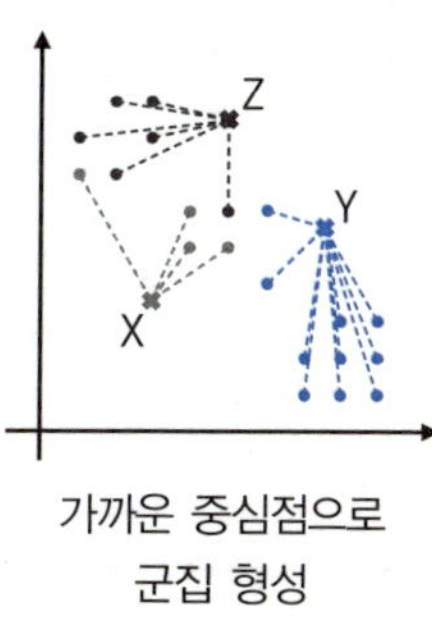

임의의 X, Y, Z값과의 거리에 따른 군집화

② 1단계-2 : 군집에 해당하는 좌표들의 평균으로 각 중심점 이동

군집이 편성되면 각 군집에 속한 점들의 좌표 평균값을 구하고, 이 점으로 중심점을 옮겨줍니다. 예를 들어 현재 상황에서는 X 군집에 A(5, 5) B(4, 6) C(1, 7) D(4, 5)가 속해 있는데, 이 점 좌표들의 평균값을 구하면 다음과 같습니다.

$$X : (3, 3.5) \ \rightarrow \ \left(\frac{5+4+1+4}{4}, \frac{5+6+7+5}{4} \right) = (3.5, 5.75)$$

마찬가지 방법으로 Y 군집과 Z 군집 좌표의 평균값도 구해주면 다음과 같습니다.

$$Y : (7.5, 5.5) \ \rightarrow \ \left(\frac{9+8+\cdots+6}{10}, \frac{2+3+\cdots+1}{10} \right) = (7.7, 2.5)$$

$$Z : (5, 8.5) \ \rightarrow \ \left(\frac{2+3+\cdots+5}{6}, \frac{9+8+\cdots+6}{10} \right) = (2.67, 7.83)$$

추천 알고리즘은 진짜 내 취향을 아는 걸까?

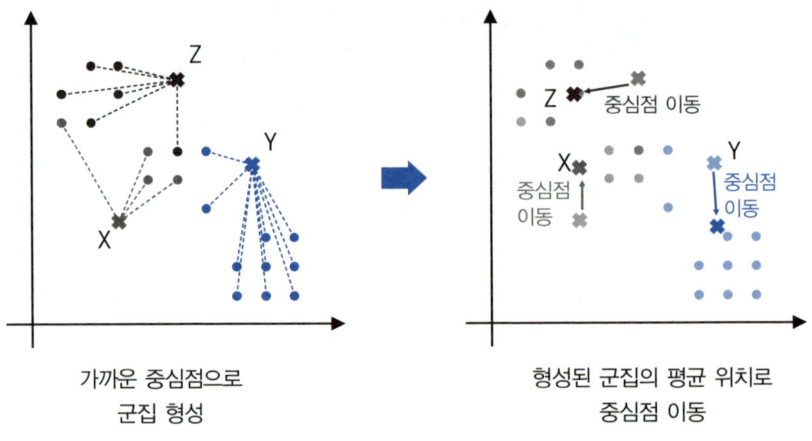

가까운 중심점으로
군집 형성

형성된 군집의 평균 위치로
중심점 이동

③ 2단계-1 : 옮긴 중심점에 따른 새로운 군집 형성

1단계-2에서 중심점의 위치가 바뀌면서 점마다 X, Y, Z 사이의 거리가 모두 바뀌었습니다. 예를 들면 점 C는 처음에는 X와 가장 가까웠지만 이제는 Z와 가장 가깝죠. 이제 각 점과 바뀐 중심점 사이의 거리를 모두 구한 후 가장 가까운 중심점을 기준으로 군집을 편성합니다.

사용자	좌표	X와 거리	Y와 거리	Z와 거리	군집
A	(5,5)	1.68	3.68	3.67	X
B	(4,6)	0.56	5.09	2.27	X
C	(1,7)	2.8	8.07	1.86	Z
D	(4,5)	0.9	4.47	3.13	X
E	(9,2)	6.66	1.39	8.61	Y
⋮	⋮	⋮	⋮	⋮	⋮
S	(3,9)	3.29	8.02	1.21	Z
T	(5,6)	1.52	4.42	2.97	X

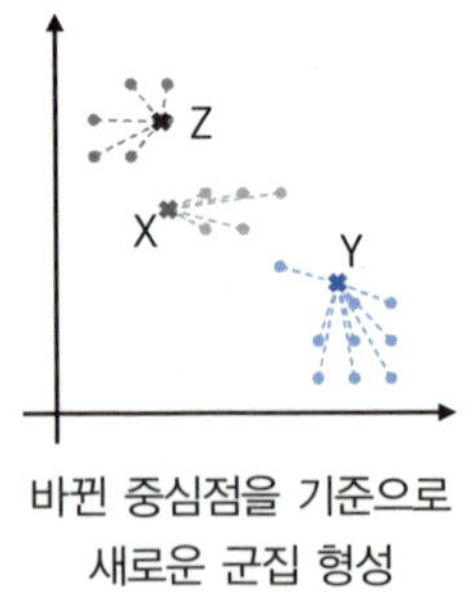

바뀐 중심점을 기준으로
새로운 군집 형성

임의의 X, Y, Z값과의 거리에 따른 군집화

④ 2단계-2 : 옮겨진 중심점에 따른 새로운 군집 형성

각 군집의 중심점 좌표를 군집에 속한 점들의 x좌표, y좌표의 평균 위치로 이동시켜 줍니다.

$$X : (3, 3.5) \rightarrow (3.5, 5.75)$$
$$Y : (7.7, 2.5) \rightarrow (7.89, 2.11)$$
$$Z : (2.67, 7.83) \rightarrow (2, 8)$$

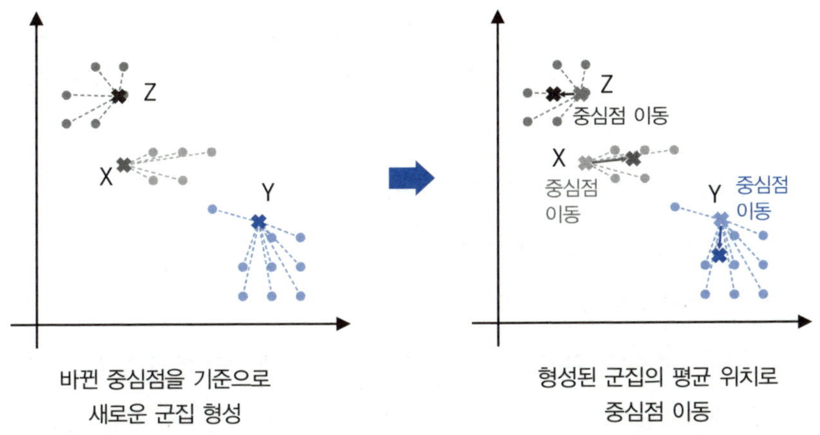

바뀐 중심점을 기준으로
새로운 군집 형성

형성된 군집의 평균 위치로
중심점 이동

위 그림을 보면 군집에 속한 데이터들의 색깔과 중심점의 위치가 점점 군집의 중심으로 이동하고 있음을 알 수 있죠.

④ 군집 형성, 중심점의 위치 이동을 반복

앞에서 실행한 군집 형성과 중심점 위치 이동 과정을 반복합니다. 그러면 다음과 같은 결과를 살펴볼 수 있습니다.

추천 알고리즘은 진짜 내 취향을 아는 걸까?

	초기 위치		1차 이동		2차 이동		3차 이동		4차 이동
X	(3,5)	→	(3.5, 5.75)	→	(4.8, 5.6)	→	(5, 5.33)	→	(5, 5.33)
Y	(7.5, 5.5)	→	(7.7, 2.5)	→	(7.89, 2.11)	→	(8.13, 1.88)	→	(8.13, 1.88)
Z	(5,8.5)	→	(2.67, 7.83)	→	(2,8, 8)	→	(2,8, 8)	→	(2,8, 8)

3차 이동 이후에는 중심점 변화가 나타나지 않죠. 이때부터 군집화 과정이 완성되었음을 알 수 있습니다. 이처럼 군집점의 위치는 여러 번 과정을 반복하면서 계속 수정되고 결과적으로 어느 한 지점을 찾아갑니다.

군집화는 우리가 일상에서 하는 분류와는 근본적으로 다른 접근법입니다. 분류는 사람이 미리 정한 기준에 따라 대상들을 나누는 작업이에요. 예를 들어 옷장을 정리할 때 상의와 하의로 나누거나, 음악을 장르별로 분류하는 것처럼 명확한 규칙이 있죠. 하지만 군집화는 어떤 기준도 미리 정하지 않은 채로 데이터만 보고 컴퓨터가 스스로 비슷한 그룹을 찾아내는 방법입니다.

군집화는 온라인 쇼핑몰에서 고객들의 구매 패턴을 분석했더니 예상치 못하게 '주말 저녁 간식 구매족' '새벽 운동용품 구매족' 같은 그룹이 자연스럽게 드러나는 것과 같습니다. 사용자들 군집의 특징을 미리 정의하지 않았는데도, 알고리즘이 데이터만으로 이런 의미 있는 구분을 찾아내죠. 실제 데이터에서는 수십, 수백 개의 특성을 동시에 고려하기 때문에 훨씬 더 복잡하고 미묘한 패턴을 발견할 수 있어요.

군집화로 사용자들을 그룹화하는 방식은 추천 시스템에 여러 장점을 제공합니다. 첫 번째는 계산 효율성이에요. 수백만 명의 사용자 사이 유사도를 모두 계산하는 대신, 그룹별로 나누어 계산하면 시간을 크게 단축할 수 있어요. 두 번째는 새로운 패턴 발견입니다. 기존 장르 분류로는 찾아낼 수 없던 흥미로운 취향 집단이 자연스럽게 드러나죠. 예를 들어 '철학적 주제를 다룬 액션 영화'를 좋아하는 그룹처럼, 기존 분류로는 설명하기 어려운 새로운 선호 패턴을 발견할 수 있어요.

세 번째는 새로운 사용자 문제 해결입니다. 처음 가입한 사용자에게는 충분한 평점 데이터가 없어서 추천이 어려운데, 군집화를 활용하면 몇 가지 간단한 질문으로 어느 그룹에 속할지 예측하고 해당 그룹의 대표 콘텐츠를 추천할 수 있습니다. 마치 제나가 처음 넷플릭스에 가입했을 때 '액션 영화를 좋아하세요?'라는 질문 몇 개로 비슷한 취향의 그룹을 찾아 추천을 받듯이요.

군집화에도 물론 한계가 있습니다. 군집의 개수를 결정하는 K값이 너무 작으면 서로 다른 취향의 사용자들이 같은 그룹에 섞여서 부정확한 추천이 나오고, K값이 너무 크면 각 그룹의 크기가 작아져서 통계적 신뢰성이 떨어지고 군집화 효과도 줄어듭니다. 또한 K-평균 알고리즘은 처음에 중심점을 임의로 설정하기 때문에, 시작점에 따라 최종 그룹 구성이 다르게 나오기도 합니다. 이런 불안정성을 해결하기 위해 같은 조건으로 군집화를 여러 번 실행해서 가장 안정적인 결과를 선택하는 방법을 사용하기도 합니다.

지금까지 우리는 제나를 위한 추천 시스템을 여행하면서 인공지능이 어떻게 수학을 활용해서 개인의 취향을 분석하고 예측하는지 살펴보았습니다. 조건부 확률로 시작해서 '액션을 좋아하는 사람이 SF도 좋아할 확률'을 계산하고, 유사도라는 개념으로 제나와 비슷한 취향을 가진 사람들이나 비슷한 특성을 가진 영화들을 찾아냈어요. 행렬 분해로는 겉으

추천 알고리즘은 진짜 내 취향을 아는 걸까?

로 드러나지 않는 숨은 취향 요소를 발견했고, 군집화로는 비슷한 사용자끼리 자연스럽게 그룹화하는 방법을 배웠습니다. 각각의 방법이 서로 다른 관점에서 같은 목표를 향해 나아가는 것을 확인할 수 있었죠.

흥미롭게도 이 모든 방법의 핵심에는 1장에서 배운 벡터와 확률이라는 수학적 도구들이 자리 잡고 있었습니다. 유사도 계산에는 벡터의 내적과 코사인 유사도가, 조건부 확률에는 확률론 사고가, 행렬 분해에는 벡터 공간 개념이, 군집화에는 벡터 간 거리 측정이 핵심 역할을 했어요. 결국 추천 시스템이라는 복잡한 기술도 우리가 고등학교에서 배우는 기본적인 수학 개념을 창의적으로 조합한 것이죠. 제나가 넷플릭스에서 완벽한 영화 추천을 받는 순간, 그 뒤에서는 정교하고 아름다운 수학적 원리들이 조화롭게 작동하고 있습니다.

행렬 분해에서
경사하강법을 활용한 학습

앞서 제나와 친구들의 영화 평점을 정리한 표를 행렬 M으로 다음과 같이 나타내었습니다.

사용자	어벤져스	인터스텔라	타이타닉	스파이더맨	조커	기생충
제나	5	4	2			
철수	5		1	4	4	3
영희	1	2	5		2	5
준호	3	1		2	5	4
세영		1	4	5	2	3
수진	2	4	2	5		2

$$M = \begin{pmatrix} 5 & 4 & 2 & \square & \square & \square \\ 5 & \square & 1 & 4 & 4 & 3 \\ 1 & 2 & 5 & \square & 2 & 5 \\ 3 & 1 & \square & 2 & 5 & 4 \\ \square & 1 & 4 & 5 & 2 & 3 \\ 2 & 4 & 2 & 5 & \square & 2 \end{pmatrix}$$

우리는 행렬 분해를 활용하여 U, V를 찾고, U와 V의 전치행렬을 곱한 UV^T가 M과 유사한 값을 갖도록 찾아가려고 합니다. 그렇다면 인공지능은 이러한 U, V를 어떻게 찾아갈까요?

① 임의의 시작 : 초기화

행렬 분해를 시작할 때 우리는 두 행렬의 값을 전혀 모르기 때문에, 먼저 임의의 값으로 초기화합니다. 예를 들어 다음과 같이 임의로 사용자의 취향 벡터와 영화의 특성 벡터를 초기화했다고 가정해봅시다.

사용자	요인1	요인2
제나	0.38	0.95
철수	0.73	0.60
영희	0.16	0.16
준호	0.06	0.87
세영	0.60	0.71
수진	0.02	0.97

임의로 설정한 사용자 취향 벡터

영화	요인1	요인2
어벤져스	0.83	0.21
인터스텔라	0.18	0.18
타이타닉	0.30	0.53
스파이더맨	0.43	0.29
조커	0.61	0.14
기생충	0.29	0.37

임의로 설정한 영화 특성 벡터

이때 제나의 〈어벤져스〉 평점은 사용자 취향 벡터인 $U^{(0)}_{제나}=[0.38, 0.95]$와 〈어벤져스〉의 특성 벡터 $V^{(0)}_{어벤져스}=[0.83, 0.21]$의 내적으로 계산합니다.

$$[0.38, 0.95] \cdot [0.83, 0.21] = 0.38 \times 0.83 + 0.95 \times 0.21$$

$$= 0.3154 + 0.1995 \approx 0.52$$

임의로 벡터를 만들었기 때문에 예측값은 아직 실제 평점인 5점과 많이 차이가 납니다. 우선 사용자 취향 벡터와 영화의 특성 벡터를 내적한 결과를 활용하면 다음과 같은 예측 평점이 기록된 행렬 M_0을 구할 수 있습니다.

$$M_0 = \begin{pmatrix} 0.51 & 0.24 & 0.61 & 0.44 & 0.36 & 0.46 \\ 0.74 & 0.24 & 0.54 & 0.49 & 0.53 & 0.43 \\ 0.16 & 0.06 & 0.13 & 0.11 & 0.12 & 0.1 \\ 0.23 & 0.17 & 0.47 & 0.28 & 0.16 & 0.33 \\ 0.65 & 0.24 & 0.55 & 0.47 & 0.47 & 0.44 \\ 0.22 & 0.18 & 0.52 & 0.29 & 0.15 & 0.36 \end{pmatrix}$$

이 행렬은 우리가 알고 있는 M과 차이가 많이 나죠? 따라서 학습을 거치면서 오차를 줄여나가야 합니다.

② 각 사용자에 대한 영화 평점 오차 계산

먼저 사용자의 벡터를 업데이트해 볼까요? 우리는 제나가 각 영화에 입력해놓은 평점과 예측 결과를 활용하여 제나의 취향 벡터가 어떻게 업데이트되는지 살펴보려고 합니다.

먼저 경사하강법을 진행하기 전에 학습률 n의 값을 결정합니다. $n=0.01$로 설정하기로 하고 제나의 초기 벡터 $U_{\text{제나}}^{(0)}=[0.38, 0.95]$의 값을 갱신해볼까요?

제나가 입력한 영화 평점은 각 행렬의 첫 행에 해당합니다. M의 첫 행에 입력된 평점 5, 4, 2는 〈어벤져스〉〈인터스텔라〉〈타이타닉〉의 평점이

$$M = \begin{pmatrix} 5 & 4 & 2 & \square & \square & \square \\ 5 & \square & 1 & 4 & 4 & 3 \\ 1 & 2 & 5 & \square & 2 & 5 \\ 3 & 1 & \square & 2 & 5 & 4 \\ \square & 1 & 4 & 5 & 2 & 3 \\ 2 & 4 & 2 & 5 & \square & 2 \end{pmatrix} \qquad M_0 = \begin{pmatrix} 0.51 & 0.24 & 0.61 & 0.44 & 0.36 & 0.46 \\ 0.74 & 0.24 & 0.54 & 0.49 & 0.53 & 0.43 \\ 0.16 & 0.06 & 0.13 & 0.11 & 0.12 & 0.1 \\ 0.23 & 0.17 & 0.47 & 0.28 & 0.16 & 0.33 \\ 0.65 & 0.24 & 0.55 & 0.47 & 0.47 & 0.44 \\ 0.22 & 0.18 & 0.52 & 0.29 & 0.15 & 0.36 \end{pmatrix}$$

고, M_0에서는 같은 위치의 성분에 평점을 0.51, 0.24, 0.61로 예측하고 있죠. 평점들의 오차를 구하면 다음과 같습니다.

- 제나의 〈어벤져스〉 평점 오차 : $e_{11} = 5 - 0.51 = 4.49$
- 제나의 〈인터스텔라〉 평점 오차 : $e_{12} = 4 - 0.24 = 3.76$
- 제나의 〈타이타닉〉 평점 오차 : $e_{13} = 2 - 0.61 = 1.39$

③ 오차를 활용한 취향 벡터 업데이트

앞에서 구한 오차를 활용해서 사용자의 취향 벡터와 영화의 특성 벡터를 업데이트해 봅시다.

먼저 사용자의 취향 벡터는 사용자가 평점을 입력해놓은 영화들만 활용합니다. 그래야지만 오차를 구할 수 있으니까요. 학습률, 평점 오차를 곱한 값들을 해당 영화의 특성 벡터에 실수배하여 기존 벡터에 더해주면 다음과 같습니다.

$$U_{제나}^{(1)} = U_{제나}^{(0)} + 0.01 \times 4.49 \times [0.83, 0.21] + 0.01 \times 3.76$$
$$\times [0.18, 0.18] + 0.01 \times 1.39 \times [0.30, 0.53] = [0.43, 0.97]$$

제나의 취향 벡터가 [0.38, 0.95]에서 [0.43, 0.97]로 업데이트된 것을
볼 수 있죠.

④ 영화별 사용자들의 평점 오차 계산 및 특성 벡터 업데이트

비슷한 방법으로 사용자들의 요인 벡터를 활용해서 영화의 특성
벡터를 업데이트합니다. 〈어벤져스〉는 제나, 철수, 영희, 준호, 수진에게
평점을 받았었죠? 각 사용자에게 받은 실제 평점과 M_0에서 입력된 평점
사이의 오차를 구해줍니다.

- 제나의 〈어벤져스〉 평점 오차 : $e_{11}=5-0.51=4.49$
- 철수의 〈어벤져스〉 평점 오차 : $e_{21}=5-0.74=4.26$

$$\vdots$$

- 수진의 〈어벤져스〉 평점 오차 : $e_{61}=2-0.22=1.78$

이제 사용자들의 취향 벡터 업데이트와 비슷한 방법으로 〈어벤져스〉
의 특성 벡터를 업데이트해 줍니다.

$$V^{(1)}_{어벤져스}=V^{(0)}_{어벤져스}+0.01\times4.49\times[0.83,\ 0.21]+0.01\times4.26\times[0.73,\ 0.60]$$
$$+\cdots+0.01\times1.78\times[0.02,\ 0.97]=[0.88,\ 0.32]$$

〈어벤져스〉의 특성 벡터가 [0.83, 0.21]에서 [0.88, 0.32]로 업데이트되
었죠?

⑤ 업데이트된 U와 V를 활용한 평점 예측

1단계 학습 후 구한 사용자의 취향 벡터와 영화의 특성 벡터는 다음과 같습니다.

사용자	요인1	요인2
제나	0.43	0.97
철수	0.81	0.64
영희	0.21	0.21
준호	0.13	0.90
세영	0.65	0.76
수진	0.08	1.02

1단계 학습 후 사용자 취향 벡터

영화	요인1	요인2
어벤져스	0.88	0.32
인터스텔라	0.21	0.27
타이타닉	0.34	0.59
스파이더맨	0.49	0.41
조커	0.66	0.22
기생충	0.35	0.46

1단계 학습 후 영화 특성 벡터

위의 취향 벡터를 U_1, 영화의 특성 벡터를 V_1이라고 하면, $U_1 V_1^{T}$를 계산하여 다음과 같은 업데이트된 평점 행렬 M_1을 구할 수 있습니다.

$$
M_1 = \begin{pmatrix}
0.69 & 0.35 & 0.72 & 0.61 & 0.49 & 0.59 \\
0.93 & 0.34 & 0.65 & 0.66 & 0.67 & 0.57 \\
0.25 & 0.10 & 0.20 & 0.19 & 0.18 & 0.17 \\
0.41 & 0.27 & 0.58 & 0.43 & 0.28 & 0.46 \\
0.82 & 0.34 & 0.67 & 0.63 & 0.59 & 0.57 \\
0.39 & 0.29 & 0.62 & 0.45 & 0.27 & 0.49
\end{pmatrix}
$$

⑥ 학습 과정 반복

이제 ②~⑤의 과정을 반복하면서 예측 평점을 계속해서 업데이트해 나갑니다. 약 50회, 100회 반복해서 얻은 평점 행렬을 살펴보면 다음과 같습니다.

$$M_{50} = \begin{pmatrix} 4.40 & 2.94 & 3.30 & 5.59 & 4.40 & 4.63 \\ 4.33 & 1.68 & 1.85 & 3.90 & 3.87 & 3.39 \\ 2.23 & 2.87 & 3.27 & 4.66 & 2.76 & 3.68 \\ 3.25 & 1.87 & 2.09 & 3.74 & 3.14 & 3.14 \\ 2.89 & 2.27 & 2.56 & 4.12 & 3.02 & 3.37 \\ 2.00 & 2.56 & 2.91 & 4.16 & 2.47 & 3.28 \end{pmatrix}$$

$$M_{100} = \begin{pmatrix} 5.03 & 3.27 & 2.47 & 6.22 & 5.67 & 5.20 \\ 4.34 & 2.1 & 0.74 & 3.60 & 4.63 & 3.49 \\ 1.14 & 2.94 & 4.83 & 6.85 & 2.07 & 4.23 \\ 3.88 & 1.73 & 0.38 & 2.85 & 4.08 & 2.91 \\ 1.30 & 2.16 & 3.19 & 4.85 & 1.93 & 3.16 \\ 1.83 & 2.14 & 2.73 & 4.60 & 2.41 & 3.20 \end{pmatrix}$$

계산을 반복하여 구한 사용자의 평점이 실제 평점과 꽤 비슷한 값을 보이고 있죠.

$$M = \begin{pmatrix} 5 & 4 & 2 & \square & \square & \square \\ 5 & \square & 1 & 4 & 4 & 3 \\ 1 & 2 & 5 & \square & 2 & 5 \\ 3 & 1 & \square & 2 & 5 & 4 \\ \square & 1 & 4 & 5 & 2 & 3 \\ 2 & 4 & 2 & 5 & \square & 2 \end{pmatrix}$$

일부 성분의 값은 최대 평점인 5보다 더 크게 나타나기도 하고 때로는 음수가 나오기도 합니다. 이때는 정규화 항을 포함해서 나오는 값의 범위를 조정할 수 있어요. 이러한 학습 과정은 입력하지 않은 평점들을 행렬 분해로 보다 정확하게 예측하고 콘텐츠 추천 여부를 결정하게 해줍니다.

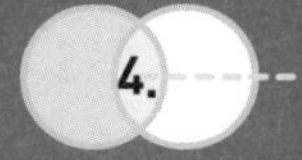

어떤 근거로 기계의 판단을 믿을 수 있을까?

: 새로운 데이터를 분류하는 알고리즘

기계가 결정을 내리는 기준

분류의 핵심,
구분과 판단

우리는 하루에도 수없이 많은 판단을 내리며 살아갑니다. 마트에서 고른 사과가 신선한지 살펴보거나, 오늘은 코트를 입어야 하는 날씨인지 고민하는 순간에도 우리는 무언가를 구분하고 있습니다. 이처럼 익숙한 대상과 낯선 대상을 구별하고, 안전한 선택과 위험한 상황을 나누는 일은 아주 자연스럽고 빈번하게 일어납니다.

넓은 의미에서 이런 판단은 두 가지 형태로 나눌 수 있습니다. 하나는 '얼마나?'를 묻는 예측, 다른 하나는 '무엇인가?'를 묻는 분류입니다. 2장에서 다룬 예측이 수치로 결과를 추정하는 문제였다면, 이번 장에서 이야기할 분류는 어떤 대상이 주어진 조건 속에서 어느 범주에 속하는지를 결정하는 문제입니다.

인간은 기계에 분류 능력을 부여하고자 많은 노력을 기울여왔습니다. 대표적인 시도 가운데 하나가 1970년대 스탠퍼드대학에서 개발한 의료

용 인공지능 시스템인 마이신 MYCIN 입니다. 이 시스템은 환자의 증상에 관해 예/아니오 질문을 차례로 던지면서 감염 여부를 진단했습니다. '열이 있습니까?' '기침이 있습니까?' '최근 여행 이력이 있습니까?' 같은 일련의 질문을 바탕으로 환자가 특정 질병에 걸렸을 가능성을 추론했죠. 이 초기 시스템은 간단한 규칙을 활용했지만, 분류란 결국 정보를 수집하고, 수집한 정보를 바탕으로 결론을 도출하는 일이라는 사실을 잘 보여줍니다.

인공지능에 분류 능력을 부여하는 일이 왜 중요할까요? 그 이유는 분류가 가능해져야 비로소 인간 수준의 자동화가 가능해지기 때문입니다. 기계가 다양한 정보를 기반으로 인간을 대신해서 내리는 정확한 의사결정은 산업과 의료, 교육과 금융 등 거의 모든 분야의 핵심 요소입니다. 또한 인공지능은 사람보다 훨씬 많은 데이터를 빠르게 분석하고, 반복적인 조건 속에서도 일관된 판단을 유지합니다. 예를 들어, 반도체 생산 현장에서 불량률을 인공지능으로 검사하면 미세한 결함까지 놓치지 않고 검출하며, 공정의 효율과 품질이 크게 향상합니다.

인공지능의 판단은 직관과 경험에 의존하는 인간과는 다른 과정을 거칩니다. 인공지능은 정교하게 설계된 수학적 원리에 따라 판단을 내리지요. 어떤 대상이 어느 범주에 속하는지를 결정할 때 인공지능은 벡터와 행렬로 데이터를 표현하고, 그 속에서 숨겨진 규칙이나 패턴을 찾아냅니다. 때로는 확률적으로 가능성을 계산하고, 때로는 공간상의 거리나 유사성을 기반으로 판단을 내리며, 때로는 과거 유사한 사례를 바탕으로 판단을 구성하기도 합니다. 이처럼 분류 문제는 단순한 분할이 아니라, 다양한 수학적 전략이 교차하는 복잡한 사고의 장입니다.

어떤 근거로 기계의 판단을 믿을 수 있을까?

사람이 분류하는 대상과 목적에 따라 다른 방법을 활용하는 것처럼 인공지능도 다루는 데이터와 사용하는 알고리즘에 따라 다른 분류 방식을 사용합니다. 어떤 모델은 주변 데이터를 기준으로 판단하고, 어떤 모델은 가장 넓은 기준선을 찾으며, 또 다른 모델은 질문을 던져가며 정보를 좁혀나가죠. 이처럼 데이터의 성질과 분류 목적에 따라 다양한 전략이 존재하며, 각각은 저마다의 수학적 기반을 가집니다.

이제 대학병원의 3년 차 소아청소년과 의사 수연이를 만나볼 시간입니다. 병원에서 다루는 다양한 데이터를 인공지능이 어떤 원리로 분류하는지 함께 살펴보도록 하겠습니다.

확률로 그리는 분류 가이드라인
: 로지스틱 회귀

수연이는 대학병원 소아청소년과에서 3년째 근무하고 있는 의사입니다. 최근 들어 청소년 비만 환자가 늘면서, 수연이는 매일 아이들의 식습관을 상담하고 있어요.

"하루에 프라푸치노 2잔, 탄산음료 1캔, 초콜릿 1개…"

한 고등학생의 일일 당 섭취량을 계산해보니 무려 150그램이 나왔습니다. 세계보건기구 권장량의 6배가 넘는 수치죠. 수연이는 이 학생을 보며 고민에 빠졌습니다. 이만큼의 당 섭취량이면 중증 비만 위험이 얼마나 클까요? 어떤 기준으로 '위험하다' 또는 '안전하다'고 판단해야 할까요? 청소년기 비만은 성인 비만으로 이어질 확률이 80퍼센트 이상이라고 하니, 정확한 위험도 평가가 무엇보다 중요합니다.

수연이가 다루는 데이터는 조금 특별한 성격을 지닙니다. 당 섭취량은 20그램, 50그램, 120그램처럼 연속적인 수치이지만, 최종 판단은 '중증 비만 위험 있음/없음'이라는 숫자가 아닌 범주이기 때문이죠. 2장에서 배운 선형회귀를 활용하면 당 섭취량이 200그램인 학생의 위험도를 1.3이나 1.7 같은 값으로 예측할 수 있는데, 이 값들은 확률로 해석하기 어렵습니다.

이때 가장 쉬운 방법은 중증 비만 확률이 50퍼센트 이상이면 위험, 미만이면 안전으로 판단하는 기준을 만드는 것입니다. 이를 위해서는 먼저 당 섭취량에서 정확한 확률을 도출하는 방법이 필요해요.

확률을 예측하는 모델을 만드는 방법으로 먼저 **오즈**odds 라는 개념을 살펴보겠습니다. 오즈는 어떤 사건이 일어날 확률 p와 일어나지 않을 확률 $1-p$의 비율인 $\dfrac{p}{1-p}$를 의미합니다. 예를 들어 중증 비만이 될 확률 p가

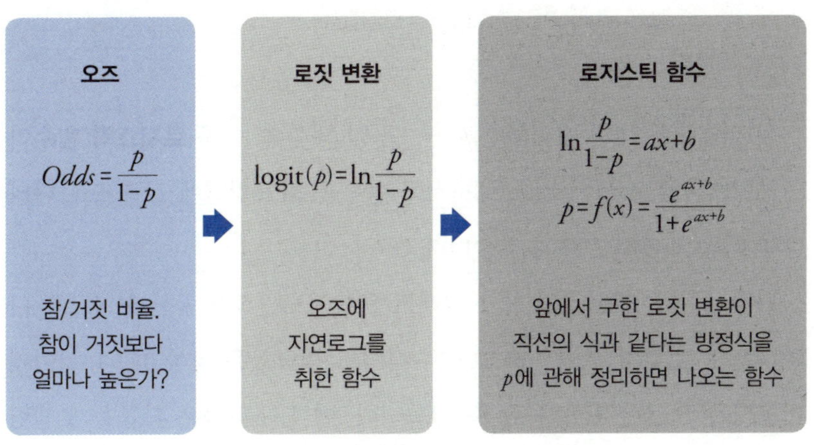

단계별로 확률을 예측하는 세 가지 방법

어떤 근거로 기계의 판단을 믿을 수 있을까?

0.8이라면, 중증 비만이 되지 않을 확률 $1-p$는 0.2이고, 오즈는 $\dfrac{p}{1-p}=\dfrac{0.8}{0.2}=4$ 가 됩니다. 이는 중증 비만이 될 확률이 안 될 확률보다 4배 높다는 뜻이에요.

하지만 오즈는 0부터 무한대까지의 값을 가질 수 있어서 직접 사용하기 불편하고 어렵습니다. 그래서 오즈에 밑을 e로 하는 자연로그를 취하는 **로짓**logit **변환**을 사용합니다.

$$\text{logit}(p)=\log_e\frac{p}{1-p}=\ln\frac{p}{1-p}$$

이 값은 음의 무한대부터 양의 무한대까지 모든 실숫값을 가질 수 있어서 선형 관계를 설정하기 좋습니다. 로지스틱 회귀는 이 로짓함수를 활용해 데이터값인 x에 따른 확률을 구하는 다음과 같은 선형결합으로 모델링합니다.

$$\ln\frac{p}{1-p}=ax+b$$

이 식을 p에 대해 정리하면 $p=\dfrac{e^{ax+b}}{1+e^{ax+b}}$가 되는데, 이를 **로지스틱 함수**라고 부릅니다. 오즈와 로짓, 로지스틱 함수를 좌표평면에 그래프로 나타내면 다음 페이지 그림과 같습니다.

가장 우측의 로지스틱 함수 그래프를 살펴보면 S자 곡선 모양으로 나타나는데, 입력값이 아무리 크거나 작아도 출력값은 항상 0과 1 사이에 머문다는 성질이 있음을 알 수 있습니다. 이 함숫값들은 확률을 모델링하기에 아주 좋은 성질이라고 할 수 있어요. 당 섭취량이 매우 적으면 중

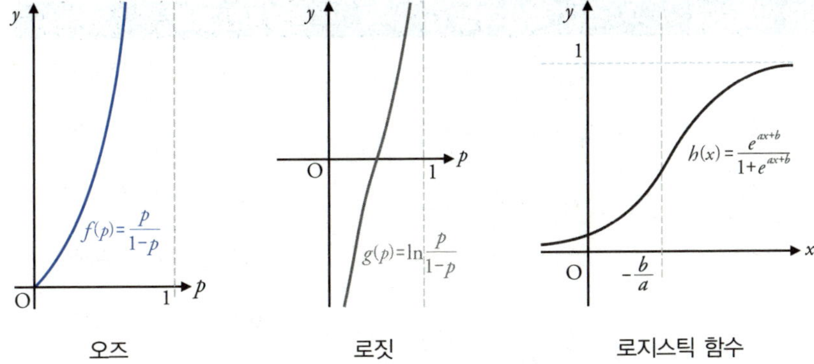

증 비만 확률이 0에 가까워지고, 매우 많으면 1에 가까워진다고 해석할 수 있습니다.

구체적인 예시로 살펴볼까요? 학습된 모델이 다음과 같다고 해봅시다.

$$p=\frac{1}{1+e^{-0.05x+4}}$$

(여기서 x는 일일 당 섭취량(g))

다양한 당 섭취량에 따른 중증 비만 확률을 계산해서 다음 페이지 표와 같이 정리했어요.

이 표를 보면 당 섭취량 80그램 근처에서 중증 비만 확률이 50퍼센트이며, 그 전후로 급격하게 변화한다는 사실을 알 수 있어요. 20그램에서는 거의 안전하지만(5퍼센트), 140그램에서는 거의 확실히 위험한(95퍼센트) 상태가 됩니다. 이것이 바로 로지스틱 함수의 S자 모양이 가진 특성이죠.

어떤 근거로 기계의 판단을 믿을 수 있을까?

당 섭취량(g)	계산 과정	중증 비만 확률	해석
20	$\dfrac{1}{1+e^{-0.05\times20+4}}=\dfrac{1}{1+e^3}$	0.05	매우 안전
40	$\dfrac{1}{1+e^{-0.05\times40+4}}=\dfrac{1}{1+e^2}$	0.12	안전
60	$\dfrac{1}{1+e^{-0.05\times60+4}}=\dfrac{1}{1+e}$	0.27	약간 주의
80	$\dfrac{1}{1+e^{-0.05\times80+4}}=\dfrac{1}{1+1}$	0.5	경계선
100	$\dfrac{1}{1+e^{-0.05\times100+4}}=\dfrac{e}{e+1}$	0.73	위험
120	$\dfrac{1}{1+e^{-0.05\times120+4}}=\dfrac{e^2}{1+e^2}$	0.88	고위험
140	$\dfrac{1}{1+e^{-0.05\times140+4}}=\dfrac{e^3}{1+e^3}$	0.95	매우 고위험

당 섭취량에 따른 중증 비만 확률

실제 청소년들의 데이터로 로지스틱 회귀가 어떻게 작동하는지 살펴보겠습니다. 수연이가 상담한 6명의 학생 데이터는 다음과 같아요. 각 학생의 예측 확률을 직접 계산해보겠습니다.

학생	민수	예린	현우	소연	태형	지영
당 섭취량	25	60	75	100	120	160
중증 비만 확률	0.07	0.23	0.45	0.73	0.88	0.94
해석	안전	안전	주의	위험	위험	위험

50퍼센트를 기준 삼으면 소연, 태형, 지영이가 '위험' 그룹으로 분류되네요. 흥미롭게도 현우는 45퍼센트로 경계선에 있어서 추가 관찰이 필요

한 상태라고 볼 수 있습니다.

만약 당 섭취량 외에 일일 총 섭취 열량도 함께 고려한다면 어떨까요? 2개 변수를 사용하는 다중 로지스틱 회귀는 아래와 같은 형태가 됩니다.

$$p = \frac{1}{1 + e^{a_1 x_1 + a_2 x_2 + b}}$$

예를 들어 x_1을 당 섭취량, x_2를 일일 총 섭취 열량이라고 해봅시다. $p = \frac{1}{1 + e^{-0.03 x_1 - 0.002 x_2 + 6}}$이라는 모델이 있다고 했을 때, 당 섭취량이 130그램, 총열량이 2,800칼로리라면 아래 계산에 따라 97퍼센트로 매우 높은 위험도를 보입니다.

$$p = \frac{1}{1 + e^{-0.03 \times 130 - 0.002 \times 2800 + 6}} = \frac{1}{1 + e^{-3.5}} = 0.97$$

이처럼 여러 요인을 종합적으로 고려하면 더 정확한 예측이 가능해요. 로지스틱 회귀의 가장 큰 장점은 **해석 가능성**과 **확률적 해석**입니다. 의료진은 "당 섭취량이 10그램 증가할 때마다 중증 비만 위험이 1.5배 증가한다"라는 식으로 구체적인 설명을 할 수 있어요. 또한 환자나 보호자에게 "현재 식습관으로는 중증 비만 위험이 75퍼센트입니다"라고 명확한 수치로 소통할 수 있지요. 이는 단순히 '위험하다' 혹은 '안전하다'라는 결론보다 훨씬 유용한 정보를 제공합니다. 실제로 많은 의료 인공지능 시스템에서 로지스틱 회귀를 기본 모델로 사용하며, 더 나아가 스팸 메일 분류, 마케팅 반응 예측, 금융 신용 평가까지 다양한 분야에서 로지스틱 회귀를 널리 활용합니다. 수연이도 이제 학생들의 식습관 데이

어떤 근거로 기계의 판단을 믿을 수 있을까?

터를 입력하면 객관적인 위험도를 제시하고, 어떤 요인이 가장 위험한지 설명해주는 시스템을 사용하고 있습니다.

하지만 로지스틱 회귀도 한계가 존재합니다. 로지스틱 회귀는 확률을 계산할 때 S자 곡선을 사용하지만, 분류된 두 그룹의 경계를 살펴보면 직선이나 평면으로 나뉘는 특성이 있습니다. 마치 자를 대고 그은 듯한 일직선으로만 데이터를 구분할 수 있다는 뜻입니다. 그런데 실제 데이터는 곡선이나 복잡한 형태로 얽혀 있는 경우가 많습니다. 예를 들어 건강한 그룹이 위험 그룹을 둥글게 감싸고 있거나, 지그재그 형태로 섞여 있다면 직선 하나로는 제대로 구분하기 어렵겠죠.

또한 로지스틱 회귀는 변수들 사이 복잡한 상호작용을 자동으로 찾지 못합니다. '운동을 전혀 안 하면서 동시에 패스트푸드를 자주 먹는 경우'처럼 여러 요인이 결합할 때 나타나는 패턴을 스스로 발견하기 어렵다는 의미입니다.

다음으로는 이런 한계를 다른 방식으로 해결하는 k-NN k-Nearest Neighborhood (k-최근접 이웃) 알고리즘을 살펴보겠습니다. 이 방법은 '과거에 비슷한 식습관을 가진 학생들은 어떻게 되었을까?'라는 질문에서 시작하는데, 의료진이 경험을 바탕으로 진단하는 과정과 매우 닮아 있지요.

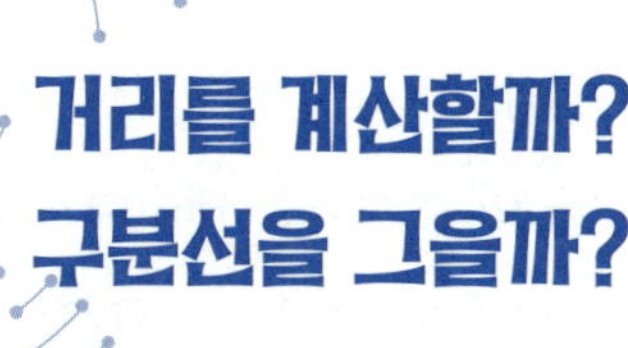

거리를 계산할까?
구분선을 그을까?

모르겠다면 이웃에게 물어보자!
: k-NN 알고리즘

수연이는 오늘 특히 어려운 케이스를 만났습니다. 15세 남학생이 복통과 함께 체중 감소를 호소하며 내원했는데, 일반적인 소아청소년과 질환과는 조금 다른 양상을 보였기 때문입니다. 이런 상황에서 의사는 가장 먼저 병원의 의료 데이터베이스를 검색합니다. '과거에 비슷한 증상과 나이·성별을 가진 환자들은 어떤 진단을 받았을까?'를 살펴보고, 유사 사례들을 참고해서 현재 상황을 판단하는 방법은 의료진에게 매우 자연스러운 접근 방식이지요.

바로 앞에서 살펴본 로지스틱 회귀는 데이터값으로 확률을 살펴보는 수학적 함수를 만들어서 예측했습니다. 이외에도 우리는 데이터가 가지는 유사도를 활용할 수 있어요. 복잡한 수식이나 모델을 만들지 않고, 단순히 '가장 비슷한 이웃들이 어떤 답을 가지고 있는지 물어보자'는 직관적 아이디어에서 출발하는 알고리즘이 바로 **k-NN 모델**입니다.

어떤 근거로 기계의 판단을 믿을 수 있을까?

k-NN 알고리즘의 핵심은 바로 '거리' 개념입니다. k-NN 알고리즘에는 숫자들로 이루어진 여러 속성이 있는데, 이 속성들을 데이터의 좌표로 표현할 수 있습니다. 두 점 사이의 거리를 정의할 때는 유클리드 거리를 주로 사용하죠. 두 점이 $x=(x_1, x_2, \cdots, x_n)$, $y=(y_1, y_2, \cdots, y_n)$이라 할 때, 유클리드 거리는 $d(x,y)=\sqrt{(x_1-y_1)^2+(x_2-y_2)^2+\cdots+(x_n-y_n)^2}$로 정의합니다.

구체적인 예시로 살펴보겠습니다. 수연이가 진료하는 청소년 비만 클리닉에 새로운 환자가 왔다고 해봅시다. 분석에 용이하게 당 섭취량과 운동 시간을 각각 1~9점 척도로 변환했습니다. 당 섭취량은 50그램 이하를 1점, 200그램 이상을 9점으로 하는 구간으로, 운동 시간은 주 0시간을 1점, 주 8시간 이상을 9점으로 하는 구간으로 나누었습니다.[*] 수연이가 참고할 기존 환자 데이터는 아래 표와 같습니다.

이름	당 섭취량 (점수)	운동 시간 (점수)	좌표	중증 비만 여부
민지	3.5	6.0	(3.5, 6.0)	X
성민	7.2	2.8	(7.2, 2.8)	O
은서	4.1	7.5	(4.1, 7.5)	X
도현	8.1	1.5	(8.1, 1.5)	O
지우	2.8	8.2	(2.8, 8.2)	X
하준	4.8	3.2	(4.8, 3.2)	X
서연	8.5	2.1	(8.5, 2.1)	O
예준	3.2	7.1	(3.2, 7.1)	X
윤서	6.3	2.5	(6.3, 2.5)	O
시현	3.8	5.5	(3.8, 5.5)	X

기존 환자 데이터

이 데이터를 바탕으로 당 섭취량 점수 5.0, 운동 시간 점수 3.5에 해당하는 청소년이 어디에 해당하는지 살펴보도록 하겠습니다. 먼저 좌표 (5.0, 3.5)와 민지, 성민, (…) 시현의 좌표 사이 거리를 각각 구한 다음 거리가 작은 순서대로 정렬해서 표로 정리하면 다음과 같습니다.

그다음으로 k값을 결정하는데, 여기서 k는 참고할 이웃의 개수를 의미합니다. $k=3$이라면 가장 가까운 3명의 환자를 참고하겠다는 뜻이므로 하준, 윤서, 성민이 해당합니다. 3명의 중증 비만 여부는 하준의 경우 ×, 윤서와 성민은 ○이므로, 다수결에 의해 새로운 환자는 ○로 분류됩니다.

거리 순위	이름	좌표	(5, 3.5) 와의 거리	중증 비만 여부
1	하준	(4.8, 3.2)	0.36	X
2	윤서	(6.3, 2.5)	1.64	O
3	성민	(7.2, 2.8)	2.31	O
4	시현	(3.8, 5.5)	2.33	X
5	민지	(3.5, 6.0)	2.92	X
6	도현	(8.1, 1.5)	3.69	O
7	서연	(8.5, 2.1)	3.77	O
8	예준	(3.2, 7.1)	4.02	X
9	은서	(4.1, 7.5)	4.1	X
10	지우	(2.8, 8.2)	5.18	X

($k=3$일 때: 1~3순위 포함)

새로운 환자와 거리가 가까운 순서

---

*   이러한 과정을 정규화라고 합니다. 당 섭취량과 운동 시간은 단위가 다르기 때문에 각 데이터 사이의 거리를 동일한 기준으로 만들 목적으로 변환을 거칩니다.

어떤 근거로 기계의 판단을 믿을 수 있을까?

k-NN 모델에서는 k의 값에 따라 분류 결과가 달라지기도 합니다. 이 경우 $k=1$이나 $k=5$일 경우에는 ×, $k=3$, $k=7$일 경우에는 ○으로 분류되죠.

k가 너무 작으면 노이즈noise 에 민감해져서 잘못된 판단을 내릴 수 있어요. 예를 들어 $k=1$일 때 가장 가까운 환자가 우연히 잘못 분류된 데이터라면, 새로운 환자도 잘못 분류될 가능성이 높습니다. 반대로 k가 너

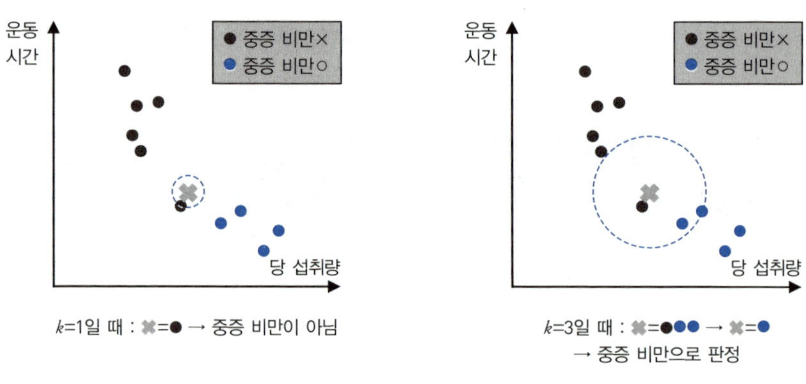

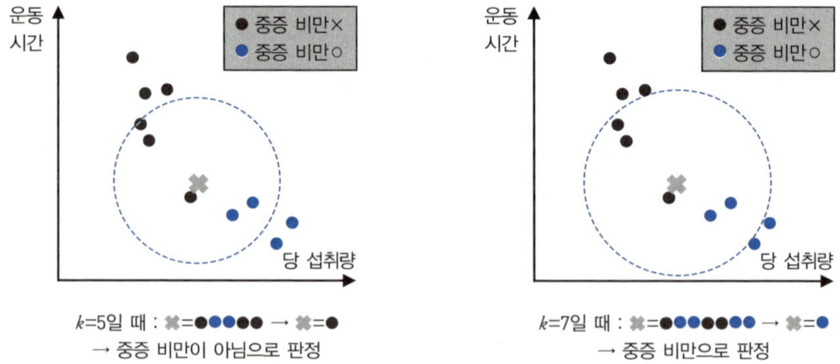

k값에 따른 중증 비만 여부

무 크면 멀리 있는 환자들까지 고려하게 되어서 정확도가 떨어질 수 있죠. 일반적으로 홀수를 사용해서 동점을 피하며, 전체 데이터 개수의 제곱근 근처 값을 시작점으로 삼는 경우가 많습니다.

k-NN의 가장 큰 장점은 단순함과 직관성입니다. 복잡한 수학적 가정이나 모델 학습 과정이 필요 없고, 새로운 데이터가 추가되어도 별도의 재학습 없이 바로 활용할 수 있어요. 또한 데이터 분포가 복잡하거나 비선형적 관계가 있어도 잘 작동합니다. 로지스틱 회귀에서는 직선으로만 경계를 나눌 수 있었지만, k-NN으로는 데이터 분포에 따라 구불구불한 경계도 만들 수 있거든요. '유사한 과거 사례'를 참고하는 일이 자연스러운 의료 분야에서는 특히 의료진이 이해하고 신뢰하기 쉽습니다.

k-NN에는 어떤 한계가 있을까요? 가장 큰 문제는 계산 비용이에요. 새로운 데이터를 분류할 때마다 모든 기존 데이터와의 거리를 계산해야 하므로, 데이터가 많아질수록 속도가 크게 느려집니다. 또한 차원이 높아질수록 모든 점 사이 거리가 비슷해지는 '차원의 저주curse of dimensionality' 현상이 나타나서 k-NN의 효과가 떨어져요. 데이터에 오류나 예외적인 값이 섞여 있을 때도 문제입니다. 예를 들어 실제로는 정상인데 측정 오류로 비정상적인 수치가 기록된 환자가 있다면, 이런 잘못된 이웃을 참고해서 엉뚱한 판단을 내릴 수 있어요. 마지막으로 각 그룹 데이터 개수가 불균형할 때도 문제가 생깁니다. 만약 정상 환자가 100명이고 주의 환자가 10명뿐이라면, $k=5$로 설정했을 때 가까운 이웃 5명 중 대부분이 정상 환자일 가능성이 높아서 실제로는 주의가 필요한 환자도 정상으로 잘못 분류될 수 있어요.

그럼에도 k-NN은 여전히 널리 사용되는 알고리즘입니다. 이 시스템

어떤 근거로 기계의 판단을 믿을 수 있을까?

은 의사의 직관과 경험을 보완해주는 역할을 하며, 특히 드문 질환이나 복잡한 증상에서 과거 사례를 검토하는 데 큰 도움을 줍니다.

안정적인 경계선은 어디일까?
: 서포트 벡터 머신

수연이는 오늘 건강검진센터에서 특별한 고민에 빠졌습니다. 청소년 건강검진 결과를 보면서 '정상군과 주의군을 구분하는 가장 명확한 기준은 무엇일까?'를 생각하고 있어요. 혈압과 혈당 수치를 좌표평면에 표시해보니, 정상군과 주의군이 대략 나뉜 듯 보이지만 경계가 애매한 경우가 많았습니다. '혈압 점수 5.0, 혈당 점수 4.5인 학생은 어느 쪽일까?' '혈압 4.8, 혈당 4.7이라면?' 이런 애매한 케이스를 보면서, 수연이는 확실한 구분 기준의 필요성을 느꼈어요.

앞에서 살펴본 k-NN에서는 새로운 환자가 올 때마다 새로운 환자의 데이터와 과거 환자들의 데이터 유사도를 거리로 하나씩 계산하면서 '누가 가장 비슷한가?'를 살펴봐야만 했습니다. 한편 **서포트 벡터 머신**Support Vector Machine; SVM (이하 SVM)은 '정상과 주의군을 나누는 명확한 구분선을 미리 그어두고, 새로운 환자가 선의 어느 영역에 속하는지만 확인하자'는 아이디어입니다. 이 방법은 점과 점 사이의 거리를 기반으로 개별적 판단을 내리던 k-NN과 달리, 전체 데이터를 보고 영역을 나누는 구분선을 찾는 전역적 접근법이라고 할 수 있습니다.

다음은 수연이가 분석할 건강검진 데이터들입니다.

이름	혈압 점수	혈당 점수	좌표	분류
민준	2.5	3.0	(2.5, 3.0)	정상
서윤	3.0	2.5	(3.0, 2.5)	정상
도현	1.5	4.0	(1.5, 4.0)	정상
지우	3.5	3.5	(3.5, 3.5)	정상
하은	2.0	2.0	(2.0, 2.0)	정상
준서	6.5	6	(6.5, 6.0)	주의
시은	7.0	6.5	(7.0, 6.5)	주의
예준	5.5	7.5	(5.5, 7.5)	주의
채원	7.5	6.0	(7.5, 6.0)	주의
건우	6.0	8.0	(6.0, 8.0)	주의

건강검진 결과 점수표

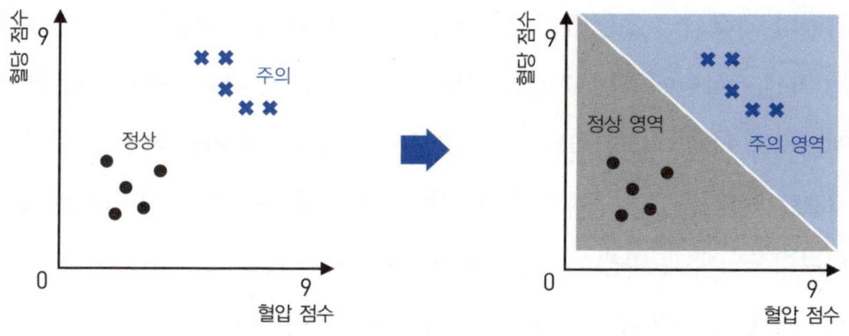

표 아래 그림은 x축을 혈압 점수(1~9), y축을 혈당 점수(1~9)로 하여, 정규화한 값들을 2차원 좌표평면에 표시한 결과입니다. 좌표평면에 그려보니 정상군은 왼쪽 아래, 주의군은 오른쪽 위에 분포하고 있네요. 이

어떤 근거로 기계의 판단을 믿을 수 있을까?

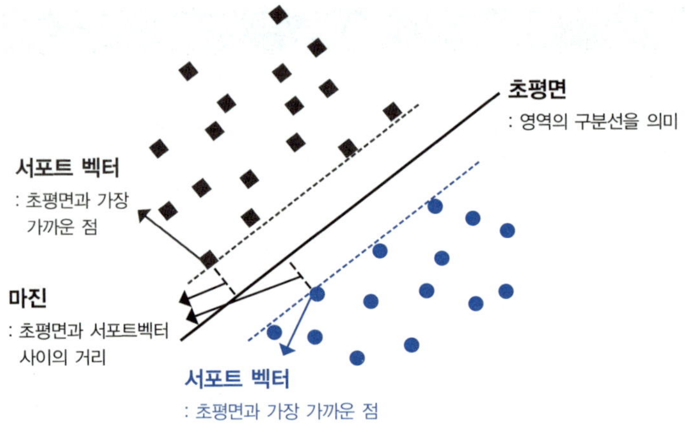

서포트 벡터 머신의 주요 개념들

제 두 그룹을 나누는 직선을 그어야 하는데, SVM을 이해하기 위해서는 먼저 몇 가지 중요한 용어를 알아야 합니다.

위 그림에서 보는 것처럼, SVM의 목표는 두 그룹의 데이터를 나누는 최적의 구분선인 **초평면**hyperplane 을 찾는 것이에요. 초평면은 2차원에서는 직선, 3차원에서는 평면의 형태로 나타나며, 우리의 혈압-혈당 좌표계에서는 하나의 직선입니다. 각 그룹에서 초평면에 가장 가까운 점들을 **서포트 벡터**support vector 라고 부르는데, 바로 최종 구분선을 결정하는 핵심 데이터들입니다. **마진**margin 은 초평면에서 양쪽 서포트 벡터까지의 거리를 의미하며, SVM은 이 마진을 최대화하는 초평면을 찾습니다.

그림에서 초평면 위의 점들은 정상군, 아래의 점들은 주의군을 나타냅니다. 실선은 최적의 초평면, 점선들은 서포트 벡터들을 지나는 경계를 보여주죠. 놀랍게도 전체 데이터 가운데 소수의 서포트 벡터만으로 구분선의 위치가 결정됩니다.

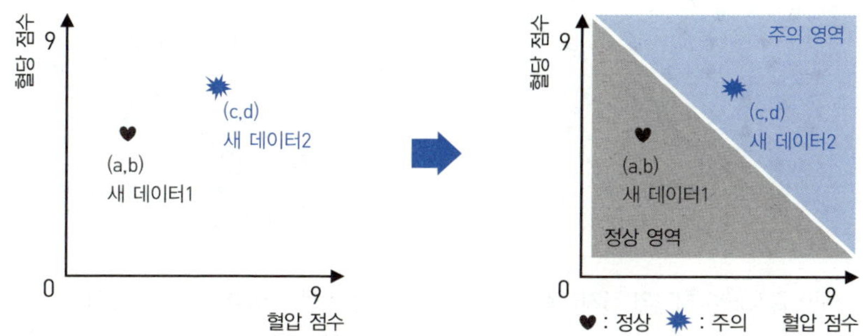

서포트 벡터 머신에서 새로운 데이터의 위치

이제 새로운 환자를 어떻게 분류할까요? 일단 최적의 구분선이 정해지면 새로운 환자의 좌표가 데이터의 어느 영역에 해당하는지 쉽게 확인할 수 있습니다. 실제로는 그림을 그리지 않고 각 환자의 데이터를 구분선의 방정식에 대입해서 결과의 부호를 확인합니다. 이때 구분선 위쪽 영역의 점 (c,d)는 양수가 나오고, 구분선 아래 영역의 점 (a,b)는 음수가 나오기에 어느 영역인지 확인할 수 있습니다.

예를 들어 최종 구분선이 $x+y-6=0$라고 하면, 새로운 환자(4.0, 3.8)의 값은 $4.0+3.8-6=1.8$이 나오죠. $1.8>0$이므로 경계선 위쪽 영역에 해당하여 주의군으로 분류됩니다. 반대로 (2.8, 2.5)을 대입하면 $2.8+2.5-6=-0.7$이고 $-0.7<0$이 되어 정상군으로 분류되죠.

그렇다면 영역을 최종적으로 나누는 경계선은 어떻게 결정할까요? 다음 그림처럼 서로 다른 두 특성의 데이터를 나누는 직선은 수없이 많이 존재합니다. 직관적으로 살펴보면 두 영역을 안정적으로 구분하는 직선은 양쪽 그룹으로부터 최대한 멀리 떨어져 있다는 사실을 알 수 있습니

어떤 근거로 기계의 판단을 믿을 수 있을까?

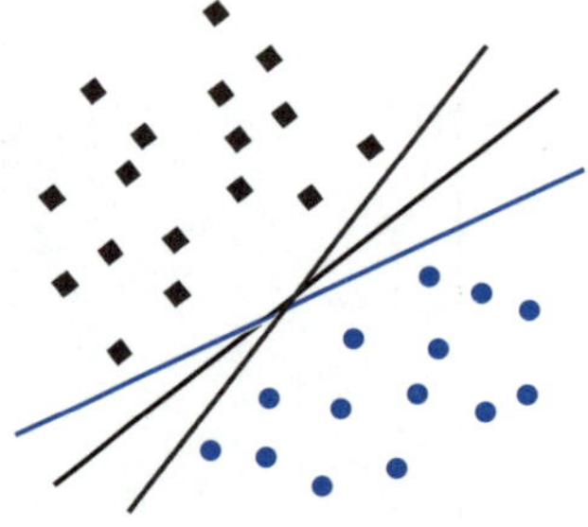

어떤 경계선이 최고의 경계선일까?

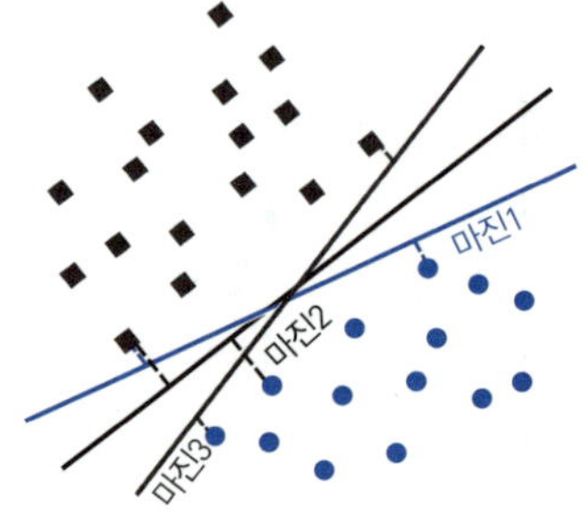

가장 가까운 점과의 거리가 최대인 직선,
즉 마진이 가장 큰 직선이 최고의 경계선

다. 다시 말해 SVM은 마진을 최대화하는 초평면을 찾는 알고리즘이라고 할 수 있어요.

마진을 구하는 수학적 도구는 고등학교에서 배운 점과 직선 사이의 거리 공식이에요. 고등학교 수학을 활용해서 점과 직선 사이의 거리를 계산해봅시다. 직선이 $ax+by+c=0$의 형태로 주어질 때, 점 (x_0, y_0)에서 이 직선까지의 거리 d는 다음과 같이 계산합니다.

$$d = \frac{|ax_0+by_0+c|}{\sqrt{a^2+b^2}}$$

예를 들어 후보 구분선 중 하나인 $x+y-6=0$을 고려해봅시다. 이 직선에서 각 그룹의 가장 가까운 점까지의 거리를 계산해보면, 정상군 중에서는 정상1 $(2.5, 3.0)$과의 거리 d_1이 0.354로 가장 가깝습니다.

$$d_1 = \frac{|2.5+3-6|}{\sqrt{1^2+1^2}} = \frac{0.5}{\sqrt{2}} = 0.354$$

반대로 주의군에서는 주의1(6.5, 6.0)과 가장 가까운데, 이때 거리 d_2는 아래 식에 따라 0.460이 나옵니다.

$$d_2 = \frac{|6.5+6-6|}{\sqrt{1^2+1^2}} = \frac{6.5}{\sqrt{2}} = 0.460$$

이때 마진은 d_1과 d_2중 더 작은 값인 0.354가 됩니다. 이 마진의 값이 가장 큰 구분선을 찾는 것이 SVM 알고리즘의 목표입니다.

그렇다면 이 최적의 구분선을 어떻게 찾을까요?[*] SVM 학습은 크게 두 가지 핵심 과정을 거쳐서 진행됩니다. 먼저 점들 가운데 구분선에 가장 중요한 영향을 주는 서포트 벡터를 찾고, 그다음 단계로 마진을 최대화하는 쪽으로 구분선을 찾아나갑니다. 참고로 두 번째 단계는 대학교, 대학원 수준에 해당하는 이론들이 함께 적용되기 때문에 이 책에서 다루기엔 적절하지 않습니다. 따라서 여기서는 최적의 구분선을 구하는 과정을 중심으로 살펴보도록 하겠습니다.

먼저 1단계로 서포트 벡터를 찾아봅시다. 처음에는 어떤 점이 서포트 벡터인지 알 수 없으므로, 모든 점이 잠재적으로 중요하다고 가정하고 시작해요. 임의의 구분선을 그어보고, 그 선의 마진을 계산합니다. 그다음 마진이 더 커지는 방향으로 구분선을 조금씩 조정해가는 과정을 반복하죠. 이 과정에서 경계에서 멀리 떨어진 점들은 점점 영향력이 줄어들고, 경계에 가까운 점들만 점점 더 중요해집니다. 결국 2~3개의 핵심 점

---

[*]   수학에서는 '라그랑주 승수법lagrange multiplier'이라는 방법을 사용하여 찾는데, 이 방법의 기본 원리는 심화학습에서 다룰 예정입니다.

어떤 근거로 기계의 판단을 믿을 수 있을까?

만 남는데, 이들이 바로 서포트 벡터예요. 우리 예시에서는 정상1(2.5, 3) 와 주의1(6.5, 6) 정도가 서포트 벡터가 될 가능성이 높습니다.

서포트 벡터들이 결정되면 이제 이 점들에서 마진을 최대화하는 구분선을 찾습니다. 이는 앞서 배운 점과 직선 사이의 거리 공식을 활용해서, 양쪽 서포트 벡터로부터 각각 동일한 거리에 있으면서, 그 거리가 최대가 되는 직선을 구하는 과정이에요. 수학적으로는 복잡하지만, 개념적으로는 '가장 안전한 중간 지점'을 찾는 셈입니다. 이렇게 구분선이 완성되면 전체 좌표평면이 정상 영역과 주의 영역으로 명확히 나뉩니다.

수연이는 SVM 모델로 건강검진 데이터의 정상 집단과 주의 집단을 나누는 최적의 경계선으로 $x+y-9=0$, 즉 $y=-x+9$라는 직선을 얻었습니다. 이 직선의 x, y에 데이터를 대입한 분류 결과는 다음과 같습니다.

이름	x = 혈압 점수	y = 혈당 점수	$x+y-9$	양/음	분류
민준	2.5	3	−3.5	음수	정상
서윤	3	2.5	−3.5	음수	정상
도현	1.5	4	−3.5	음수	정상
지우	3.5	3.5	−2	음수	정상
하은	2	2	−5	음수	정상
준서	6.5	6	3.5	양수	주의
시은	7	6.5	4.5	양수	주의
예준	5.5	7.5	4	양수	주의
채원	7.5	6	4.5	양수	주의
건우	6	8	5	양수	주의

구분선에 건강검진 데이터를 대입한 분류 결과

SVM의 가장 큰 장점은 명확하고 안정적인 구분선을 제공한다는 점입니다. 한 번 학습이 완료되면, 새로운 환자가 와도 단순히 구분선의 어느 쪽에 있는지만 확인하면 되므로 빠르고 일관된 판단이 가능해요. 또한 서포트 벡터가 아닌 점들이 조금 이동해도 구분선은 변하지 않는다는 안정성을 가집니다. 예를 들어 정상4가 (3.5, 3.5)에서 (3.3, 3.7)로 조금 움직여도, 이 점이 서포트 벡터가 아니라면 최종 구분선은 그대로 유지되죠. 의료 진단에서는 일관된 기준이 매우 중요하므로, SVM의 이런 특성은 큰 장점으로 작용합니다.

그렇다면 SVM의 한계는 무엇일까요? 가장 큰 문제는 기본적으로 직선으로만 나눌 수 있다는 점이에요. 만약 정상군과 주의군이 복잡한 곡선 형태로 섞여 있다면 SVM으로는 정확한 분류가 어렵겠지요. 또한 데이터에 이상치가 있으면 구분선이 크게 영향을 받을 수 있고, 클래스 간 데이터 개수가 불균형하면 성능이 떨어질 수 있어요. 또한 k-NN처럼 확률을 제공하지 않아서 '얼마나 확신하는가?'에 따른 정보는 얻기 어렵다는 단점도 있습니다.

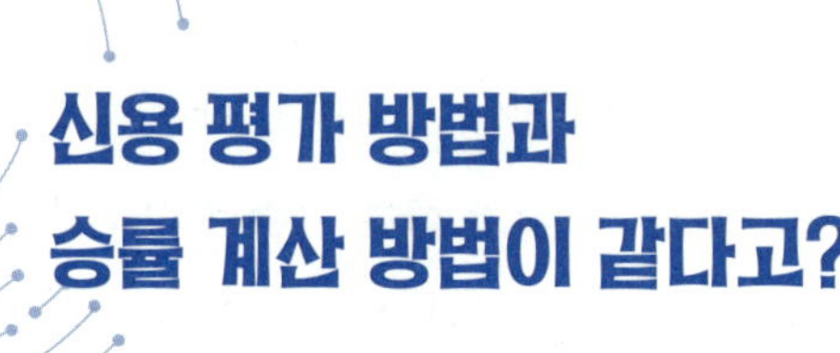

신용 평가 방법과
승률 계산 방법이 같다고?

스무고개를 넘어가는 분류의 기초
: 의사결정나무

수연이는 이번 달부터 병원과 지역 고등학교가 함께 운영하는 청소년 건강 클리닉 프로젝트에 참여하게 되었습니다. 이 프로그램은 청소년들의 건강한 생활 습관 형성을 돕고자 매년 운영되는데, 전문의 상담·맞춤형 운동 처방·영양 교육 등을 제공하는 인기 있는 프로그램이에요. 하지만 매년 신청자가 정원의 2~3배를 넘어서서 선발 과정이 필요한 상황입니다. 올해도 7명 정원에 20명이 넘는 학생들이 신청했거든요. 수연이는 프로그램 선발 기준을 체계적으로 정하는 업무를 맡았는데, 무엇보다 공정하고 객관적인 기준을 마련해야 합니다.

먼저 수연이는 작년 프로그램 참가자들의 신청서를 분석해보기로 했습니다. 학교에서 작년 2학년 학생 14명의 데이터를 받아 살펴보니, 각 학생은 체중(저체중/정상/과체중), 운동 여부(잘 안 함/보통/자주 함), 수면 시간(부족/충분), 시간 여유(여유 없음/여유 있음) 네 가지 특성으로 구분되었

체중	운동 여부	수면	개인 시간	선발 여부
정상	보통	충분	없는 편	X
과체중	잘 안 함	부족	없는 편	O
저체중	자주 함	충분	여유 있음	X
과체중	잘 안 함	부족	여유 있음	O
정상	보통	충분	여유 있음	X
저체중	자주 함	부족	없는 편	X
과체중	잘 안 함	부족	없는 편	O
정상	자주 함	충분	여유 있음	X
저체중	보통	부족	여유 있음	O
정상	보통	충분	없는 편	X
과체중	잘 안 함	부족	여유 있음	O
저체중	자주 함	충분	없는 편	X
정상	보통	부족	여유 있음	O
과체중	잘 안 함	충분	없는 편	X

작년 학생들의 특성과 선발 여부 데이터

고, 선발 여부가 표기되어 있었습니다.

수연이는 이 데이터를 보는 순간 '어? 지금까지와 완전히 다른 데이터네?'라고 생각했어요. 지금까지 다룬 '혈압 120밀리미터에이치지$_{mmHg}$' '혈당 데시리터$_{dL}$ 당 95밀리그램$_{mg}$' 같은 정확한 숫자들과는 전혀 다른 형태였거든요. 지금까지 수연이가 경험한 분류 방법은 모두 숫자라는 특성을 적극 활용했습니다. 로지스틱 회귀에서는 혈압과 혈당 수치를 확률로 변환했고, k-NN에서는 환자 간 거리를 계산했으며, SVM에서는 좌표평면에서 최적의 경계선을 그었죠.

그런데 범주형 데이터는 명확한 구분은 있지만 크기나 순서를 비교하

어떤 근거로 기계의 판단을 믿을 수 있을까?

기 모호한 경우가 많습니다. 예를 들어 '운동 여부'에서는 자주 함, 보통, 잘 안 함이라는 순서가 있지만, '개인 시간'에서는 여유 있음과 여유 없음 사이에 대소 관계를 정의할 수 없을 뿐만 아니라 '저체중과 과체중 사이의 거리는 얼마인가?'라거나 '수면 시간 충분에서 부족을 뺀 값은?'같은 질문에 수치 연산을 적용하기도 어렵죠.

수학적 특성 외에도, 두 데이터 유형은 생성 과정에서도 근본적 차이를 보입니다. 혈압이나 혈당 같은 수치형 데이터는 비록 정확하더라도 전문 장비나 분석을 거쳐 생성되므로 일반인들이 바로 판단하기 어렵습니다. 그러나 범주형 데이터는 '맛있다/맛없다' '비싸다/적절하다/저렴하다' '예쁘다/보통이다' 같은 즉각적인 판단으로 쉽게 생성됩니다. 학생들도 '내 체중이 정확히 몇 킬로그램인지'보다 '살이 좀 쪘나/적당한가/너무 마른가'로 판단하는 편을 더 자연스러워하거든요. 이런 특성 때문에 범주형 데이터는 쉽게 수집할 수 있다는 장점에 따라 설문조사·평가·일상적 판단에서 훨씬 많이 활용됩니다.

범주형 데이터를 효과적으로 처리하기 위해 등장한 방법이 바로 의사결정나무decision tree 입니다. 의사결정나무는 다양한 속성으로 구분되어 있는 데이터를 '예/아니오' 질문을 바탕으로 분류하는 방법입니다. 마치 스무고개를 하듯 '예/아니오'에 따라 데이터를 나누죠.

예를 들어서 독수리, 펭귄, 토끼, 사자 네 동물을 분류해볼게요. 먼저 이 동물들을 나누기 위해 "날개가 있나요?"라고 질문할 수 있겠죠? 첫 질문에 따라 독수리와 펭귄이 날개가 있는 동물로 분류되고, 토끼와 사자가 날개가 없는 동물로 분류됩니다. 뒤이어 독수리와 펭귄을 나눌 질문으로 "날 수 있나요?"라고 질문할 수 있습니다. 토끼와 사자를 구분할

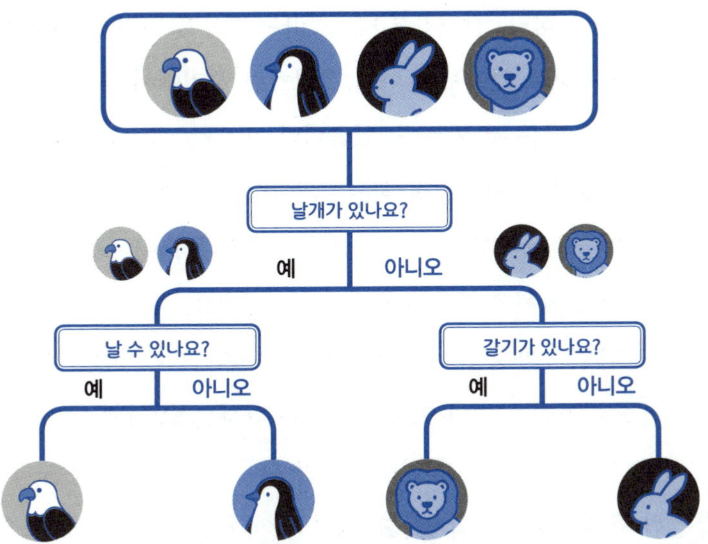

동물로 보는 의사결정나무 예시

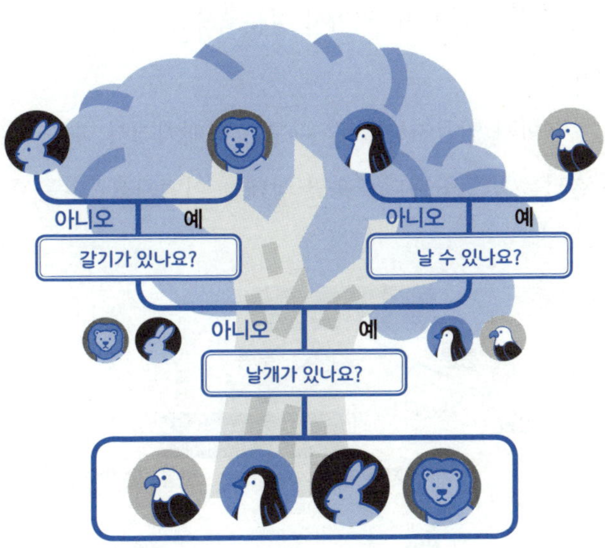

의사결정나무를 뒤집은 모양

어떤 근거로 기계의 판단을 믿을 수 있을까?

때에는 사자의 특징인 "갈기가 있나요?"라는 질문을 던질 수 있겠죠.

위 그림을 거꾸로 엎어보면 아래 그림처럼 줄기에서 줄기가 계속 뻗는 나무 모양이 되는 것을 볼 수 있습니다. 이 때문에 '의사결정나무'라는 이름이 붙었지요. 의사결정나무는 데이터를 쉽게 시각화할 수 있고 구분 기준이 쉽게 보이기 때문에 정리에 용이합니다. 어떻게 구분되는지를 알 수 있어서 매우 직관적이라는 장점이 있지요.

의사결정나무의 가장 큰 장점은 해석 가능성입니다. 복잡한 확률 계산이 필요한 로지스틱 회귀나 고차원 수학을 다루는 SVM과 달리, 의사결정나무는 '만약 A라면 B를 확인하고, B가 참이라면 C다' 같은 누구나 이해할 만한 규칙으로 표현되거든요. 의료 분야나 교육 현장에서 의사결정나무는 인공지능의 판단 근거를 명확하게 추적할 수 있어서 신뢰성이 높고, 학생이나 학부모에게도 선발 기준을 쉽게 설명해줍니다. 또한 범주형 데이터를 직접 처리할 수 있어서 설문조사나 평가 데이터 분석에 매우 유용해요.

수연이는 수학과 인공지능을 잘 다루는 선배에게서 다음과 같은 의사결정나무 결과를 받았습니다. "수면 상태는 어떤가요?"라는 첫 번째 질

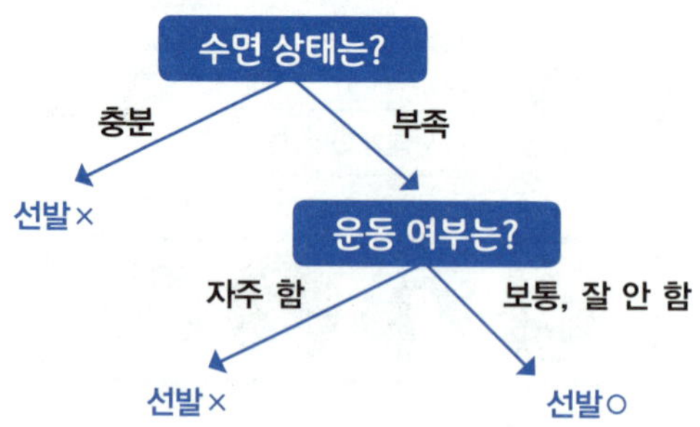

문으로 시작해서 수면이 충분하면 바로 선발에서 제외하고, 수면이 부족하면 "운동을 자주 하나요?"라는 질문으로 넘어갑니다. 이렇게 단 2개의 질문만으로 14명의 학생 데이터를 완벽하게 분류할 수 있었어요. 이제 수연이는 새로운 신청 학생이 와도 이 의사결정나무를 따라 체계적이고 공정한 선발 기준을 적용할 수 있겠죠.

이제 가장 근본적인 문제가 남았습니다. 의사결정나무는 어떻게 만들어질까요? 의사결정나무에서는 질문의 순서를 정하는 일이 무척 중요합니다. 질문의 순서는 단순히 '물어보는 순서'에 그치지 않고, '분류에 적용되는 우선순위'를 의미합니다. 이제 **정보 이론** information theory 을 바탕으로 순서를 결정하는 방법을 살펴보겠습니다.

어떤 정보가 가장 중요한가?
: 정보이득

앞서 살펴보았듯이 의사결정나무는 범주형 데이터에도 적용할 수 있는 분류 방법입니다. 수연이의 고민을 해결하기 전에 우리는 먼저 더욱 간단한 데이터로 정보 이론을 이해해보려고 합니다.

① 정보량 : 몰랐던 것들에 대한 놀라움의 정도

다음은 핸드폰 구매와 관련된 몇 가지 속성과 구매 여부 사이의 관계를 나타낸 데이터입니다.

네 종류의 핸드폰이 있고, 각 핸드폰의 디자인·성능·가격에 따른 긍

어떤 근거로 기계의 판단을 믿을 수 있을까?

모델명	성능	디자인	가격	구매 여부
A	O	X	O	X
B	O	O	O	O
C	O	O	X	O
D	X	X	X	X

핸드폰 속성에 따른 평가와 구매 여부

정·부정 평가와 함께 구매 희망을 작성한 데이터가 있다고 해봅시다. 각 모델의 성능·디자인·가격 같은 데이터 속성을 바탕으로 구매 여부를 결정하는 요인을 찾는 것이 우리의 목표입니다.

먼저 모델명을 제외하고 각 속성을 하나씩 분리하여 구매 의사와 한 번 비교해보면, '디자인'이 마음에 드는 경우 구매로 이어졌기 때문에 디자인이 구매에 가장 큰 영향을 준다고 볼 수 있습니다. 그런데 데이터의 양이 많아지거나 속성의 개수가 증가하면 이렇게 하나씩 눈으로 단순히 비교하는 방법으로는 문제를 효과적으로 해결하지 못하겠지요. 많은 양의 데이터를 한꺼번에 제대로 파악하기도 어려울뿐더러, 속성이 결과와 정확하게 맞아떨어지지 않는 경우도 많이 있을 테니까요.

성능	구매 여부
O	X
O	O
O	O
X	X

디자인	구매 여부
X	X
O	O
O	O
X	X

가격	구매 여부
O	X
O	O
X	O
X	X

따라서 각 속성이 구매 여부에 얼마나 영향을 주는지 산출해주는 수치화된 방법이 필요합니다. 바로 **정보량**이라는 개념입니다. 정보량은 쉽게 정리하자면 **몰랐던 것에 대한 놀라움의 정도**라고 할 수 있습니다. 뻔히 예상할 수 있는 일보다는 전혀 예상치 못했던 사실을 접했을 때 더 많은 정보를 전달받았다고 할 수 있습니다. 일상적인 날에 "내일 급식 메뉴는 쌀밥이래"라고 말한다면 정보량이 작지만, 만약 "야, 그거 들었어? 내일 랍스터 마라탕이랑 꿔바로우 나온대!"라고 한다면 훨씬 많은 정보량을 지닌다고 할 수 있죠.

성능	구매 여부		디자인	구매 여부		가격	구매 여부
O	X		X	X		O	X
O	O		O	O		O	O
O	O		O	O		X	O
X	X		X	X		X	X

위 데이터에서 각 속성의 값이 구매 여부와 일치하는지 한번 살펴보죠. 성능은 3개가 일치하는 반면, 디자인은 4개 모두 일치하였고, 가격은 절반에 해당하는 2개와 일치합니다. 일치하는 확률을 살펴보면 성능은 $\frac{3}{4}$, 디자인은 $\frac{4}{4}$, 가격은 $\frac{2}{4}$입니다. 이러한 확률에 로그함수를 택한 후 양수로 바꾼 값을 '정보량'이라고 합니다.

$$\text{정보량} = -\log_{\text{결과의 개수}} \text{확률}$$

어떤 근거로 기계의 판단을 믿을 수 있을까?

여기서는 ○, × 두 가지로 결과를 산출하므로 로그의 밑을 2로 취하여, 각 속성의 정보량을 다음과 같이 구합니다.

- 성능의 정보량 : $-\log_2 \dfrac{3}{4} = 0.41$
- 디자인의 정보량 : $-\log_2 \dfrac{3}{4} = 0$
- 성능의 정보량 : $-\log_2 \dfrac{2}{4} = 1$

위 결과를 보면 적중 확률이 낮을수록 큰 정보량을 가진다는 사실을 알 수 있습니다. 확률이 높으면 '그럴 줄 알았어'라는 예측이 담긴 정보인 한편, 확률이 낮으면 '전혀 예상치 못했어!'라는 놀라움이 담긴 정보라고 할 수 있어요.

② 엔트로피 : 데이터의 혼잡도를 측정하는 방법

엔트로피는 물리학에서 '무질서도' 혹은 '에너지의 분산 정도'를 나타내는 개념[*]입니다. 정보 이론에서는 엔트로피를 불확실성이나 정보량의 척도로 사용합니다. 일어날 확률이 낮을수록 그 사건이 실제로 발생했을 때 얻는 정보량이 많다는 직관에 기반하죠. 동전 던지기처럼 결과를 예측하기 어려운 상황일수록 엔트로피가 높고, 결과가 뻔한 상황일수록 엔트로피가 낮습니다. 수학적으로 보면 엔트로피는 어떤 사건이 일

---

[*] 열역학 제2법칙은 고립된 계에서 엔트로피는 항상 증가하거나 일정하게 유지된다는 법칙으로, 무질서도가 증가한다는 의미입니다. 향수를 뿌리면 방 전체로 퍼져나가지만 저절로 다시 향수병으로 모이지는 않는 것이 열역학 제2법칙의 예시입니다.

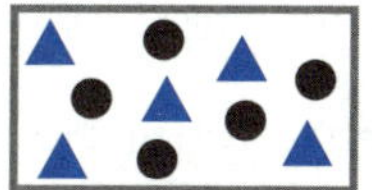
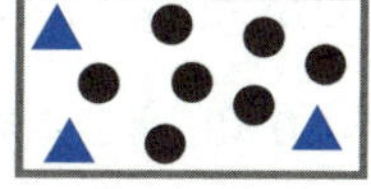
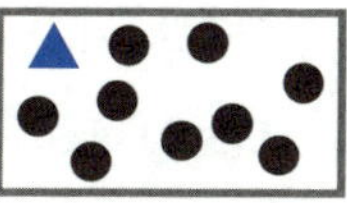
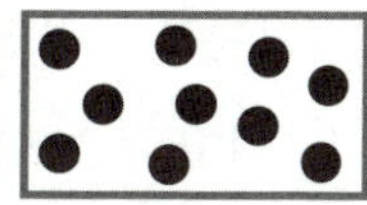

어날 각각의 값들에 관한 정보량의 기댓값에 해당합니다.

범주형 데이터의 한 속성을 살펴보면 몇 가지 범주의 값들이 섞여서 나타나는 경우가 대부분입니다. 위 그림을 보면 세모(△)와 동그라미(○) 값들이 섞여 있는 모습을 볼 수 있는데, 어떤 경우에는 동그라미 하나만 나타나는 반면 어떤 경우에는 세모와 동그라미가 비슷한 정도로 뒤섞여 있는 듯 보입니다. 특히 두 속성의 값이 각각 m개, n개 섞인 경우 엔트로피를 $E(m,n)$이라고 표현하고 $E(m,n)=\sum\{-p(x)\log_m p(x)\}$로 구합니다.

예를 들어 세모와 동그라미가 5개씩 총 10개가 섞인 경우 E(5,5)는 다음과 같은 계산에 따라 1이 됩니다.

$$E(5,5)=-\frac{5}{10}\log_2\frac{5}{10}-\frac{5}{10}\log_2\frac{5}{10}=0.5+0.5=1$$

세모가 7개, 동그라미가 3개가 섞인 E(7,3)은 다음과 같아요.

$$E(7,3)=-\frac{7}{10}\log_2\frac{7}{10}-\frac{3}{10}\log_2\frac{3}{10}=0.36+0.52=0.88$$

엔트로피는 서로 다른 종류가 동일한 개수로 섞여 있을수록 1에 가까워지고 반대로 하나만 있으면 0에 가까워집니다. 가장 균등하게 1:1로 섞여 있을 때는 1, 완전히 하나만 존재할 때는 0을 가리키죠. 따라서 앞

어떤 근거로 기계의 판단을 믿을 수 있을까?

의 그림에서 삼각형과 동그라미가 정확히 5:5로 섞여 있을 때는 엔트로피가 1이고, 7:3으로 섞인 상황에는 약 0.88, 동그라미만 존재할 때는 0입니다.

③ 정보이득

정보이득은 특정 속성으로 **데이터를 분할했을 때 엔트로피가 얼마나 감소하였는지 측정한 값**입니다. 이 정보이득은 우리가 살펴보고자 하는 '구매 여부' 속성의 '전체 엔트로피'에서 특정 속성으로 분할하여 산출한 가중평균 엔트로피를 빼서 산출합니다. 조금 복잡해 보이니 앞의 예시를 다시 한번 살펴봅시다.

성능	구매 여부	구매 여부 비율	엔트로피	가중 평균 엔트로피
O	OOX	$\dfrac{3}{4}$	E(2,1)=0.92	$\dfrac{3}{4}\times0.92+\dfrac{1}{4}\times1=0.69$
X	X	$\dfrac{1}{4}$	E(0,1)=1	

먼저 구매 여부 속성은 ○가 2개, ×가 2개이므로 E(2,2)=1입니다. 이제 '성능' 속성으로 분할하여 산출한 가중평균 엔트로피는 다음과 같습니다. '성능' 속성이 ○인 경우 구매 여부는 ○가 2개, ×가 1개, 총 4개 중 3개의 값이므로 비율은 $\dfrac{3}{4}$입니다. ○가 2개, ×가 1개일 때 엔트로피를 살펴보면 E(2,1)=0.92를 구할 수 있죠.

성능 값이 ×인 경우, 구매 여부에 ×가 하나밖에 없으므로 비율을 $\dfrac{1}{4}$입니다. 엔트로피는 E(0,1)=1이므로, 성능 속성의 가중평균 엔트로피는 $\dfrac{3}{4}\times$

$0.92 + \dfrac{1}{4} \times 1 = 0.69$이죠. 처음에 구매 여부 속성에 대한 전체 엔트로피값이 1이었으므로 1에서 0.69를 뺀 $1 - 0.69 = 0.31$이 '성능' 속성의 정보이득 값입니다.

이와 같은 방법으로 각각 성능, 디자인, 가격에 따른 정보이득을 구하면 다음과 같습니다.

모델명	성능	디자인	가격	구매 여부
A	O	X	O	X
B	O	O	O	O
C	O	O	X	O
D	X	X	X	X
정보이득	0.31	1	0	1

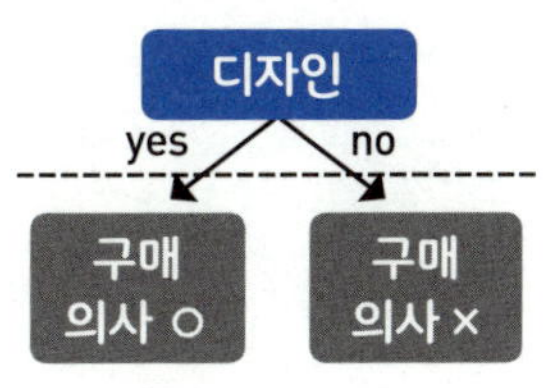

디자인 속성의 정보이득 값이 구매 여부 속성의 전체 엔트로피와 동일하죠? 이는 곧 디자인 속성에 관한 질문 하나로 구매 의사를 파악할 수 있으며 다른 속성은 굳이 필요 없다는 의미입니다. 반면 가격 정보이득은 0이므로 구매 의사를 살펴보는 데 전혀 도움이 되지 않아요. 가격 속성이 ○이든, ×이든 구매는 ○/× 하나씩 나타나므로 전혀 도움이 되지 않죠.

④ 수연이의 의사결정나무

다시 수연이의 청소년 건강 클리닉 프로젝트로 돌아가볼까요? 전년도 청소년 건강 클리닉 프로젝트에 참여한 학생 14명의 각 속성의 정

어떤 근거로 기계의 판단을 믿을 수 있을까?

	체중	운동 여부	수면	개인 시간	선발 여부 엔트로피
정보이득	0.238	0.381	0.689	0.061	0.985

보량과 선발 여부 엔트로피를 계산한 결과는 위와 같습니다.

가장 높은 정보이득을 보이는 속성은 '수면'이라는 걸 확인할 수 있죠. 따라서 수연이는 학생들에게 수면 상태가 충분한지 부족한지를 질문하는 편이 좋습니다.

그다음 단계에서는 수면 상태가 '충분'인 데이터들과 '부족'인 데이터들을 분류하여 살펴야 합니다. 먼저 수면이 충분한 데이터를 모아놓고 보면 다음 페이지 위쪽 표와 같습니다.

이때는 체중, 운동 여부, 개인 시간과 관계 없이 선발되지 않는 경우를 볼 수 있죠. 각 속성의 정보이득 값은 선발 여부의 엔트로피와 모두 동일하므로, 더 이상 질문이 필요 없는 상황입니다. 이제 수면이 부족한 상황을 살펴볼까요?

수면이 부족한 경우 운동 여부 속성의 정보이득(0.592)이 가장 높으며 이 값은 선발 여부의 엔트로피(0.592)와 동일합니다. 즉 운동 여부만 확인하면 선발 여부를 확인하는 데 충분하다는 결론을 얻을 수 있습니다.

수면	체중	운동 여부	개인 시간	선발 여부
충분	정상	보통	없는 편	X
	저체중	자주 함	여유 있음	X
	정상	보통	여유 있음	X
	정상	자주 함	여유 있음	X
	정상	보통	없는 편	X
	저체중	자주 함	없는 편	X
	과체중	잘 안 함	없는 편	X
정보이득	1	1	1	1

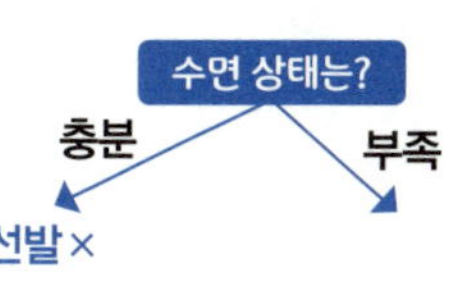

수면이 충분한 경우의 데이터

수면	체중	운동 여부	개인 시간	선발 여부
부족	과체중	잘 안 함	없는 편	O
	과체중	잘 안 함	여유 있음	O
	저체중	자주 함	없는 편	X
	과체중	잘 안 함	없는 편	O
	저체중	보통	여유 있음	O
	과체중	잘 안 함	여유 있음	O
	정상	보통	여유 있음	O
정보이득	0.306	0.592	0.198	0.592

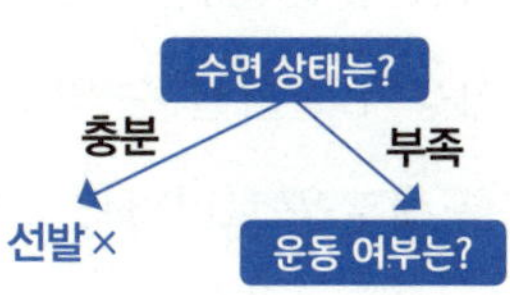

수면이 부족한 경우의 데이터

어떤 근거로 기계의 판단을 믿을 수 있을까?

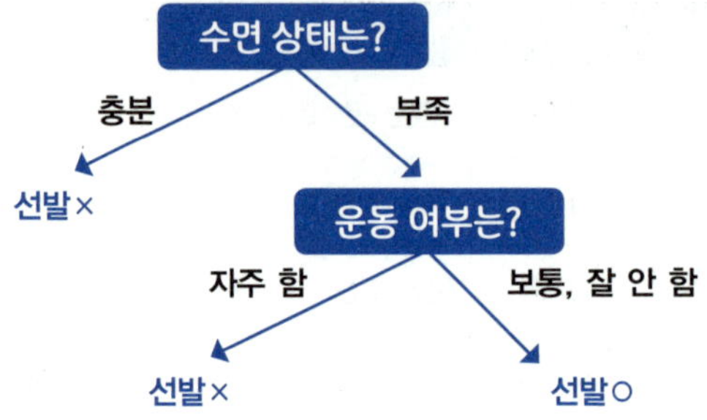

이러한 정보를 바탕으로 수연이가 최종적으로 산출한 의사결정나무는 위 그림과 같습니다.

다수결의 지혜로 더 나은 판단을
: 랜덤 포레스트

앞서 살펴본 의사결정나무는 분명 유용한 도구지만, 몇 가지 한계점도 가집니다. 훈련 데이터에 과도하게 맞춰져서 새로운 데이터를 예측하는 성능이 떨어질 수 있고, 데이터가 조금만 바뀌어도 기존 트리와 전혀 다른 새로운 트리가 만들어질 수 있어요. 또한 하나의 의사결정나무만으로는 복잡한 패턴을 놓칠 가능성도 있습니다. 이런 한계를 해결할 방안으로 집단 지성을 활용한 더욱 강력한 분류 방법이 등장했는데, 바로 **랜덤 포레스트** random forest 입니다. "숲이 나무보다 강하다"라는 말이 떠오르죠? 랜덤 포레스트는 여러 의사결정나무를 조합하여 각각의 약점을 보완하고 전체적인 성능을 향상시키는 앙상블 학습 ensemble learning [*]의 대표적 예시입니다.

랜덤 포레스트의 핵심은 다수결의 수학적 원리에 있습니다. 여러 개별 예측을 독립적으로 수행할 때, 그들의 평균이나 다수결이 개별 예측보다 더 정확할 가능성이 높다는 통계학의 원리를 활용하는 방법입니다. 이 방법은 병원에서 여러 의사가 한 명의 환자를 독립적으로 진단한 결과를 함께 살펴보며 종합적으로 진단하는 것과 비슷한 원리입니다. 각각의 의사결정나무가 서로 다른 실수를 범하더라도, 전체적으로 여러 결정을 살펴보면 보다 올바른 방향으로 수렴하죠. 수학적으로 보면 개별 모델의 분산variance이 감소하면서 전체적인 안정성이 향상하는 효과를 얻는다고 할 수 있습니다.

랜덤 포레스트에서 **배깅**bagging은 각 의사결정나무가 서로 다른 관점을 갖도록 하는 핵심 메커니즘입니다. 배깅은 'bootstrap aggregating'의 줄임말로, 원본 데이터를 복원 추출하여 여러 개의 서로 다른 훈련 데이터셋을 만드는 과정을 의미해요. 예를 들어 수연이가 청소년 건강 클리닉 데이터를 14개씩 복원 추출로 뽑아서 샘플을 만든 후 트리마다 훈련시킵니다. 이때 어떤 데이터는 여러 번 선택될 수 있고, 어떤 데이터는 아예 선택되지 않을 수 있어요. 각 트리는 조금씩 다른 데이터를 학습하는 셈이고, 결과적으로 서로 다른 특성과 편향을 가집니다.

랜덤 포레스트만의 독특한 특징은 '특성 무작위 선택'입니다. 일반 의

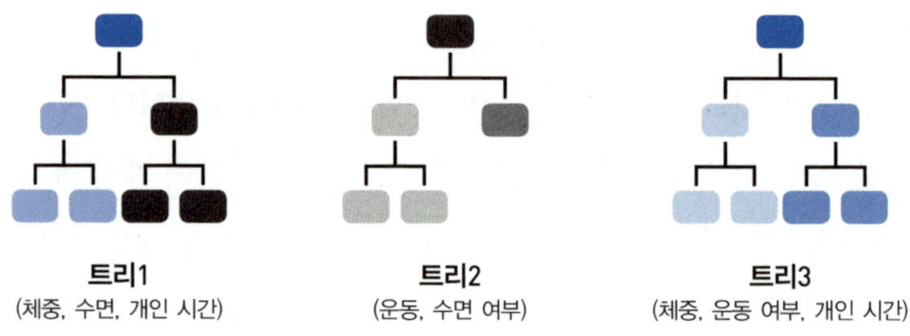

사결정나무는 각 분기점에서 모든 특성을 고려하여 최적의 분할을 찾지만, 랜덤 포레스트는 일부 특성만 무작위로 선택하여 그중에서 최적의 분할을 찾아요. 수연이의 데이터는 체중·운동 여부·수면·개인 시간 총 4개 특성이 있었고, 일반적인 의사결정나무라면 첫 번째 분기점에서 4개 특성의 정보이득을 모두 계산하겠죠. 하지만 랜덤 포레스트는 트리1에서 '체중·수면·개인 시간' 3개만 활용하고, 트리3에서 '체중·운동 여부·개인 시간' 3개를 선택하는 식으로 훈련을 진행합니다.

각 트리가 서로 다른 특성 조합에 집중하면 다양성이 증가합니다. 개별 트리의 성능은 다소 떨어질 수 있지만, 전체적으로는 더욱 강건하고 일반화 성능이 좋은 모델이 만들어져요. 수학적으로는 특성 공간에서의 탐색 범위를 제한하여 과적합 overfitting 을 방지하는 효과를 얻습니다.

랜덤 포레스트의 최종 예측은 다수결 투표로 이루어집니다. 분류 문제에서는 각 트리의 예측 결과를 하나의 투표로 간주하여, 가장 많은 표를 받은 클래스를 최종 예측으로 선택해요. 보다 정교하게는 각 트리가 클래스별 확률을 출력하도록 하고, 이 확률들의 평균을 구하여 최종 확률로 사용하는 방법도 있습니다. 수연이의 청소년 건강 클리닉 데이터로 이 과정의 실제 계산을 따라가보겠습니다.

먼저 5개의 결정트리로 구성된 랜덤 포레스트를 만들었다고 가정해봅시다. 새로운 학생의 정보는 다음과 같습니다.

체중	운동 여부	수면	개인 시간
정상	보통	부족	여유 있음

새로운 학생 데이터

이 학생에 대한 트리들의 예측 결과는 다음과 같다고 할게요.

모델명	트리1	트리2	트리3	트리4	트리5	결과 산출
선발 여부	○	×	○	○	×	○ 3개, × 2개 → ○(선발)
확률	0.8	0.3	0.7	0.6	0.4	$\dfrac{0.8+0.3+0.7+0.6+0.4}{5}$

단순 다수결로는 3:2로 '선발'이 되고, 확률 평균은 $\dfrac{(0.8+0.3+0.7+0.6+0.4)}{5}$ =0.56이므로 56퍼센트의 확률로 선발 가능성이 있다고 예측할 수 있어요. 일부 개별 의사결정나무가 잘못된 판단을 내릴 수 있지만, 여러 의사결정나무의 의견을 종합하면서 보다 신뢰할 만한 결과를 얻는 것입니다. 마치 여러 의료진이 함께 환자를 진단하듯이요.

실제로 랜덤 포레스트는 현재 가장 널리 사용되는 분류 알고리즘의 하나입니다. 의료 분야에서는 환자의 다양한 검사 결과를 종합하여 질병을 진단하는 시스템에서 활용하고 있어요. 예를 들어 유방암 진단에서는

어떤 근거로 기계의 판단을 믿을 수 있을까?

종양의 크기·모양·경계 특성 등 수십 개의 특징을 분석하여 악성인지 양성인지를 구분하는데, 랜덤 포레스트의 정확도는 90퍼센트 이상입니다. 금융 분야에서는 신용카드 사기 거래를 탐지하거나, 대출 심사에서 고객의 소득·신용도·거래 패턴을 종합 분석하여 위험도를 평가하는 데 사용하죠. 심지어 스포츠 분야에서는 선수들의 경기 데이터를 분석하여 승부 예측이나 선수 영입 결정에도 활용합니다.

랜덤 포레스트가 인기 있는 이유는 '적당히 좋은 성능'과 '높은 안정성'을 동시에 제공하기 때문입니다. 최고 성능의 알고리즘은 아닐 수 있지만, 대부분의 상황에서 일정 수준 이상의 좋은 결과를 보장해주거든요. 특히 데이터 전처리에 크게 신경 쓰지 않아도 되고, 하이퍼파라미터 조정 hyperparameter tuning *도 비교적 간단해서 실무에서 사용하기 편리합니다. 또한 특성 중요도를 자동으로 계산해주니 '어떤 요인이 가장 중요한지'를 쉽게 파악할 수 있어서, 비전문가도 결과를 이해하고 활용하기 좋아요. 수연이 같은 의료진이 '왜 이 환자가 위험군으로 분류되었는지' 설명하기에도 적합한 도구인 셈이죠.

---

* 모델의 성능을 최적화하기 위해 학습 과정을 제어하는 설정값들을 조정하는 과정입니다. 랜덤 포레스트에서는 트리의 개수, 각 분기점에서 고려할 특성의 수, 트리의 최대 깊이 같은 요소가 하이퍼파라미터에 해당합니다. 마치 요리할 때 불의 세기나 조리 시간을 조절하듯이, 설정들을 적절히 조정해야 최고의 성능을 얻을 수 있습니다.

최적값을 찾는
라그랑주 승수법

① 제약 조건에서의 최대·최소 문제

앞서 우리는 2장에서 경사하강법으로 손실함수의 최솟값을 찾는 방법을 배웠습니다. 인공지능 모델의 핵심은 현실을 가장 유사하게 나타내는 모델을 찾는 데 있기 때문에, 오차가 가장 작은 모델을 찾는 최적화가 중요합니다. 반대로 이번 장에서 살펴본 SVM처럼 마진을 가장 크게 만드는 모델을 찾기도 합니다. 결국 수학적으로 살펴보면 '어떤 함수의 최댓값 또는 최솟값을 구하는 문제'로 귀결되지요.

하지만 현실에서는 단순히 최대·최소만 구하는 데서 끝나지 않고, 특정한 제약 조건을 만족하는 최적값을 찾아야 하는 경우가 대부분입니다. 예를 들어 전체 예산 1000만 원(제약 조건)에서 가장 높은 광고 효과(최적값)를 거두는 방법을 생각해볼 수 있죠. 좀 더 일반적으로는 '$f(x,y)$를 최대화하되, $g(x,y)=0$을 만족해야 한다'로 표현할 수 있습니다.

얼핏 보기에는 생소해 보이지만 사실 학교 수학 시간에 많이 접한 문제입니다. 예를 들어 "둘레의 길이가 30센티미터인 직사각형 중에서 넓이가 가장 넓은 것은?"이라는 문제를 살펴볼까요? 이 문제에서는 가로

211

길이를 x, 세로 길이를 y라고 했을 때 $2(x+y)=30$이라는 조건이 생겨납니다. 이때 $g(x,y)=2(x+y)-30$이라 두고, $f(x,y)=xy$로 두면 '$f(x,y)$를 최대화하되, $g(x,y)=0$을 만족해야 하는' 상황임을 알 수 있죠. 물론 이 문제는 $y=30-x$로 두고 $f(x,y)=x(30-x)$로 변환하면 해결되지만, 모든 문제가 이처럼 하나의 변수로 정리되지는 않으니 일반적인 방법이 필요합니다.

② 최대·최소가 되는 지점에서의 접선과 법선벡터

$g(x,y)=0$의 그래프는 하나의 곡선으로 그려집니다. 그러나 $f(x,y)=k$는 k값에 따라 아래 그림과 같이 등고선처럼 그릴 수 있죠. 이때 특정한 k값에서는 두 그래프가 한 점에서 만나는데, 이 접점에서 $g(x,y)=0$과 $f(x,y)=k$의 그래프는 하나의 공통접선을 갖습니다.

두 함수가 증가하는 방향은 법선벡터 normal vector, gradient 로 나타내는데, 법선벡터는 접선과는 수직을 형성합니다. $g(x,y)=0$과 $f(x,y)=k$의 법선벡터인 ∇f, ∇g는 그래프 모양에 따라 같은 방향일 수도, 반대 방향일 수도 있습니다. 다시 말해 두 벡터는 평행하고, 하나의 벡터는 다른 벡터의 실수배라는 관계로 표현할 수 있습니다. 다시 말해 $\nabla f=\lambda\nabla g$인 실수 λ가

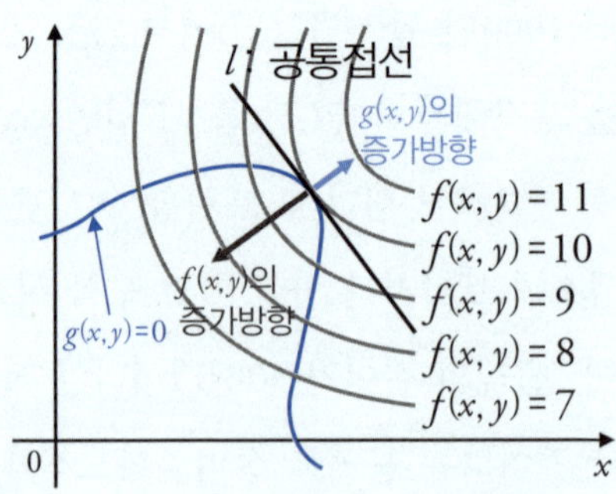

존재하는 것이죠.

함수 $f(x,y)=k$의 법선벡터는 x와 y를 편미분하여 구하며, 다음과 같이 나타냅니다.

$$\nabla f = \left(\frac{\partial f(x,y)}{\partial x},\ \frac{\partial f(x,y)}{\partial y} \right)$$

예를 들면 $f(x,y)=xy$에서 $\nabla f = \left(\dfrac{\partial f(x,y)}{\partial x},\ \dfrac{\partial f(x,y)}{\partial y} \right)$이고, $\dfrac{\partial f(x,y)}{\partial x} = \dfrac{\partial(xy)}{\partial x} = y$, $\dfrac{\partial f(x,y)}{\partial y} = \dfrac{\partial(xy)}{\partial y} = x$이므로 $\nabla f = (y,x)$입니다.

③ 라그랑주 승수법

아까 최적의 점에서는 $\nabla f = \lambda \nabla g$, 즉 $\nabla f - \lambda \nabla g = 0$이 성립한다고 했죠? 이때 $L(x,y)=f(x,y)-\lambda g(x,y)$를(이 함수를 라그랑주 함수라고 합니다) x, y에 대해 각각 편미분한 결과가 0이 되는 λ의 값으로 최댓값 혹은 최솟값을 찾을 수 있습니다. 이 λ는 '제약 조건을 얼마나 중요하게 여길지'를 나타내는 가중치 역할을 하며, 새로운 함수 $L(x,y)$의 최적점에서 원래 문제의 해답을 찾을 수 있습니다.

예시 문제를 하나 볼까요?

- 제약 조건 : $x^2+y^2=1$
- 최적화 : xy값의 최댓값

먼저 라그랑주 함수를 $L(x,y)=xy-\lambda(x^2+y^2-1)$로 두고, 이 함수를 x와 y에 대해 각각 편미분하면 다음과 같습니다.

$$\frac{\partial L(x,y)}{\partial x}=y-2\lambda x=0 \quad \blacktriangleright \quad y=2\lambda x$$

$$\frac{\partial L(x,y)}{\partial y}=y-2\lambda y=0 \quad \blacktriangleright \quad x=2\lambda y$$

여기서 구해진 $x=2\lambda y$, $y=2\lambda x$를 제약 조건인 $x^2+y^2=1$에 대입하면 $x^2+y^2=(2\lambda y)^2+(2\lambda x)^2=4\lambda^2(x^2+y^2)$이 되고, $x^2+y^2=1$이므로 $4\lambda^2=1$, 즉 $\lambda=\pm\frac{1}{2}$임을 알 수 있죠. 따라서 $x=y$가 성립하고, $x^2+y^2=2x^2=1$을 만족하는 $x=\pm\frac{1}{\sqrt{2}}$, $y=\pm\frac{1}{\sqrt{2}}$에서 최대 혹은 최솟값을 가집니다. $xy=\frac{1}{2}$이 되는데, 이 값은 근처의 다른 점들보다 더 큰 값을 가지므로 최솟값이 아닌 최댓값이 된다는 사실을 알 수 있습니다.

인공신경망은
정말 인간처럼 '생각'할까?

: 합성함수로 신경망을 쌓기

복잡한 사고의 이동 경로,
뉴런을 모방하다

알파고의 기원,
퍼셉트론

인간은 오랫동안 끊임없이 발명을 하며 한계를 극복해왔습니다. 하늘을 나는 새를 보며 비행기를 만들고, 물고기가 헤엄치는 모습을 보며 잠수함을 고안했죠. 심지어 돌고래가 음파로 물체를 탐지하는 원리를 응용해서 소나SONAR 기술을 개발하기도 했어요. 이처럼 인간은 자연에서 영감을 얻어 불가능해 보이는 일들을 현실로 만들어왔습니다. 그렇다면 인간이 가진 가장 특별한 능력인 '생각'을 기계에 부여할 수는 없을까요?

이와 관련한 인공두뇌 연구는 1940년대에 들어서면서 본격적으로 시작되었습니다. 먼저 1930년대부터 뇌과학 연구가 발전하면서 신경계를 구성하는 세포인 '뉴런neuron'의 매우 독특한 신호 전달 방식이 밝혀졌었죠. 뉴런은 다른 뉴런들로부터 신호를 받아들이는데, 신호의 강도를 더한 값이 일정한 기준치를 넘어야만 다음 뉴런에 전기 신호를 전달했습니다. 과학자들은 뉴런이 전기 신호를 전달하는 방법이 전자 회로의 스

위치를 켜고 끄는 원리와 비슷하다는 점에 주목했어요. 2차 대전을 거치면서 전자공학과 회로 기술이 급속도로 발달하던 때였죠. 과학자들은 뉴런의 전기적 작동 원리를 모방해서 전자 회로를 작동시킨다면 '생각하는 기계'를 만들 수 있을 것이라고 기대했습니다.

1950년대에는 인공신경망을 만드는 이론적 토대가 마련되기 시작했습니다. 1943년 워런 매컬러와 월터 피츠가 뉴런의 작동을 수학적으로 구현하는 방법을 제시하면서 뇌의 복잡한 작동을 수학적으로 표현할 가능성이 생겨났어요. 특히 도널드 헵이 1949년 "함께 활성화되는 뉴런들은 서로 연결이 강해진다"는 이론을 발표하면서 인공신경망이 어떻게 패턴을 기억하고 인식하는지 설명하는 기초가 쌓였습니다.

그러나 현실에서 인공신경망을 구현하는 기술은 이론보다 발전 속도가 느렸습니다. 인공두뇌의 기본이 되는 인공신경망이 이론상 구현이 가능하다고 하더라도 실제로 구현하는 데에는 많은 기술력이 필요합니다. 이러한 노력을 기울이던 1957년 코넬대학의 프랭크 로젠블랫이 드디어 최초의 실용적인 인공신경망을 개발했습니다. 로젠블랫은 최초의 신경망 이름을 '인식 perception'과 '신경 neuron'을 합성한 '퍼셉트론'이라고 불렀

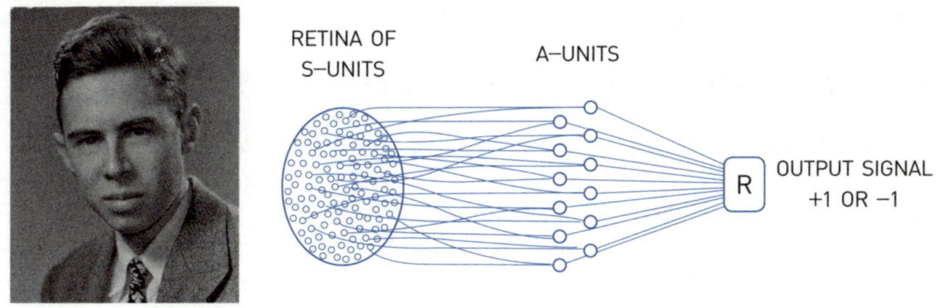

프랭크 로젠블랫(왼쪽)과 최초 인공신경망의 기본 구조(오른쪽)

인공신경망은 정말 인간처럼 '생각'할까?

습니다.

로젠블랫이 구현한 퍼셉트론은 실제로 간단한 패턴을 인식할 수 있었어요. 예를 들어 동그라미와 세모, 혹은 남자와 여자의 사진을 구분하는 일도 가능했죠. 로젠블랫은 이 성과에 고무되어 "퍼셉트론은 걷고, 말하고, 보고, 쓰고, 스스로를 복제하고, 자신의 존재를 인식할 수 있게 될 것"이라고 장담하기도 했습니다. 이러한 내용은 1958년《뉴욕타임스》가 대서특필하기도 했으며, 사람들의 주목을 많이 받았죠.

하지만 인공신경망의 길은 순탄하지 않았어요. 1969년 마빈 민스키와 시모어 페퍼트가 퍼셉트론 연구에 관해 집필한 책에서 퍼셉트론의 기능적 한계*를 수학적으로 증명하면서 연구의 열기가 차갑게 식기도 했고, 신경망을 연구하던 많은 학자의 연구비 지원와 투자가 중단되기도 했습니다. 침체기는 1970년대부터 1980년대 중반까지 지속되었는데, 이 시기를 '인공지능 겨울'이라고 부릅니다.

이 사이 신경망과는 다른 방법으로 인공지능을 개발하려는 많은 노력이 있었습니다. 우리가 앞에서 살펴본 수많은 분류 모델을 비롯해, 전문가의 지식을 규칙의 형태로 표현하여 입력하려는 노력도 이어졌죠. 한편 일부 학자는 인공신경망을 구현하는 데 끊임없이 노력을 기울였습니다. 1990년대와 2000년대를 거치면서 신경망의 학습 방법이 새롭게 개발되었고, 다양한 분야에서 조금씩 성과가 나타나기 시작했습니다.

특히 신경망을 활용한 손 글씨 인식과 음성 인식 분야에서 실용적인 결과를 달성했어요. 2012년 토론토대학의 제프리 힌턴 교수팀은 딥러닝

---

*   뒤에서 자세히 다룰 예정입니다.

을 활용한 인공신경망 기반 알고리즘을 발명하면서 이미지 인식 대회에서 압도적 성과를 거두었습니다. 이후 신경망 기술은 폭발적으로 발전했고, 2016년 이세돌 9단과 알파고의 바둑 대결로 일반인들 사이에도 딥러닝이 널리 퍼졌습니다. 지금은 스마트폰의 얼굴 인식부터 자율주행차, 심지어 챗GPT 같은 대화형 인공지능에까지 딥러닝이 핵심 역할을 하며 우리 생활 곳곳에 스며들었습니다.

인공신경망의 수학적 계산 메커니즘

과학자들은 어떻게 뉴런을 모방해서 인공신경을 만들었을까요? 앞서 살펴본 것처럼 뇌의 기본적인 정보 전달을 담당하는 뉴런은 다른 뉴런들로부터 신호를 받아들이고, 신호들을 종합해서 일정한 기준을 넘으면 다음 뉴런에 전기 신호를 전달합니다.

이 과정을 자세히 분석해보면 핵심 요소를 크게 네 가지로 나눌 수 있어요. 첫째, 여러 입력을 동시에 받아들이는 능력, 둘째, 각 입력의 중요도를 다르게 처리하는 방식, 셋째, 전체적인 판단 기준을 조절하는 메커니즘, 넷째, 최종적으로 신호를 전달할지 말지를 결정하는 판단력입니다. 인공신경망의 네 가지 핵심 과정을 하나씩 살펴보겠습니다.

① 첫 번째 핵심 : 다중 입력 처리

우리 뇌의 뉴런은 여러 다른 뉴런들로부터 동시에 신호를 받아들입니다. 길을 걸을 때를 생각해보면, 우리는 눈으로 보는 시각 정보, 귀로

인공신경망은 정말 인간처럼 '생각'할까?

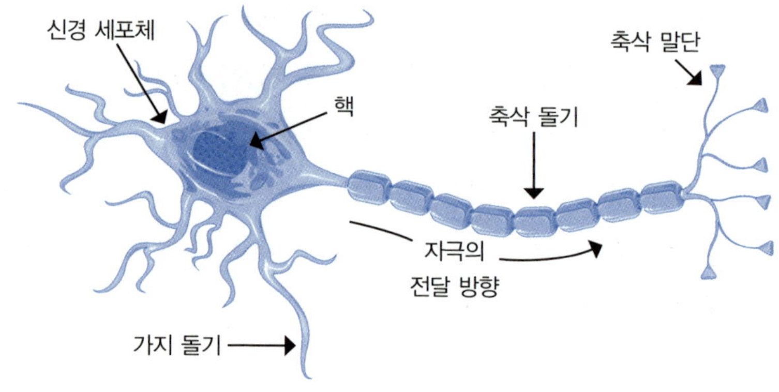

뉴런의 신호 전달

듣는 청각 정보, 발바닥으로 느끼는 촉각 정보 등을 모두 종합해서 '안전하게 걸을 수 있다' 또는 '위험하니 조심해야 한다' 같은 판단을 내리죠. 인공신경도 이와 같은 방식으로 여러 입력값을 동시에 받아들이도록 설계되었습니다. 마치 어떠한 내용에 관해 다양한 정보를 수집하고, 이를 바탕으로 결론을 내리는 과정과 비슷하다고 할 수 있어요.

예를 들어 고등학교에서 한 학생이 어떤 대학에 지원하면 좋을지 판단하는 예측 시스템을 만든다고 해봅시다. 이때 결정에 영향을 주는 요소가 정말 많아요. 대표적으로 국어 점수(x_1), 영어 점수(x_2), 수학 점수(x_3), 생활기록부(x_4), 비교과 활동 점수(x_5) 등이 있겠죠. 사람도 이렇게 여러 정보를 종합해서 판단하는데, 인공신경도 마찬가지로 모든 정보를 동시에 받아들여서 종합적인 결론을 내립니다.

입력값들을 수학적으로 표현하면 $x_1, x_2, \cdots, x_n$으로 나타낼 수 있어요. 여기서 n은 입력 개수입니다. 우리 예시에서는 5개의 입력이 있으니 $n=5$가 되겠죠? 이렇게 여러 데이터를 동시에 입력받아 처리한다는 점이 인공신경망이 복잡한 문제를 해결할 수 있는 첫 번째 이유입니다. 단순히 하나의 정보만 보지 않고 여러 관점에서 정보를 살펴보고 종합적으로 판단할 수 있기 때문이에요.

하지만 모든 입력이 똑같이 중요할까요? 명문대 진학을 예측할 때 수학 점수와 동아리 활동 점수가 같은 비중을 가지지는 않겠죠. 이런 문제를 해결하기 위해 두 번째 핵심 요소인 '가중치'가 등장합니다.

② 두 번째 핵심 : 가중치로 중요도 조절

과학자들은 실제 뇌의 뉴런들을 관찰하면서 모든 신호가 똑같은 강도로 받아들여지지 않는다는 사실을 발견했습니다. 어떤 연결은 신호를 매우 강하게 전달하고, 어떤 연결은 약하게 전달하며, 심지어 어떤 연결은 신호를 억제하기도 합니다. 마치 사람마다 같은 환경이나 자극에 민감도가 다른 것과 비슷합니다. 중요한 정보는 더 많이 주목하고, 덜 중요한 정보는 걸러내는 능력이 뇌에 있는 거죠.

인공신경망에서는 이런 능력을 **가중치**라는 개념으로 구현했습니다. 가중치는 각 입력값에 곱해지는 계수로, 한 입력값이 최종 결과에 얼마나 영향을 미칠지를 결정합니다. 대학에서 수능 영역에 반영 비율을 다르게 적용하여 점수를 산출하는 것과 매우 흡사하죠. 이공계 학과에서는 다른 영역보다 수학을 중요하게 생각하므로 서류 평가에서 수학과 과학의 내신 점수에 높은 비중을 두는 반면, 어학 특성화 대학은 내신 점수에서 영어 점수와 비교과 실적에 높은 가중치를 줍니다. 이처럼 가중치는 어떤 요인이 더 큰 영향을 받도록 할지 조절하는 역할을 합니다. 가중치가 반영된 입력값들을 수학적으로 표현하면 다음과 같습니다.

인공신경망은 정말 인간처럼 '생각'할까?

$$w_1x_1+w_2x_2+w_3x_3+w_4x_4+w_5x_5$$

여기서 x_i의 계수에 해당하는 w_1, w_2, w_3, w_4, w_5가 각 계수의 가중치입니다. 구체적인 예를 들어볼게요. 국어 70점, 수학 100점, 영어 70점, 과학 80점이라는 민영이의 점수를 담임 선생님이 진학 시스템에 입력하여 어떤 대학이 유리하고 불리한지 살펴보려고 합니다. 두 대학 가운데 A 대학은 국어 15퍼센트, 수학 35퍼센트, 영어 20퍼센트, 과학 30퍼센트의 가중치를 적용하고, B 대학은 국어 25퍼센트, 수학 25퍼센트, 영어 25퍼센트, 과학 25퍼센트로 모두 균일하게 가중치를 준다고 해봅시다. 이때 가중치를 반영한 결괏값은 다음과 같습니다.

- A 대학 : $0.15 \times 70 + 0.35 \times 100 + 0.2 \times 70 + 0.3 \times 80 = 83.5$
- B 대학 : $0.25 \times 70 + 0.25 \times 100 + 0.25 \times 70 + 0.25 \times 80 = 80$

따라서 민영이는 B 대학보다 A 대학이 중요시하는 가중치를 더욱 만족시키고 있음을 알 수 있습니다. 가중치가 높은 수학과 과학에서 높은 점수를 받았기 때문에 결과가 달라졌죠. 가중치가 클수록(절댓값이 클수록) 그 입력이 결과에 더 큰 영향을 미친다는 것을 확인해볼 수 있었네요.

이러한 신경망의 계산 과정을 쉽게 '그래프$_{\text{graph}}$[*]라는 그림으로 표현하기도 합니다. 맨 왼쪽에는 국어·수학·영어·과학에 해당하는 입력값을

---

[*] 수학에서 점(노드)과 점들을 연결하는 선(에지)으로 이루어진 구조를 말합니다. 인공신경망에서는 뉴런을 점으로, 뉴런 사이 연결을 선으로 표현해서 전체 네트워크 구조를 시각화합니다.

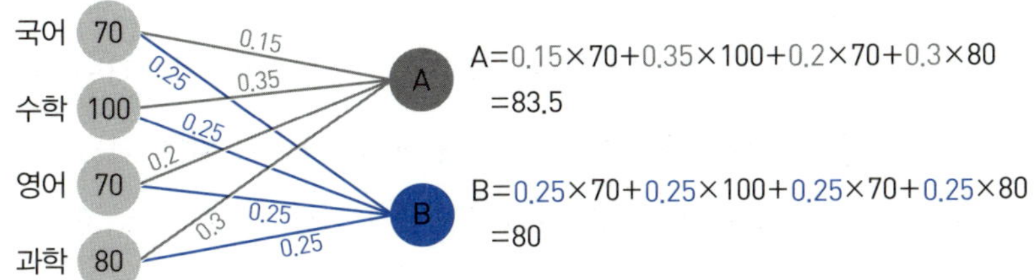

가중치를 반영한 민영이의 점수에 따른 두 대학의 결과 그래프

표현한 4개의 점(노드 node)이 있고, 오른쪽에는 결괏값에 해당하는 A, B 노드가 있습니다. 그리고 입력값과 결괏값 사이를 연결하는 선(에지 edge)에는 가중치가 적혀 있죠. 이 가중치를 곱한 후 더하여 가중치 합을 계산하면 최종 결과가 나옵니다.

③ 세 번째 핵심 : 편향으로 기준 조절

지금까지 가중치로 각 입력의 중요도를 조절하는 방법을 배웠는데, 실제로 사용해보면 정확하게 예측이 되지 않는 경우가 생깁니다. 예를 들어 각 전형에 따라 기본 점수가 있다거나, 어떤 현상에서 기본적으로 발생하는 값이 있는 경우가 그렇습니다. 2장에서 살펴본 예시처럼 아이스크림 판매량이 온도에 비례하기는 하지만 기본적으로 판매되는 값이 존재하는 거지요. 즉 각 입력값의 가중치만으로는 모든 결과를 정확하게 예측할 수 없기 때문에, 값을 보정해주는 **편향** bias *이라는 개념을 추

---

* 　본문의 편향은 수학적 매개변수를 의미하며, 일반적으로 문제가 되는 '데이터 편향(특정 집단에 치우친 학습 데이터로 인한 불공정한 결과)'과는 다른 개념입니다.

인공신경망은 정말 인간처럼 '생각'할까?

가합니다.

편향은 모든 가중치 합에 더해지는 상수를 의미합니다. 전체적인 판단 기준을 위아래로 평행 이동시키는 역할을 해요. 가중치 합에 편향을 더하면 아래와 같이 표현할 수 있는데, 마지막에 더해진 b가 바로 편향을 의미합니다.

$$w_1x_1 + w_2x_2 + w_3x_3 + w_4x_4 + w_5x_5 + b$$

민영이의 예시에서 A 대학은 학생부 점수를 200점 만점으로 산출하는데, 아까 산출한 과목 성적 외에 기본 점수 90점, 출결 점수 9점을 반영한다고 가정해봅시다. 민영이가 출결 점수에서 9점을 받았다면 A 대학의 최종 점수는 $0.15 \times 70 + 0.35 \times 100 + 0.2 \times 70 + 0.30 \times 80 + 90 + 9 = 182.5$ 인데, 이때 기본 점수 90점, 출결 점수 9점이 바로 편향입니다.

수학적으로 편향은 또 다른 중요한 의미가 있어요. 편향이 없다면 우리가 그리는 직선은 항상 원점$(0,0)$을 지납니다. 하지만 편향이 있으면 y절편을 자유롭게 조절해서 원점을 지나지 않는 다양한 직선을 만들 수 있

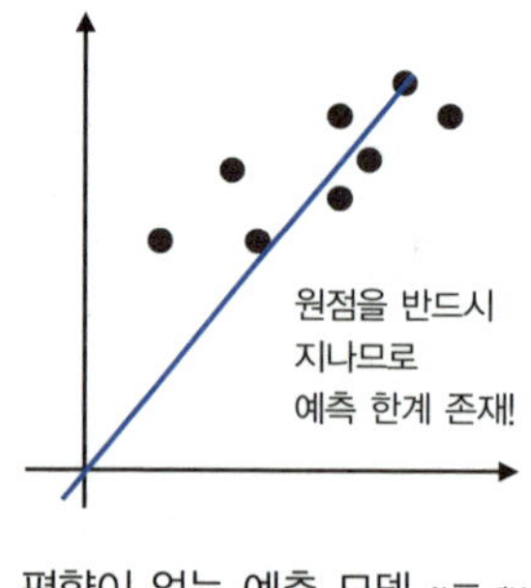

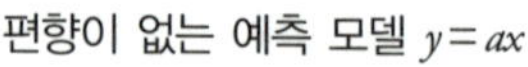
편향이 없는 예측 모델 $y = ax$

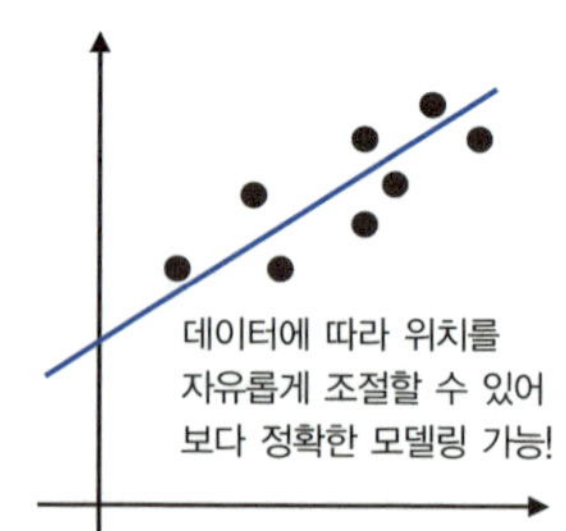

편향이 있는 예측 모델 $y = ax + b$

어요. 예를 들어 $y=2x$라는 직선은 원점을 지나지만, $y=2x+3$이라는 직선은 y절편이 3인 다른 위치를 지납니다. 편향을 활용하면 더 다양한 패턴을 표현할 수 있고, 인공신경망은 복잡한 현실 상황을 더 정확하게 모델링할 수 있습니다.

④ 네 번째 핵심 : 활성화함수로 최종 결정

뇌 속 뉴런은 받은 신호들을 종합해서 다음 뉴런으로 신호를 '전달한다' 또는 '전달하지 않는다'라는 명확한 결정을 내립니다. 신호가 일정 기준 이상이면 다음 뉴런에 전기 신호를 보내고 그렇지 않으면 아무것도 하지 않죠. 이러한 판단 기준이 되는 값을 '임곗값threshold'이라고 부릅니다. 뉴런에서 신호 전달 여부는 마치 전등의 스위치가 켜지는지 꺼지는지에 따라 전기가 전달되거나 끊기듯 이분법적 반응을 보입니다.

인공신경에서는 이런 특성을 '활성화함수activation function'라는 수학적 도구로 구현했습니다. 활성화함수는 여러 가지가 있는데, 그중 가장 간단한 함수는 '계단함수step function'입니다. 이 함수는 입력값이 특정 기준(보통 0) 이상이면 1을 출력하고, 작으면 0을 출력해서, 그래프를 그려보면 마치 계단과 같은 모습을 보이죠.

예를 들어 A 대학에서 학생부 점수가 180점 이상이면 합격, 미만이면

$$f(x)=\begin{cases} 1 & (x \geq a) \\ 0 & (x < a) \end{cases}$$

활성화함수의 예시 : 계단함수

인공신경망은 정말 인간처럼 '생각'할까?

불합격이라고 한다면 임곗값은 180입니다. 활성화함수는 180 이상인 값은 합격을 의미하는 1, 180 미만인 값은 불합격을 의미하는 0을 주는 계단함수로 표현할 수 있겠죠.

실제 신경망에서는 계단함수 말고 부드러운 곡선 형태의 활성화함수를 사용하는 경우가 많습니다. 계단함수는 값이 0에서 1로 한 번에 불연속적으로 변하기 때문에 나중에 배울 학습 과정에서 문제가 생겨요. 대표적인 대안은 4장에서 분류 모델로 로지스틱 회귀 모델을 소개하면서 살펴본 시그모이드 함수입니다. 시그모이드 함수는 $f(x) = \dfrac{1}{1+e^{-x}}$로 표현하며, 입력값이 매우 작을 때는 0에 가깝고 매우 클 때는 1에 가까우면서, 그 사이에서는 부드럽게 변화하는 S자 모양의 곡선을 그려요. 이 함수의 좋은 점은 출력값이 항상 0과 1 사이에 있어서 확률로 해석할 수 있다는 점입니다.

활성화함수의 또 다른 역할은 '비선형성 nonlinearity'의 도입입니다. 만약 활성화함수가 없다면 인공신경망은 아무리 복잡하게 만들어도 결국 직

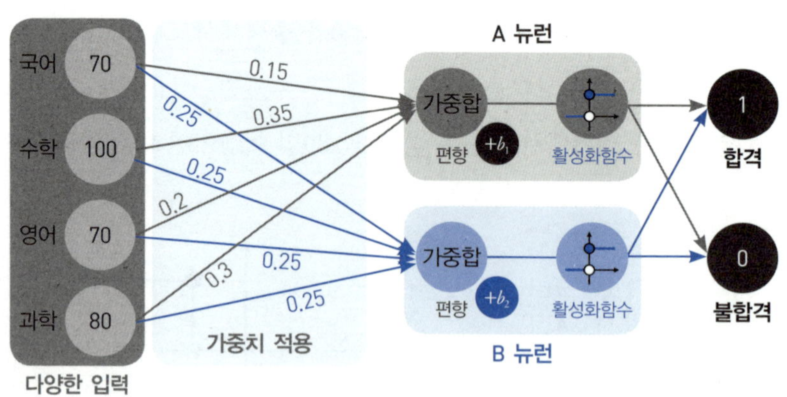

입력층과 출력층으로만 이루어진 인공신경망의 구조 예시

선 형태의 관계만 표현할 수 있어요. 하지만 활성화함수가 있으면 곡선이나 더 복잡한 패턴도 표현할 수 있습니다. 현실의 많은 문제는 직선으로 해결되지 않기 때문에, 활성화함수는 인공신경망이 복잡한 현실 문제를 해결하는 데 핵심적인 역할을 합니다.

　지금까지 살펴본 네 가지 핵심 구조를 모두 합치면 앞의 그림과 같은 하나의 인공신경이 만들어집니다.

입력 → 가중치 적용 → 편향 추가 → 활성화함수 적용 → 출력

　이 간단해 보이는 과정이 바로 인간 뇌 속 뉴런의 일을 수학적으로 모방한 메커니즘이에요. 다음 장에서는 인공신경이 어떻게 스스로 학습해서 더 나은 예측을 하는지 알아보겠습니다.

인공신경망은 정말 인간처럼 '생각'할까?

스스로 생각하는 신경망의 탄생

인공신경망이 '정답'을 찾아가는 방법
: 분류와 예측

앞서 인공신경망의 구조를 살펴봤습니다. 우리가 살펴본 신경망에서는 가중치와 편향 설정에 따라 원하는 결괏값을 구현해낼 수 있었죠. 그러나 이 신경망은 입력값과 결괏값으로 결과를 구현했을 뿐, 가중치나 편향을 스스로 학습하는 과정까지 다루지는 못했습니다.

인공신경망은 어떻게 스스로 학습해서 올바른 답을 찾아낼까요? 이를 이해하기에 앞서 '패턴 발견' 수수께끼 문제를 한번 풀어보기로 해요.

$$2☆4=12, \qquad 3☆5=20, \qquad 4☆3=15, \qquad 5☆6=36$$

$$7☆5=?$$

위 문제를 살펴보면 좌변에는 입력값들, 우변에는 결괏값들이 제시되어 있습니다. 표로 간단히 정리해보면 다음과 같아요.

자료	입력1	입력2	결과
A	2	4	12
B	3	5	20
C	4	3	15
D	5	6	36
E	7	5	?

자세히 살펴보면 $a☆b=(a+1)×b$라는 규칙을 도출할 수 있죠. 따라서 $7☆5=(7+1)×5=40$이라는 결과를 유추할 수 있습니다. 즉 규칙 ☆를 따로 설명하지는 않았지만, 우리는 적절한 양의 입력값과 결괏값을 살펴보면서 그 사이에 숨어 있는 규칙을 발견해냈습니다.

마찬가지로 인공신경망은 주어진 데이터에 제시된 입력값과 결괏값 사이에 숨어 있는 규칙이나 결과를 스스로 찾아내도록 개발*되었습니다. 입력값에 적용되는 여러 가중치와 편향을 사람이 하나하나 지정해주지 않아도, 인공신경망은 반복학습으로 스스로 가중치와 편향을 찾아내어 원하는 결괏값을 도출해냅니다. 지금부터 인공신경망의 학습 과정이 어떻게 이루어지는지 차근차근 알아보겠습니다.

---

* 입력과 정답이 주어진 상태에서 그 사이 패턴을 찾아내는 기계학습 방법을 '지도학습 supervised learning'이라고 합니다. 인공신경망은 지도학습 외에도 정답 없이 데이터의 패턴을 찾는 '비지도학습', 보상을 최대화하는 '강화학습' 등 다양한 방식으로 학습합니다. 여기서는 학습 원리를 쉽게 이해하기 위해 지도학습을 다룹니다.

인공신경망은 정말 인간처럼 '생각'할까?

① 학습의 핵심 : 입력과 정답 데이터

인공신경망의 학습은 우리가 문제집을 풀어가는 과정과 비슷합니다. 문제집에는 문제와 정답이 함께 적혀 있죠. 학생은 문제를 보고 자신만의 방식으로 답을 구한 다음, 정답과 비교해서 틀렸으면 방법을 수정해서 다시 시도합니다. 인공신경망도 마찬가지로 입력값과 그에 대응하는 올바른 출력값(정답)이 미리 주어진 상태에서 학습을 시작해요.

구체적인 예시로 대학 진학 가능성을 예측하는 문제를 생각해봅시다. 어떤 고등학교에서 지난해 졸업생 성적과 실제 진학 결과를 바탕으로 올해 학생들의 진학 가능성을 예측하려고 해요. 12명의 학생 데이터는 다음 표와 같습니다.

사용자	국어	수학	영어	과학	결과
민영	70	100	70	80	합
서윤	90	60	80	80	불
혜지	90	90	90	100	합
희준	85	70	95	75	불
은지	100	55	85	90	불
태현	60	95	65	70	합
지훈	85	85	75	85	합
현수	70	90	70	75	합
수진	95	65	85	75	불
유나	80	75	70	70	불
현우	90	85	90	95	합
소영	85	70	75	70	불

학생 12명의 성적과 합격 여부

표에는 학생별 과목 성적 데이터가 제시되어 있습니다. 학생들의 국어·수학·영어·과학에 해당하는 값은 입력값이 되고, 합격/불합격에 해당하는 결과는 정답에 해당합니다. 예를 들어 희준이는 총합이 325점인데 불합격했고, 태현이는 총합이 290점인데 합격했어요. 총합만으로는 희준이가 35점이나 높지만 결과는 정반대입니다. 각 과목의 중요도가 다르기 때문이죠. 단순히 총점만으로는 합격 여부를 판단하기 어렵다는 사실을 알 수 있어요.

앞서 살펴봤던 2☆4=12, 3☆5=20에 규칙이 숨어 있던 것처럼, 우리는 12명의 데이터에서 눈에 보이지 않는 국어·수학·영어·과학의 반영 비율과 합격/불합격의 기준이 되는 임곗값, 소위 말하는 '커트라인'을 찾아야 합니다. 국어·수학·영어·과학 점수를 x_1, x_2, x_3, x_4, 반영 비율을 w_1, w_2, w_3, w_4, 합격/불합격의 기준이 되는 점수를 t라고 할 때, 퍼셉트론은 아래와 같은 결과가 나오는 w_1, w_2, w_3, w_4와 t를 사람의 도움 없이 스스로 찾아야 합니다.

$$w_1x_1+w_2x_2+w_3x_3+w_4x_4-t \geq 0 \quad \rightarrow \quad 합격$$
$$w_1x_1+w_2x_2+w_3x_3+w_4x_4-t < 0 \quad \rightarrow \quad 불합격$$

② 무작위 시작과 오차의 발견

퍼셉트론은 가중치를 어떻게 설정해야 할지 모르는 상태에서 시작합니다. 각 과목의 중요도도 모르고, 합격선이 몇 점인지도 모르기 때문에 먼저 임의의 값으로 가중치와 편향을 설정해요.

예를 들어 임의로 초기 가중치를 w_1=0.1, w_2=0.2, w_3=0.3, w_4=0.1, 합

격/불합격의 기준인 임곗값을 20으로 설정했다고 가정해봅시다. 이 초기 설정으로 민영이와 서윤이의 성적을 예측해보면 다음과 같습니다.

민영 : $0.1 \times 70 + 0.2 \times 100 + 0.3 \times 70 + 0.1 \times 80 - 20$

$= 7 + 20 + 21 + 8 - 20 = 36 > 0$

서윤 : $0.1 \times 90 + 0.2 \times 60 + 0.3 \times 80 + 0.1 \times 80 - 20$

$= 9 + 12 + 24 + 8 - 20 = 33 > 0$

민영이의 경우 예측값이 0보다 크기 때문에 '합격'으로 예측할 수 있고, 실제로도 합격이었으니 예측이 잘 맞았다고 할 수 있습니다. 반면 서윤이의 경우 인공신경망은 '합격'으로 예측했지만 실제 결과는 '불합격'이었으니 예측이 틀렸죠. 이런 식으로 모든 학생을 계산해보면 12명 가운데 6~7명 정도만 결과가 일치합니다. 50~60퍼센트 정도의 정확도라고 할 수 있죠. 이와 같은 경우 다음과 같이 오차를 산출합니다.

	민영	서윤	혜지	희준	은지	태현	지훈	현수	수진	유나	현우	소영
계산	36	33	44	38.5	35.5	31.5	36.5	33.5	35.5	31	42.5	32
예측	합	합	합	합	합	합	합	합	합	합	합	합
실제 결과	합	불	합	불	불	합	합	합	불	불	합	불
오차	0	−1	0	−1	−1	0	0	0	−1	−1	0	−1

예측과 실제 결과 사이 오차 계산

- 예측(합), 결과(합) 또는 예측(불), 결과(불) : 0
- 예측(합), 결과(불) : −1 (출력을 더 작게 만들어야 함)
- 예측(불), 결과(합) : 1 (출력을 더 크게 만들어야 함)

서윤이의 경우 정답은 0(불합격)인데 예측 결과는 1(합격)이므로, 오차는 0−1 = −1입니다. 음의 오차는 '출력을 더 작게 만들어야 한다'는 신호죠. 반대로 민영이처럼 올바르게 예측한 경우에는 오차가 0입니다. 이 오차가 바로 퍼셉트론이 어떻게 가중치와 편향을 조정해야 할지 알려주는 중요한 정보입니다.

③ 오차 기반 학습 : 틀린 만큼 수정하고 반복하기

퍼셉트론은 오차를 활용해 가중치와 편향을 조절합니다. 복잡할 것 같지만 학습은 생각보다 매우 간단하게 진행됩니다.

- 새로운 가중치 = 기존 가중치 + 학습률 × 오차 × 해당 입력값
- 새로운 편향 = 기존 편향 + 학습률 × 오차 × 1

여기서 학습률은 2장의 경사하강법에서 살펴본 내용과 동일합니다. 한 번에 얼마나 크게 조정할지 결정하는 값으로, 너무 크면 학습이 불안정해지고, 너무 작으면 학습 속도가 지나치게 느려지죠. 우리는 학습률을 0.005로 설정하여 학습 과정을 살펴봅시다. 먼저 서윤이의 경우는 오차가 −1이었으므로 가중치를 다음과 같이 수정해야 합니다.

인공신경망은 정말 인간처럼 '생각'할까?

$$w_1 = 0.1 + 0.005 \times (-1) \times 90 = 0.1 - 0.45 = -0.35$$

$$w_2 = 0.2 + 0.005 \times (-1) \times 60 = 0.2 - 0.3 = -0.1$$

$$w_3 = 0.3 + 0.005 \times (-1) \times 80 = 0.3 - 0.4 = -0.1$$

$$w_4 = 0.1 + 0.005 \times (-1) \times 80 = 0.1 - 0.4 = -0.3$$

$$b = -20 + 0.005 \times (-1) \times 1 = -20 - 0.01 = -20.005$$

수정된 가중치로 서윤이의 예측을 다시 계산해보겠습니다.

$$(-0.35) \times 90 + (-0.1) \times 60 + (-0.1) \times 80 + (-0.3) \times 80 - 20.005$$

$$= -31.5 - 6 - 8 - 24 - 20.005 = -89.505 < 0$$

이제 불합격으로 올바르게 예측하네요.

학습 과정에서는 한 학생의 데이터로 가중치를 조정하고, 다음 학생 데이터로 또 조정하는 식으로 모든 데이터를 순차적으로 처리합니다.[*] 이와 같이 가중치는 학습 과정에서 오차의 크기와 방향, 그리고 입력값의 크기에 비례해서 조정됩니다. 해당 입력이 결과에 더 큰 영향을 미쳤으므로 더 많이 조정해야 한다는 직관과 일치합니다.

하지만 이렇게 극단적으로 조정하면 다른 학생들의 예측이 모두 엉망이 될 수 있겠죠. 그래서 실제로는 학습률을 작게 설정합니다. 아주 조금

---

[*] 본문처럼 개별적인 표본에 가중치를 하나씩 업데이트하는 방식을 '온라인 학습'이라고 합니다. 이 방법 외에도 전체 표본의 변화량을 반영하는 '배치학습', 전체 학습 표본 집합을 작은 부분 집합으로 나누어 학습하는 '미니배치 학습' 방법 등이 있습니다.

씩 조정해서 전체적인 성능을 안정적이고 점진적으로 향상시켜요. 이 때문에 학습 과정은 한 번에 끝나지 않습니다. 모든 학습 데이터에 한 번씩 가중치를 조정하는 것을 '1 에포크$_{epoch}$'라고 하는데, 많은 에포크 단계를 거쳐야만 만족스러운 결과를 얻을 수 있습니다. 1 에포크에서 12명의 학생 데이터를 모두 처리했다면, 2 에포크에서는 업데이트한 가중치로 같은 과정을 반복해요.

다음 표는 같은 데이터에 가중치를 임의로 설정하고 에포크에 따라 국어·수학·영어·과학의 가중치와 편향이 변화한 값과 정확도를 나타낸 내용입니다.

에포크	국어	수학	영어	과학	편향	정확도
0	0.1	0.2	0.3	0.1	−20	6/12 (50%)
1	−0.475	0.225	−0.150	0.025	−20.005	6/12 (50%)
2	−0.700	0.750	−0.250	0.250	−20.005	8/12 (75%)
3~	−0.675	0.850	−0.275	0.375	−20.005	12/12 (50%)

(학습률 = 0.005)

가중치를 국어 0.1, 수학 0.2, 영어 0.3, 과학 0.1로,
편향을 −20으로 설정한 신경망 1

위에서 세 번째 에포크부터는 가중치와 편향에 업데이트가 없는데, 이는 예측값과 결괏값이 동일한 상태에 이르렀음을 의미합니다. 12명의 학생 데이터에 대한 에포크별 가중합과 분류 결과를 살펴보면 다음 표와 같습니다.

인공신경망은 정말 인간처럼 '생각'할까?

에포크	민영	서윤	혜지	희준	은지	태현	지훈	현수	수진	유나	현우	소영
0	44 합	41 합	54 합	46 합	44.5 합	38.5 합	45 합	41 합	43 합	38 합	52 합	39 합
1	−39.3 불	−59.3 불	−53.5 불	−57.0 불	−65.6 불	−35.1 불	−50.4 불	−41.6 불	−61.4 불	−49.9 불	−54.8 불	−54.1 불
2	8.5 합	−38.0 −불	−13.0 불	−32.0 불	−47.5 불	10.5 합	−13.3 불	−0.3 불	−40.3 불	−19.8 불	−18.0 불	−28.3 불
3~	28.5 합	−21.8 불	8.5 합	−15.9 불	−30.4 불	28.6 합	6.1 합	18.1 합	−24.1 불	−3.3 불	2.4 합	−12.3 불
실제 결과	합	불	합	불	불	합	합	합	불	불	합	불

위 표에서는 가중합이 0보다 크면 1(합격), 작으면 0(불합격)으로 출력을 변환하는 계단함수를 활성화함수로 사용하였습니다.

그런데 신경망이 같은 데이터에서 가중치와 편향의 초깃값을 다르게 설정하면 어떻게 될까요? 다음은 가중치의 초깃값과 편향을 신경망 1과 다르게 지정했을 때 에포크별 국어·수학·영어·과학의 가중치와 편향값, 정확도 변화를 살펴본 표입니다.

에포크	국어	수학	영어	과학	편향	정확도
0	−0.050	0.150	0.250	0.050	−15	6/12 (50%)
2	−0.850	0.700	−0.300	0.100	−15.005	6/12 (50%)
4	−1.325	0.875	−0.625	0.175	−15.005	6/12 (50%)
6	−1.650	1.875	−0.775	0.700	−15.010	11/12 (92%)
8	−2.000	1.650	−0.975	0.600	−15.015	7/12 (58%)
10~	−2.025	2.200	−1.000	1.125	−15.015	12/12 (100%)

(학습률 = 0.005)

국어 −0.05, 수학 0.15, 영어 0.25, 과학 0.05, 편향 −15 로 설정한 신경망 2

에포크	민영	서윤	혜지	희준	은지	태현	지훈	현수	수진	유나	현우	소영
0	44 합	41 합	54 합	46 합	44.5 합	38.5 합	45 합	41 합	43 합	38 합	52 합	39 합
2	−17.5 불	−65.5 불	−45.5 불	−59.3 불	−78.0 불	−12.0 불	−41.8 불	−25.0 불	−68.3 불	−44.5 불	−49.5 불	−53.8 불
4	−50.0 불	−118 불	−94.3 불	−113 불	−137 불	−39.8 불	−85.3 불	−59.6 불	−124 불	−86.9 불	−99.5 불	−101 불
6	58.7 합	−57.0 불	5.5 합	−45.1 불	−79.8 불	62.7 합	5.5 합	36.5 합	−63.3 불	−11.6 불	−7.4 불	−33.1 불
8	−10.3 불	−126 불	−74.3 불	−117.1 불	−153 불	0.4 합	−66.9 불	−29.8 불	−136 불	−77.5 불	−85.5 불	−101 불
10~	83.2 합	−55.3 불	23.2 합	−43.8 불	−80.3 불	86.2 합	20.5 합	55.6 합	−24.1 불	−3.3 불	6.6 합	−12.3 불
실제 결과	합	불	합	불	불	합	합	합	불	불	합	불

정리해보면 첫 번째 신경망은 $y_1 = -0.675x_1 + 0.85x_2 - 0.275x_3 + 0.375x_4 - 20.005$라는 모델을, 두 번째 신경망은 $y_2 = -2.025x_1 + 2.2x_2 - x_3 + 1.125x_4 - 15.015$라는 모델을 만들어냈습니다. 같은 입력값과 결괏값을 가진 데이터라도 가중치와 편향의 초깃값을 어떻게 임의로 설정하느냐에 따라 다른 모델이 구현된다는 사실을 알 수 있습니다. 다시 말해 입력값에 따른 결괏값을 도출하는 방식은 여러 가지이며 각각의 신경망은 그 방법 가운데 하나를 구현했다는 의미입니다.

④ 인공신경망을 활용한 예측 문제

지금까지는 합격/불합격 분류에 대한 인공신경망의 학습 결과를 살펴봤어요. 그러나 합격과 불합격 같은 분류가 아니라 최종 점수와 같은 값을 예측하는 문제에서도 인공신경망을 활용할 수 있습니다. 이 경

인공신경망은 정말 인간처럼 '생각'할까?

우에는 오차와 활성화함수에서 분류와는 다른 점이 나타나는데, 그 과정을 살펴보려고 합니다.

먼저 인공신경망의 학습에 활용할 데이터는 다음과 같습니다.

사용자	국어	수학	영어	과학	최종 점수
민영	70	100	70	80	246.3
서윤	90	60	80	80	247.9
혜지	90	90	90	100	257.1
희준	85	70	95	75	252.9
은지	100	55	85	90	251.9
태현	60	95	65	70	239.6
지훈	85	85	75	85	249.5
현수	70	90	70	75	244.2
수진	95	65	85	75	252.7
유나	80	75	70	70	244.2
현우	90	85	90	95	256.2
소영	85	70	75	70	246.3

사용자별 과목 점수와 최종 점수

회귀 문제에서의 학습 과정은 분류와 비슷하지만, 오차를 계산하는 방식이 다릅니다. 분류에서는 예측이 맞으면 0, 틀리면 1 또는 -1의 오차를 사용했지만, 회귀에서는 실제값과 예측값의 차이를 직접 오차로 사용해요. 예를 들어 실제 총점이 250점인데 예측값이 245점이라면 오차는 5점, 실제값이 250일 때 예측값이 230점일 경우에는 -20점이 됩니다.

구체적인 예시로 살펴보기로 해요. 가중치의 초깃값을 국어 0.5, 수학 0.8, 영어 0.6, 과학 0.7, 편향을 50, 학습률을 0.0001로 설정한 다음, 첫 번째 학생인 민영이의 예측값을 살펴보면 263점이 나옵니다.

$$(70 \times 0.5)+(100 \times 0.8)+(70 \times 0.6)+(80 \times 0.7)+50$$

$$=35+80+42+56+50=263점$$

민영이의 실제 최종 점수는 246.3점이므로 오차는 246.3−263=−16.7입니다. 예측을 다루는 지금 문제에서는 이 오차를 그대로 사용해서 가중치를 조정합니다. 오차가 음수라면 예측값이 실제값보다 크다는 의미이므로, 모든 가중치를 조금씩 줄여야겠죠?

가중치 업데이트 공식은 다음과 같습니다.

새로운 가중치 = 기존 가중치 − 학습률 × 오차 × 해당 입력값

학습률을 0.0001로 하고, 민영이 데이터로 가중치를 업데이트하면 다음과 같습니다.

국어 가중치 : $0.5+0.0001 \times (-16.7) \times 70 = 0.5 - 0.1169 = 0.3831$

수학 가중치 : $0.8+0.0001 \times (-16.7) \times 100 = 0.8 - 0.167 = 0.633$

영어 가중치 : $0.6+0.0001 \times (-16.7) \times 70 = 0.6 - 0.1169 = 0.4831$

과학 가중치 : $0.7+0.0001 \times (-16.7) \times 80 = 0.7 - 0.1336 = 0.5664$

편향 : $50+0.0001 \times (-16.7) \times 1^* = 50 - 0.00167 = 49.998$

인공신경망은 정말 인간처럼 '생각'할까?

이런 방식으로 모든 12명의 학생 데이터에 순차적으로 가중치를 업데이트하는 1 에포크 학습 과정을 거칩니다. 다음은 학습률을 0.000005로 설정[**]하였을 때 에포크에 따른 가중치와 편향의 변화, 그리고 평균오차[***]를 보여주는 표입니다.

에포크	국어	수학	영어	과학	편향	평균 오차
0	0.500	0.800	0.600	0.700	50.00	10.375점
400	0.987	0.838	0.652	−0.004	50.01	6.602점
800	1.236	0.962	0.608	−0.349	50.03	5.155점
1200	1.393	1.031	0.552	−0.526	50.03	4.744점
1600	1.491	1.070	0.504	−0.620	50.05	4.483점
2000∼	1.551	1.093	0.469	0.670	50.05	4.416점

(학습률 = 0.000005)

에포크에 따른 민영이의 결과값 변화

다음 표는 에포크별 학생들의 예측 총점 변화입니다.

표를 보면 에포크가 진행될수록 가중치들이 점차 안정화되고, 평균오차도 10.375점에서 4.416점으로 크게 줄어드는 것을 확인할 수 있어요. 2,000 에포크 정도 지나면 더 이상 큰 변화가 없어 학습이 완료됩니다. 분류에서는 '합격' 또는 '불합격'만 가능했지만, 이번에 살펴본 예측에서

---

*   편향 $b=b×1$로 보기 때문에, 입력값을 1로 설정합니다.

**   0.0001로 학습을 진행한 결과 예측값이 점점 실제값과 멀어지는 발산이 발생해서 학습률을 대폭 낮추어 학습을 진행하였습니다.

***   여기서는 평균절대오차를 사용하여 학습을 진행하였습니다.

사용자 \ 에포크	0	400	800	1200	1600	2000	최종 점수
민영	263	247.8	247.4	247.2	247.1	247.1	246.3
서윤	247	240.4	239.7	239.3	239.2	239.1	247.9
혜지	291	272	267.7	265.3	263.9	263.2	257.1
희준	258	253.7	254	253.6	253.1	252.7	252.9
은지	258	249.3	246.8	245.6	245.1	244.8	251.9
태현	244	230.6	230.7	230.6	230.5	230.5	239.6
지훈	265	253.2	252.8	252.8	252.9	253	249.5
현수	251.5	239.5	239.5	239.5	239.5	239.5	244.2
수진	253	252.8	255.5	256.9	257.6	258	252.7
유나	241	236.7	239.2	240.6	241.5	242	244.2
현우	283.5	267.9	264.6	262.7	261.7	261.1	256.2
소영	242.5	240.7	243.6	245.2	246.1	246.6	246.3

는 246.7점, 251.3점처럼 다양한 값을 예측할 수 있죠. 비록 최종 점수와 정확하게 일치하지는 않지만 전체적으로 평균절대오차가 4.416점 정도로 예측값과 실제값이 유사합니다.

인공신경망은 정말 인간처럼 '생각'할까?

퍼셉트론에서 딥러닝까지, 인공신경망의 폭발적 발전

단층 퍼셉트론의 한계
: 직선으로는 해결할 수 없는 문제들

지금까지 우리는 인공신경망이 데이터를 학습해 스스로 규칙을 찾아내는 과정을 살펴봤습니다. 이는 1950년 중반 심리학자 프랭크 로젠블랫이 컴퓨터가 스스로 학습하는 시대를 꿈꾸며 개발한 퍼셉트론이라는 모델에서 사용한 방식입니다.

그의 첫 번째 목표는 컴퓨터의 기본 구성 요소인 논리 게이트를 인공신경망으로 구현하는 것이었습니다. AND, OR 같은 논리 게이트는 0 또는 1의 입력값을 정해진 규칙에 따라 0 또는 1로 출력하는 아주 단순한 장치입니다. 예를 들어, AND 게이트는 두 입력이 모두 1일 때만 1을 출력하고, OR 게이트는 하나라도 1이면 1을 출력하죠. 이런 간단한 논리 게이트를 수천수만 개 연결하면 우리가 사용하는 컴퓨터의 중앙처리장치 Central Processing Unit; CPU 나 메모리처럼 복잡한 기능을 구현할 수 있습니다.

실제로 로젠블랫은 앞에서 살펴본 인공신경망의 분류 학습 원리에 따

242

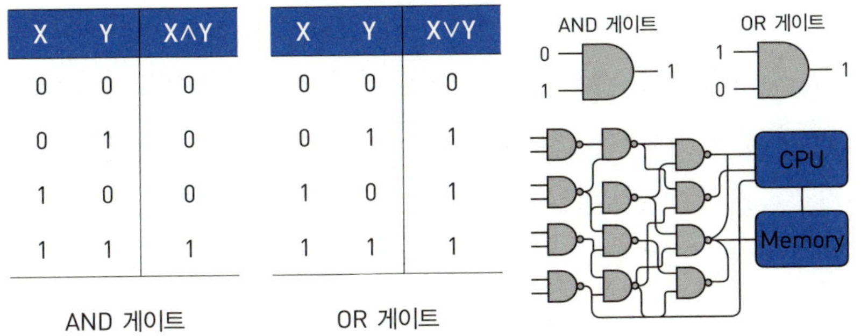

AND 게이트

OR 게이트

라 AND, OR 게이트를 학습시키는 데 성공했습니다. 물론 사람이 회로를 직접 설계해서 만드는 편이 논리 게이트보다 더 확실하고 빠를 수도 있었어요. 하지만 사람이 컴퓨터에 입력값과 출력값을 전달해주면 인공신경망이 논리 게이트의 동작 원리를 스스로 학습해내는 것, 즉 컴퓨터가 사람처럼 배우도록 만드는 것이 로젠블랫의 목표였습니다.

로젠블랫은 퍼셉트론이 개별 논리 게이트를 학습한다면 앞으로는 여러 개의 퍼셉트론을 연결해서 더 복잡한 조합을 학습하는 일도 가능하고, 원리적으로는 어떤 컴퓨터 기능이든 학습으로 구현할 수 있으리라고 생각했습니다. 더 나아가 인간의 뇌도 결국 뉴런들 사이 신호 전달로 이루어진다면, 충분히 많은 인공뉴런을 연결하고 적절히 학습시켜서 인간의 사고나 학습 능력을 재현할 수 있을 것이라고 믿었어요.

① 퍼셉트론의 본질 : 직선으로 영역을 나누는 모델

로젠블랫의 퍼셉트론이 AND, OR 논리 게이트를 학습할 수 있던 이유는 입력 공간을 직선 하나로 깔끔하게 나눌 수 있었기 때문입니다. 이를 이해하려면 퍼셉트론의 수학적 표현을 살펴볼 필요가 있어요.

인공신경망은 정말 인간처럼 '생각'할까?

먼저 퍼셉트론이 학습을 완료하면 그 결과는 가중치 w_1, w_2와 편향값 b가 x_1, x_2에 반영된 $w_1x+w_2y+b=0$이라는 식으로 표현됩니다. 이 형태의 식을 y에 관해 정리하여 $y=px+q$의 형태로 나타낼 수 있는데, 이 식은 기울기가 p, y절편이 q인 직선이 됩니다.

예를 들어 퍼셉트론이 AND 게이트를 열심히 학습한 결과, 가중치가 $w_1=2$, $w_1=2$, $b=-3$인 $2x+2y-3$이라는 모델에 활성화함수로 계단함수 $f(x)=\begin{cases}1 & (x \geq a) \\ 0 & (x < a)\end{cases}$ 를 활용한 분류 모델을 만들었다고 해봅시다.

먼저 (x, y) 중에서 $(0,0)$, $(1,0)$, $(0,1)$은 부등식 $2x+2y-3<0$을 만족합니다. 좌표평면에서 이 세 점을 살펴보면 직선 $2x+2y-3=0$의 아래쪽에 위치하죠. 반대로 $(1,1)$은 $2x+2y-3 \geq 0$을 만족하는데, 좌표평면에서 $(1,1)$은 직선 $2x+2y-3=0$의 위쪽에 위치합니다. 다시 말해 우리가 찾아낸 모델 $2x+2y-3$로 찾아낸 직선 $2x+2y-3=0$은 서로 다른 결괏값을 가진 데이터들을 나누는 경계선과 같습니다.

다시 말해 퍼셉트론의 학습은 결국 데이터들을 결괏값에 따라 두 영역으로 나누는 구분선을 찾는 과정입니다. 가중치와 편향이라는 매개변수들이 이 직선의 기울기와 위치를 결정하고, 학습 과정에서 오차를 줄

X	Y	$2x+2y-3$	결과
0	0	−3	0
0	1	−1	0
1	0	−1	0
1	1	1	1

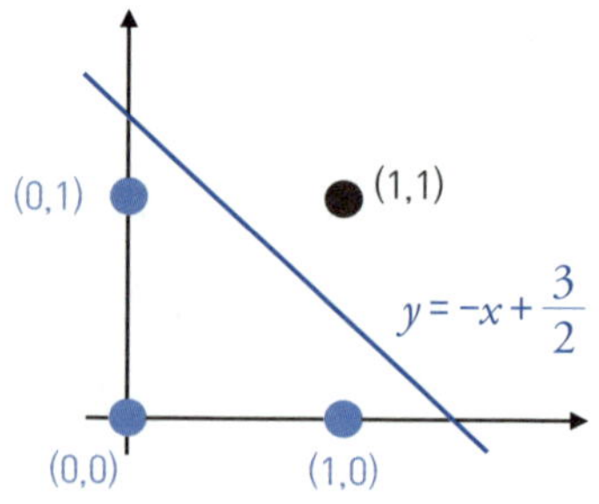

이는 방향으로 매개변수들을 조정하면서 점점 더 정확한 분류 경계선을 찾아가죠. 앞에서 학생들의 과목 점수로 본 학습 알고리즘도 결국 최적의 직선을 찾는 체계적인 방법이었던 셈입니다.

② 퍼셉트론으로 해결되지 않는 XOR 문제

1969년, 매사추세츠 공과대학의 마빈 민스키와 시모어 페퍼트는 퍼셉트론을 수학적으로 연구하여 《퍼셉트론 Perceptrons: An Introduction to Computational Geometry 》이라는 책을 출간했습니다. 이 책에서 두 저자는 아무리 학습시켜도 단층 퍼셉트론이 절대 해결할 수 없는 문제를 제시했고, 수학적으로 증명하였습니다.

대표적인 예가 XOR(배타적 논리합) 게이트였어요. XOR 게이트는 두 입력 신호가 서로 같은지 다른지를 확인하는 게이트입니다. 같을 때, 즉 둘 다 0이거나 둘 다 1일 때는 문제가 없다고 판단하여 0을 출력하고, 서로 다름을 감지하면 1을 출력합니다. 이를 좌표평면에 표시해보면 문제가 바로 드러나요. (0,0)과 (1,1)은 0을 출력해야 하고, (1,0)과 (0,1)은 1을 출력해야 하는데, 어떤 직선을 그어도 (0,0)과 (1,1)을 한쪽에 (1,0)과 (0,1)

X	Y	X $\oplus$ Y
0	0	0
0	1	1
1	0	1
1	1	0

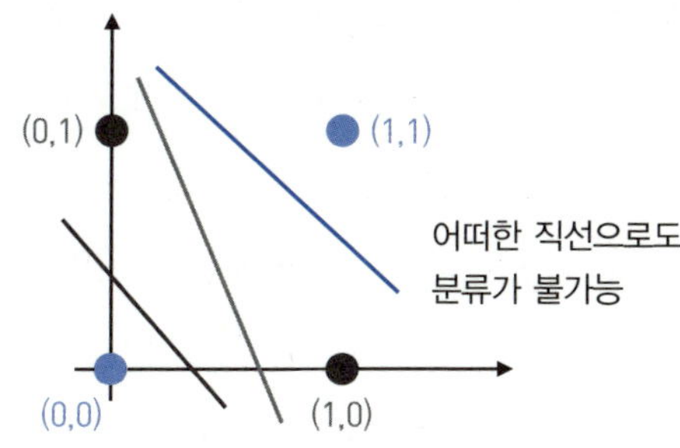

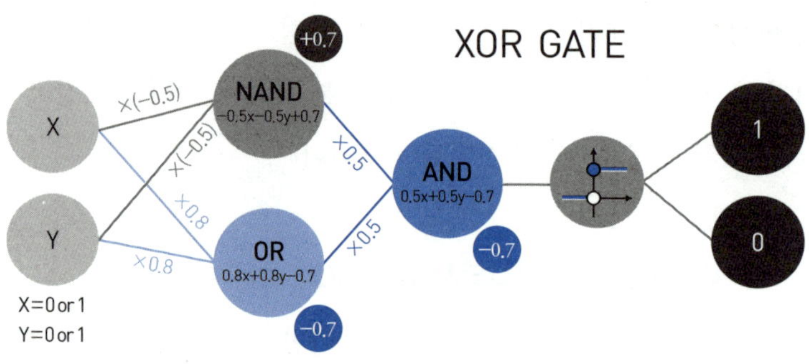

XOR 게이트를 해결하는 다층 퍼셉트론

을 다른 쪽에 분리할 수 없으니까요. 이 네 점은 사각형의 꼭짓점을 이루고 있고, 대각선상에 있는 점들이 같은 출력값을 가져야 하는데, 하나의 직선으로는 대각선상의 점들을 같은 쪽에 분리할 수 없습니다. 이 문제는 수학에서 '선형 분리 가능성 linear separability' 문제라고 불립니다. 이 한계는 당시 퍼셉트론 연구에 큰 타격을 주었습니다.

하지만 민스키와 페퍼트는 같은 책에서 이 문제를 해결할 또 다른 방법을 제시했습니다. 단층 퍼셉트론으로는 XOR 문제를 해결할 수 없지만 위 그림처럼 2개의 층을 가진 신경망으로는 해결할 수 있다는 것이었죠. 첫 번째 층에서 먼저 각 데이터의 x좌표와 y좌표를 결정짓는 변환을 한 단계 거치고, 두 번째 층에서 이 변환들로 이루어진 좌표들을 분류하는 경계면을 만든다면 XOR 문제도 해결할 수 있다고 본 것입니다.

다시 말해 결과를 한 번에 도출하지 말고, 중간에 처리하는 과정을 담당하는 층을 하나 추가하자는 아이디어였습니다. 이러한 층은 중간 계산 과정이 보이지 않기 때문에 '은닉층 hidden layer'이라고 불렸고, 이렇게 구성된 퍼셉트론은 다층 퍼셉트론 Multi-Layer Perceptron; MLP 이라고 불렸습니다.

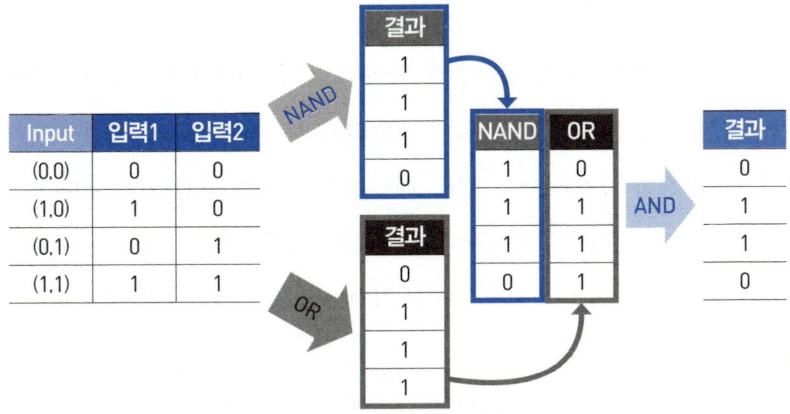

다층 퍼셉트론의 논리 구조

이러한 회로는 사람이 직접 만들 수는 있지만 은닉층(중간층)의 가중치를 어떻게 학습시킬지가 여전히 문제였죠. 민스키도 문제를 해결하지 못했고, "지구상에서 다층 퍼셉트론의 학습 방법을 아는 사람은 아무도 없다"라며 다층 퍼셉트론의 학습 방법을 개발하는 일의 어려움을 언급했습니다. 실제로도 극소수의 학자들만이 이 문제를 고민했으며, 해결에 오랜 시간이 걸렸습니다.

다층 퍼셉트론으로의 진화
: 연쇄법칙으로 은닉층 정복하기

여기서는 아무도 찾지 못할 것 같던 다층 퍼셉트론의 학습 방법을 찾아낸 여러 학자의 아이디어 일부를 검토해보려 합니다.

인공신경망은 정말 인간처럼 '생각'할까?

① 퍼셉트론과 합성함수

다층 퍼셉트론은 입력층과 결과층 사이에 여러 은닉층이 자리하는 복잡한 구조를 보입니다. 입력 데이터가 각 층을 통과해 결과까지 다다르는 과정은 수학적으로 봤을 때, 여러 함수를 합성하여 결과를 구하는 과정과 같습니다. 여기서 합성함수란 일반적으로 두 함수($f:X{\to}Y$, $g:Y{\to}Z$) f와 g를 활용해 집합 X의 임의의 원소 x를 집합 Z의 원소 $g(f(x))$에 대응시키는 방법이죠.

합성함수 개념은 처음 접할 때는 복잡해 보이지만 대중교통을 이용해서 학교에 가는 상세 경로를 생각해보면 쉽습니다. 집 앞에서 마을버스를 타서 지하철역으로 이동하고(x: 집 앞 $\to f(x)$: 지하철역), 그 이후 지하철로 환승해서 학교로 이동하면($f(x)$: 지하철역 $\to g(f(x))$: 학교) 됩니다. 이를 합성함수로 표현하면(x: 집 앞 $\to g(f(x))$: 학교) 집 앞에서 학교까지 이동하는 경로를 기존의 f, g를 활용해 나타낸 것과 같습니다.

사실 우리가 살펴본 기본적인 신경망도 가중합이라는 함수와 활성화함수를 합성한 결과입니다. 예를 들어 활성화함수를 시그모이드 함수로

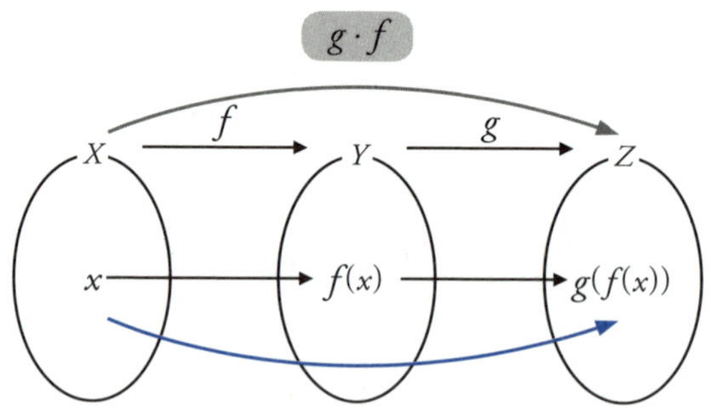

다층 퍼셉트론의 수학적 구조 : 합성함수

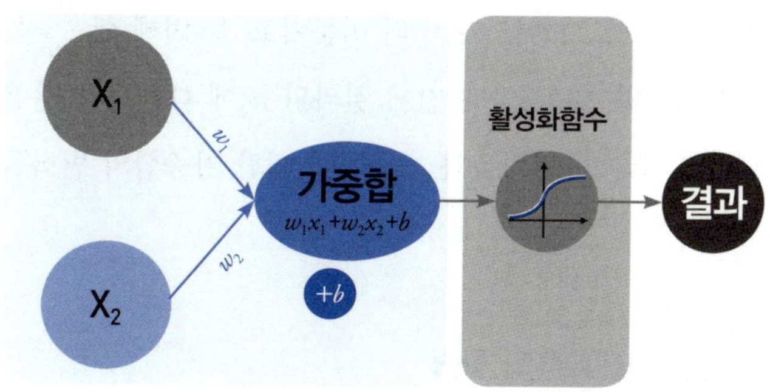

가중합을 구하는 함수 → 활성화함수

설정했을 때, x_1과 x_2라는 입력값에 $z=f(w_1,w_2)=w_1x_1+w_2+x_2+b$로 가중치를 구해주는 함수와 가중치 합을 $y=g(z)=\dfrac{1}{1+e^{-z}}$로 다시 계산해주는 함수를 합성한 결과가 신경망의 결괏값이 됩니다.

② 합성함수의 미분과 연쇄법칙

합성함수 $(g\cdot f)(x)=g(f(x))$는 f와 g라는 함수로 정의되기 때문에 x의 변화는 f에도, g에도 영향을 줍니다. 즉 2개의 함수로 정의된 합성함수의 변화율을 살펴보고 싶다면 두 함수를 모두 살펴봐야 합니다. 합성함수의 학습에서는 각 함수의 변화율을 차례차례 계산해서 곱해줘야 하는데, 이것이 바로 연쇄법칙chain rule의 핵심 아이디어입니다. 여기서 연쇄법칙은 함수 f와 g로 정의된 합성함수 $f(g(x))$를 미분할 때 사용하는 공식으로, $\dfrac{d}{dx}g(f(x))=g'(f(x))\cdot f'(x)$로 표현합니다.

연쇄법칙을 인공신경망에 적용해봅시다. 먼저 출력값 y는 가중합에 대한 함수 $z=f(w_1,w_2)$와 활성화함수인 시그모이드 함수 $y=\sigma(z)$로 정의했었죠? 가중치 w_1에 따른 변화율은 $\dfrac{\partial y}{\partial w_1}=\dfrac{\partial y}{\partial z}\cdot\dfrac{\partial z}{\partial w_1}$으로 표현할 수 있어요.

인공신경망은 정말 인간처럼 '생각'할까?

첫 번째 항 $\dfrac{\partial y}{\partial z}$는 시그모이드 함수의 미분이고, 두 번째 항 $\dfrac{\partial z}{\partial w_1}$은 가중합 함수의 미분입니다. 다시 말해 전체 결과의 w_1에 대한 변화율은 z에 대한 시그모이드 함수의 변화율과 가중치에 대한 가중합의 변화율을 곱하여 정의합니다.

③ 다층 퍼셉트론의 학습

은닉층이 들어 있는 퍼셉트론은 기존 퍼셉트론이 그물망으로 얽혀 있는 구조입니다. 예를 들어 입력층과 은닉층 1개, 결과층 노드가 각 2개인 인공신경망을 그려보면 다음과 같습니다.

다층 신경망에서는 역전파backpropagation*의 순서가 중요합니다. 오차 계산은 출력층에서만 가능하므로, 학습은 반드시 출력층부터 시작해야 해요. 먼저 결과층과 가까운 은닉층의 가중치를 업데이트하는 학습을 살펴봅시다. 은닉층에서 결과층에 이르는 가중치들이 오차에 미치는 영향

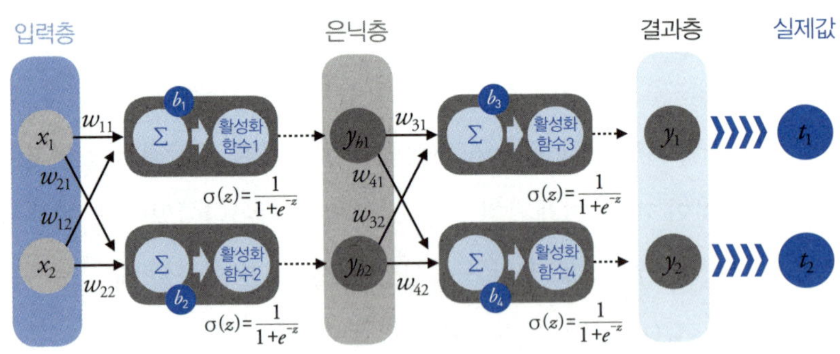

은닉층이 존재하는 다층 퍼셉트론

* 결과층 → 은닉층 → 입력층으로 계산되는 과정을 '역전파'라고 합니다.

은 목푯값과 직접 비교해서 기울기를 계산하여 구합니다. 예를 들어 w_{31}에 따른 기울기는 앞에서처럼 연쇄법을 사용하여 $\dfrac{\partial E}{\partial w_{31}} = \dfrac{\partial E}{\partial y_1} \cdot \dfrac{\partial y}{\partial z} \cdot \dfrac{\partial z}{\partial w_{31}}$의 과정으로 계산합니다. 즉 결과층과 바로 인접한 은닉층은 결과층과의 오차, 합성함수의 연쇄법칙을 활용해서 경사하강법의 기울기를 계산할 수 있습니다.

그렇다면 결과층과 바로 인접하지 않은 w_{11}은 어떤 과정을 거쳐 수정될까요?

은닉층 가중치 w_{11}이 최종 오차에 미치는 영향을 계산하려면 아래 그림처럼 $E \rightarrow y_1 \rightarrow y_{h1} \rightarrow w_{11}$와 $E \rightarrow y_2 \rightarrow y_{h1} \rightarrow w_{11}$라는 두 경로를 모두 고려해야 해요. w_{11}의 영향을 받는 y_{h1}이 두 출력 y_1, y_2에 모두 영향을 주기 때문입니다. 따라서 다음과 같이 계산할 수 있습니다.

$$\frac{\partial E}{\partial w_{11}} = \frac{\partial E}{\partial y_1} \cdot \frac{\partial y_1}{\partial z} \cdot \frac{\partial z}{\partial y_{h1}} \cdot \frac{\partial y_{h1}}{\partial z} \cdot \frac{\partial z}{\partial w_{11}} + \frac{\partial E}{\partial y_2} \cdot \frac{\partial y_2}{\partial z} \cdot \frac{\partial z}{\partial y_{h1}} \cdot \frac{\partial y_{h1}}{\partial z} \cdot \frac{\partial z}{\partial w_{11}}$$

$$= \left(\frac{\partial E}{\partial y_1} \cdot \frac{\partial y_1}{\partial z} \cdot \frac{\partial z}{\partial y_{h1}} + \frac{\partial E}{\partial y_2} \cdot \frac{\partial y_2}{\partial z} \cdot \frac{\partial z}{\partial y_{h1}} \right) \cdot \frac{\partial y_{h1}}{\partial z} \cdot \frac{\partial z}{\partial w_{11}}$$

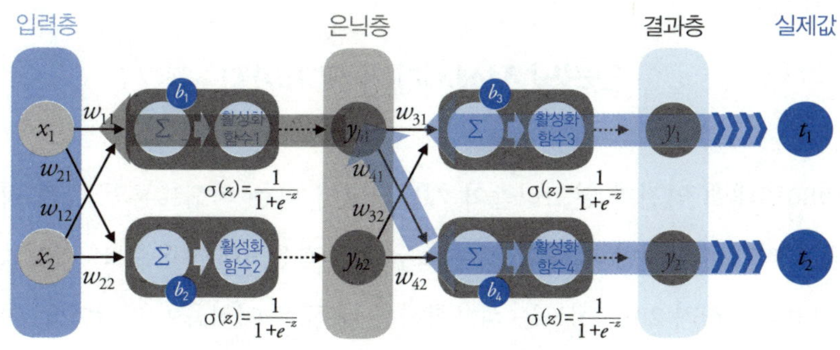

은닉층의 가중치를 조정하는 과정

인공신경망은 정말 인간처럼 '생각'할까?

아래 식에서 괄호 안이 출력층에서 y_{h1}로 전달되는 총 오차이고, 여기에 $\dfrac{\partial y_{h1}}{\partial z}\cdot\dfrac{\partial z}{\partial w_{11}}$를 곱하면 w_{11}의 기울기가 됩니다. 이렇듯 여러 층을 거쳐서 오차가 전파된다는 점이 다층 신경망 학습의 핵심이에요.

역전파의 좋은 점은 각 층에서 계산된 오차 정보를 효율적으로 재사용할 수 있다는 점입니다. 예를 들어 출력층에서 계산한 $\dfrac{\partial E}{\partial y_1}\cdot\dfrac{\partial y_1}{\partial z}\cdot\dfrac{\partial z}{\partial y_{h1}}$라는 값은 은닉층 y_{h1} 노드와 연결된 모든 은닉층의 가중치를 계산할 때 공통으로 사용해요. 따라서 계산량을 크게 줄일 수 있습니다.

또한 각 층의 학습이 독립적으로 이뤄지는 듯 보여도, 실제로는 연쇄 법칙을 바탕으로 모든 층이 최종 목표에 맞춰 협력적으로 학습합니다. 은닉층은 출력층이 더 나은 결과를 낼 수 있도록 적절한 중간 표현을 만들어내고, 출력층은 은닉층이 제공하는 정보를 최대한 활용해서 정확히 예측하려고 노력해요. 이 과정을 수백수천 번 반복하면서 신경망의 각 층은 자신의 역할을 찾아갑니다. 즉 은닉층은 입력 데이터에서 유용한 특성들을 추출하는 방법을 학습하고, 출력층은 이런 특성들을 조합해서 원하는 출력을 만들어내는 방법을 학습합니다.

딥러닝 전성시대가 오기까지

1980년대에 역전파 알고리즘이 개발되면서 다층 퍼셉트론의 학습 방법을 찾기는 했지만, 그렇다고 바로 딥러닝 전성시대가 온 것은 아니었습니다. 오히려 20년 정도는 상용화하는 데 많은 어려움이 따랐어요. 여러 연구자가 신경망을 깊게 쌓아보려고 시도했지만 대부분 실패로 돌아

갔습니다. 층을 많이 쌓을수록 성능이 오히려 떨어지거나 학습이 전혀 되지 않는 현상이 반복되었죠. 그래서 1990년대와 2000년대 초반에는 SVM이나 다른 기계학습 방법들이 더 주목받았습니다. 다행히도 이러한 문제들은 수학적 해석이 가능했기 때문에 다른 활성화함수를 도입하면서 조금씩 해결되었습니다.

또 다른 문제는 인공신경망의 가중치와 편향의 초깃값을 어떻게 초기화하느냐에 따라 학습 결과가 완전히 달라진다는 점이었어요. 가중치를 너무 크게 설정하면 활성화함수의 출력값이 0이나 1 근처의 극단값에 머물러 접선의 기울기가 0에 가까워지고, 너무 작게 설정하면 신호가 제대로 전달되지 않았습니다. 더욱이 훈련 데이터에만 너무 특화되어서 새로운 데이터에서는 성능이 떨어지는 과적합 문제도 종종 발생했지요. 이런 문제들 때문에 깊은 신경망 학습은 불안정하고 예측 불가능하다고 여겨졌습니다.

이 문제에 돌파구를 제시한 사람이 바로 제프리 힌턴입니다. 그는 먼저 가중치의 초깃값을 잘 설정하면 많은 층의 신경에서도 학습이 잘 이루어진다는 사실을 발견하고 〈심층 신뢰망을 위한 빠른 학습 알고리즘 A fast learning algorithm for deep belief nets〉이라는 논문을 발표했습니다. 앞서 언급한 과적합 문제는 데이터를 새롭게 처리하는 방식으로 해결했어요. 힌턴은 다중 퍼셉트론처럼 여러 층을 갖는 'RBM Restricted Boltzmann Machine'이라는 모델을 연구하고 있었습니다. RBM 모델은 데이터의 특징을 추출하는 데 특화되어 있었고, 이 특징을 활용해 입력 데이터만으로 사전 학습을 시킬 수 있었어요.

힌턴은 입력 데이터만으로 사전 학습을 시키면서 과적합을 방지하는

인공신경망은 정말 인간처럼 '생각'할까?

좋은 초기 가중치를 찾고, 그다음에 역전파 알고리즘으로 미세하게 조정하는 방식으로 과적합 문제를 해결했습니다. 이러한 RBM 모델을 쌓아 올린 모델을 '심층 신뢰망Deep Belief Network; DBN'이라고 불렀어요. 흥미롭게도 힌턴은 논문을 발표할 때 '인공신경망'이라는 단어가 사람들의 관심을 끌지 못할 것을 우려해 '신경neural'이라는 단어 대신 '신뢰belief'라는 용어를 사용했습니다. 이때부터 인공신경망, 퍼셉트론이라는 말 대신 딥러닝이라는 용어가 사용되기 시작했어요.

그러나 하드웨어의 한계도 극복해야 했습니다. 다층 신경망 학습에는 엄청난 양의 행렬 연산이 필요한데, 1980~1990년대의 컴퓨터는 이런 계산을 처리하기에 너무 느렸죠. 메모리 용량도 부족해서 큰 신경망을 저장하고 실행하기 어려웠습니다. 실제로 1989년 얀 르쿤이 손 글씨 우편번호를 인식하는 르넷-1LeNet-1을 개발했을 때, 모듈형 컴퓨터 시스템인 썬SUN 워크스테이션에서 신경망을 학습시키는 데 무려 3일이나 걸렸어요. 지금 보면 정말 간단한 신경망인데도 말이죠. 놀랍게도 33년 후인 2022년 같은 네트워크를 애플 M1 맥북에서 재현했을 때 단 90초 만에 훈련이 완료되었습니다.

더욱이 컴퓨터에서 연산을 담당하는 CPU는 수많은 작업을 하나씩 순서대로 처리하는 방식에 최적화되어 있어서, 신경망처럼 작은 계산을 동시에 실행해야 하는 연산에는 매우 비효율적이었어요. 마치 능숙한 숙련자에게 수많은 간단 작업을 시키는 것과 같죠. 이런 한계 때문에 연구자들은 작은 규모의 신경망으로밖에 실험하지 못했습니다. 실제 문제에 적용하기에도 성능이 부족했죠.

그런데 2000년대 들어 상황이 급격히 변했습니다. GPUGraphics Processing

Unit[*]의 등장이 게임 체인져였어요. 원래 그래픽 처리용으로 개발된 GPU 는 수천 개의 작은 코어를 가지고 있어서 행렬 연산을 병렬로 처리하는 데 탁월했습니다. 능숙한 작업자 1명이 아니라 수많은 아르바이트생이 간단한 일들을 동시에 처리하는 식의 개선이 이루어진 셈이죠. 특히 엔비디아가 쿠다 Compute Unified Device Architecture; CUDA 플랫폼[**]을 개발하면서 연구자들이 GPU를 범용 계산에 활용할 수 있게 되었습니다. 동시에 메모리 용량도 기하급수적으로 증가했고, 인터넷 발달로 대용량 데이터셋을 구축할 수도 있게 되었죠. 이러한 하드웨어 혁신과 힌턴의 알고리즘 개선이 합쳐지면서, RBM의 도움 없이 딥러닝을 구현하는 일이 가능해졌습니다.

2012년 힌턴의 제자들이 개발한 알렉스넷 AlexNet 이 8개의 은닉층으로 이루어진 인공신경망으로 이미지 인식 대회에서 압도적 성과를 거두면서 딥러닝 르네상스가 시작되었습니다. 뒤이어 2015년 마이크로소프트에서는 무려 152개의 층을 활용한 인공신경망 레즈넷 ResNet 을 구현했죠. 현재 최신 대형 언어 모델들은 보통 50~120개 정도의 트랜스포머 레이어를 갖는데, 전통적인 신경망의 은닉층 개념과는 조금 다르지만 담당하는 역할을 비슷합니다. 각 트랜스포머 레이어 내부에는 어텐션 메커니즘

인공신경망은 정말 인간처럼 '생각'할까?

과 피드포워드_{feedforward} 네트워크[*]가 포함되어 있어서 실제로는 더 복잡한 구조를 가집니다.

이는 단순히 알고리즘의 개선만이 아니라, 수학적 이론(연쇄법칙), 공학적 혁신(GPU), 그리고 데이터의 폭발적 증가가 만나서 이뤄낸 결과였어요. 1980년대에 발견된 역전파 알고리즘이 30년 만에 진정한 빛을 본 것입니다.

---

*   정보가 입력층에서 출력층으로 한 방향으로만 흐르는 신경망 구조입니다.

다층 퍼셉트론 학습의 장애물
: 기울기 소실 문제

다층 퍼셉트론의 학습에서 가장 큰 문제는 기울기 소실gradient vanishing 이었습니다. 신경망을 여러 층으로 쌓는다는 것은 여러 함수를 합성한다는 의미입니다. 이를 학습시키려면 연쇄법으로 미분을 여러 번 곱해야 하는데, 활성화함수에서 활용하던 시그모이드 함수가 큰 장애물이었습니다. 왜일까요?

먼저 시그모이드 함수의 미분을 살펴봐야 해요.

$$\sigma(z) = \frac{1}{1+e^{-z}} = (1+e^{-z})^{-1}$$

이 시그모이드 함수식에 연쇄법칙을 적용하면 $\sigma'(z) = \frac{1}{(1+e^{-z})^2}(-e^{-z}) = \frac{e^{-z}}{(1+e^{-z})^2}$ 이 되는데, 이 결과를 다시 살펴보면 다음과 같습니다.

$$\sigma(z) = \frac{1}{1+e^{-z}}$$

$$\rightarrow \quad 1-\sigma(z) = \frac{e^{-z}}{1+e^{-z}}$$

$$\sigma'(z)=\frac{e^{-z}}{(1+e^{-z})^2}=\frac{1}{1+e^{-z}}\times\frac{e^{-z}}{1+e^{-z}}=\sigma(z)\times(1-\sigma(z))$$

$$\therefore \sigma'(z)=\sigma(z)(1-\sigma(z))$$

이 도함수 $\sigma'(z)$의 최댓값은 $z=0$이 되는 $\sigma(0)=\frac{1}{2}$일 때의 값 $\sigma'(0)=\frac{1}{2}\times\frac{1}{2}=\frac{1}{4}$입니다. 즉, 아무리 좋은 상황에서도 시그모이드 함수의 기울기는 0.25를 넘을 수 없어요. 대부분의 경우에는 이보다 훨씬 작은 값을 가지죠. 만약 z가 3보다 크거나 –3보다 작으면 $\sigma'(z)$의 값은 거의 0에 가까워집니다.

문제는 오차 역전파 계산 과정에서 연쇄법칙을 적용할 때 이런 작은 기울기들이 계속 누적하여 곱해진다는 점입니다. 예를 들어 은닉층이 5개인 신경망에서 첫 번째 층의 가중치를 업데이트하려면, 다섯 개 층의 시그모이드 미분값을 모두 곱해야 해요. 그러면 시그모이드의 미분값만 모아서 곱하더라도 $0.25\times0.2\times0.1\times0.15\times0.3=0.000225$와 같이 변화율이 매우 작아지죠. 이렇게 되면 앞쪽 층들의 가중치는 거의 업데이트되지 않아서 학습이 제대로 이뤄지지 않습니다. 이러한 현상을 '기울기 소실'이라고 합니다.

기울기 소실 문제를 해결할 방법으로 새로운 활성화함수들이 개발되었습니다. 가장 대표적인 것이 렐루_{Rectified Linear Unit; ReLU} 함수입니다. 렐루 함수는 $f(x)=\max(0,x)$로 정의되는데, 기울기가 양수 영역에서는 항상 1이고 음수 영역에서는 0이에요. 이렇게 하면 양수 영역에서는 기울기 소실 문제가 발생하지 않습니다. 리키렐루_{Leaky ReLU} 함수는 $f(x)=\max(0.01x,x)$처럼 음수 영역에서도 아주 작은 기울기를 유지해서 완전히 죽지 않도록 개선한 버전이에요. $\tanh(x)=\frac{e^x-e^{-x}}{e^x+e^{-x}}$로 정의하는 하이퍼볼릭 탄젠트_{tanh}

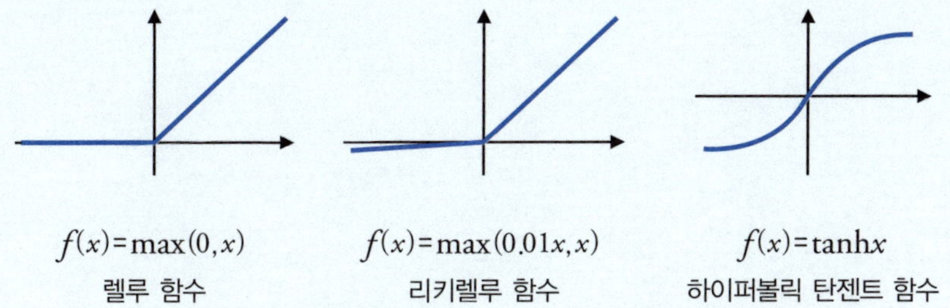

함수는 시그모이드와 비슷하지만 −1에서 1 사이의 값을 가져서 출력 평균이 0에 가까워지는 장점이 있습니다.

각 활성화함수에는 고유한 특성이 있어요. 계단함수는 미분이 불가능해서 경사하강법을 적용할 수 없고, 시그모이드 함수는 기울기 소실 문제가 있지만 출력을 확률로 해석하기 좋습니다. 렐루 함수는 기울기 소실을 해결했지만 음수 영역에서 값이 무조건 0이 되는 문제가 있고, 소프트맥스 함수는 다중 클래스 분류의 출력층에서 확률분포를 만들어주는 역할을 합니다. 현재는 은닉층에서는 주로 렐루 계열을, 출력층에서는 문제에 따라 시그모이드나 소프트맥스를 일반적으로 사용합니다.

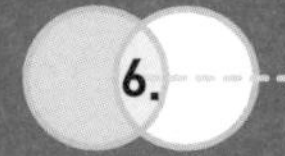

자율주행차는 어떻게 도로에서 장애물을 구별할까?

: 행렬은 이미지를 들여다보는 돋보기

숫자로 색깔을 표현할 수 있다고?

인공지능이 손 글씨를 분류하기까지

인간은 인지하는 정보량의 80퍼센트 이상을 시각에 의존합니다. 아침에 일어나서 시계를 확인하고, 길을 걸으며 친구를 알아보고, 식당에서 맛있어 보이는 음식을 고르는 모든 활동이 시각 정보 처리에 기반하죠. 시각은 인간 지능의 핵심 능력으로, 우리 뇌는 매 순간 엄청난 양의 시각 정보를 자연스럽게 처리합니다. 이 때문에 사람들은 컴퓨터에 '보는' 능력을 부여하고자 많은 노력을 기울였습니다. 시각은 단순한 감각을 넘어 세상을 이해하는 통로이자 창문이기 때문이죠.

기계도 사람처럼 세상을 볼 수 있을까요? 컴퓨터가 '보게' 하기란 생각보다 훨씬 복잡하고 어려운 일이었습니다. 본다는 것은 색깔과 형태, 크기 등을 동시에 인식하는 일인 데다, 알고 있는 지식을 바탕으로 인지된 정보가 무엇에 해당하는지 구분도 해야 합니다. 하나의 대상이 위치나 방향, 각도, 거리를 조금씩 바꾸더라도 동일한 대상으로 인식할 수도 있어야 하고요. 이러한 인식이 사람에게는 자연스럽지만 컴퓨터에는 거대한 도전이었지요. 이처럼 시각적 인식 문제를 해결하는 분야를 '컴퓨터 비전computer vision'이라고 부릅니다. 말 그대로 컴퓨터가 사람처럼 세상을 볼 수 있도록 하는 기술입니다.

1960년대, 과학자들은 처음으로 컴퓨터에 이미지를 인식시키려고 시도했습니다. 초기 이미지 인식은 밝고 어두운 정도를 감지하였고, 5장에서 살펴본 최초의 인공신경망 시스템 '퍼셉트론'은 삼각형과 사각형 같은 간단한 도형을 구별하기도 했습니다. 하지만 퍼셉트론은 곧 복잡한 패턴이나 다양한 각도에서 찍힌 물체는 인식하지 못하는 한계를 드러냈습니다.

연구자들은 계속해서 이미지에서 의미 있는 정보를 찾으려는 노력을 기울였습니다. 그리고 이미지의 경계에서 밝기나 색상이 급격히 변하는 특징을 바탕으로 윤곽을 잡아내는 '에지 검출'이라는 방법을 개발했어요. 흑백 이미지에서는 검은색을 0, 흰색을 255라고 하고 그 사이에서는 0에 가까울수록 어두운 회색, 255에 가까울수록 밝은 회색을 나타냅니다. 이때 이미지에서 [50, 62, 63, 65, 185, 189, 190]과 같이 색이 갑자기 65에서 185로 급격하게 바뀐다면, 이 부분이 바로 물체의 경계에 해당한다는 점을 활용했어요.

1980년대 말, 이미지 인식 기술에 중요한 전환점이 찾아옵니다. 매일 엄청난 양의 우편물을 처리해야 했던 미국 우편 서비스는 손으로 쓴 우편번호를 자동으로 인식하는 기술이 절실했어요. 이런 필요에 따라 미국 국립표준기술연구소National Institute of Standards and Technology; NIST 는 고등학생들과 인구조사국 직원들에게서 다양한 손 글씨 숫자 샘플을 수집했죠. 다양한 연령대와 배경을 가진 사람들의 필체를 모으면서 실제 우편물에 나

엠니스트 손 글씨 이미지 데이터셋

타나는 여러 스타일의 숫자를 컴퓨터가 인식할 수 있도록 했습니다.

수집한 데이터를 바탕으로 연구를 진행하던 얀 르쿤은 1998년에 이르러 손으로 쓴 숫자를 인공지능으로 인식하는 획기적인 성과를 이루었습니다. 그는 국립표준기술연구소 데이터를 활용한 엠니스트MNIST 라는 손 글씨 데이터셋을 만들었고, 컴퓨터가 0부터 9까지 다양한 형태의 손 글씨 숫자를 자동으로 인식하도록 인공신경망 르넷LeNet 을 훈련시켰습니다. 이는 컴퓨터 비전 역사에서 신경망이 실용적 성과를 거둔 중요한 사례였어요.

1990년대 후반에는 이미지 특징 추출 방법이 더욱 발전했습니다. 예를 들어 벡터 수학과 행렬 연산을 활용해서 이미지가 회전하거나 크기가 변해도 같은 물체는 동일하게 인식하는 시프트SIFT 라는 알고리즘이 1999년에 제안되었고, 확률과 통계를 활용해 '이 이미지는 60퍼센트의 확률로 자동차, 30퍼센트의 확률로 버스일 것이다' 같이 이미지를 확률로 판단하는 기술도 개발되었습니다.

이후 2012년, 이미지 인식 분야뿐만 아니라 인공지능 전체에 혁명과도 같은 사건이 일어났습니다. 토론토대학 제프리 힌턴 교수팀의 딥러닝 모델 알렉스넷이 이미지넷 ImageNet 대회에서 압도적인 성능 차이를 보이며 우승한 일입니다. 이전에는 사람이 '고양이는 귀가 뾰족하고 수염이 있다' 같은 특징을 직접 프로그래밍해야 했는데, 이 과정에서 많은 정보 소실이 일어났죠. 그러나 인공신경망을 활용한 딥러닝은 인간의 섬세함보다 훨씬 많은 중요한 특징을 데이터에서 자동으로 추출하고 학습하면서 월등한 성능을 보였습니다.

인공지능이 시각 능력을 갖추면서 의료 영상에서 질병을 발견하고, 자율주행차가 도로 상황을 파악하고, 보안 카메라가 이상 행동을 감지하는 일이 가능해졌습니다. 인공지능의 시각 능력은 특정 분야에서 이미 인간의 한계를 뛰어넘기도 했습니다. 불량품을 검출하고, 천체 사진 데이터에서 은하를 검출하는 등 이미 다양한 분야에서 활용되고 있습니다.

이번 장에서는 자율주행차를 꿈꾸는 고등학생 일론이의 이야기로 인공지능이 시각 정보를 어떻게 표현하고 이해하며 분류하는지 살펴보겠습니다. 픽셀과 RGB값으로 이미지를 어떻게 표현하는지, 행렬 연산으로 이미지를 어떻게 변환하는지, 합성곱으로 어떻게 특징을 추출하는지 알아볼 것입니다. 또한 이미지 분류의 원리와 객체 탐지 방법, 얼굴 인식 기술까지 배울 거예요. 일론이의 여정을 따라가며 먼저 자율주행차가 보행자를 감지하는 원리를 함께 살펴봅시다.

자율주행차는 어떻게 도로에서 장애물을 구별할까?

행렬의 숫자를 조합하면 그림이 보인다

일론이는 자율주행차 연구소에서 처음으로 자율주행차를 타고 도로를 달렸습니다. 일론이가 가장 신기했던 부분은 차량 내부 모니터에 실시간으로 보이는 화면이었습니다. 카메라가 촬영한 도로 영상에서 차선은 파란색으로, 신호등은 빨간색으로, 다른 차량은 노란색 박스로 표시되고 있었거든요. 우리 눈에는 하나의 완성된 사진으로 보이는 이미지가 컴퓨터에는 어떻게 표현되고 인식될까요?

완전자율주행 구현 모습 예시

① 이미지 표현 : 2차원 격자 속 숫자들

디지털 이미지는 가로×세로의 2차원 구조를 가진다는 점이 가장 큰 특징입니다. 간단한 예를 들어볼까요? 지하철역이나 버스 정류장의 전광판 숫자를 떠올려보세요. 전광판에는 수많은 작은 점들이 가로·세

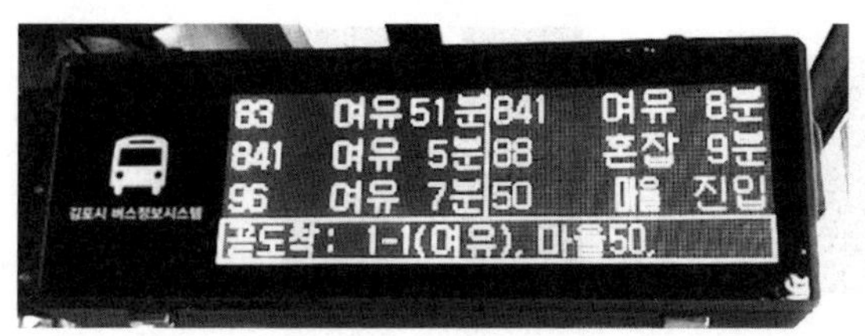

격자 형태로 표현된 버스 전광판

로로 일정하게 배열되어 있고, 이 점들을 켜고 끄는 것만으로 버스 노선과 도착 예정 시간을 선명하게 표현할 수 있어요.

만약 5×7 크기의 작은 도트dot 매트릭스라면 35개의 점으로 모든 숫자를 나타낼 수 있죠. 점의 개수가 더 많아질수록(예를 들어 20×30, 100×150) 숫자는 더욱 또렷하고 세밀해집니다. 디지털 이미지도 마찬가지로 수많은 점이 가로×세로 격자 구조에 배열되고, 점이 많을수록 더 선명한 화질을 얻을 수 있어요.

이미지에서 위치와 패턴은 매우 중요합니다. 자율주행에서 하얀색 점들을 예로 들어보면, 화면 중앙 하단에 세로로 연결된 하얀 점들은 '차선'을 의미하지만, 화면 상단에 가로로 배열된 하얀 점들은 '정지선' 혹은 '횡단보도'일 수 있어요. 똑같은 흰색이지만 어떤 패턴으로 배열되어 있느냐에 따라 완전히 다른 의미를 지니는 것이죠.

가장 간단한 형태부터 살펴볼까요? 차선 인식과 같이 검은 아스팔트와 흰 차선의 구분이 매우 명확한 경우에는 0과 1만으로 충분히 형태를 표현할 수 있습니다. 아스팔트 부분은 0(검정), 차선 부분은 1(흰색)로 나타내면 되거든요. 예를 들어 간단한 5×5 크기의 도로 이미지가 있다면 다음과 같이 표현할 수 있습니다.

자율주행차는 어떻게 도로에서 장애물을 구별할까?

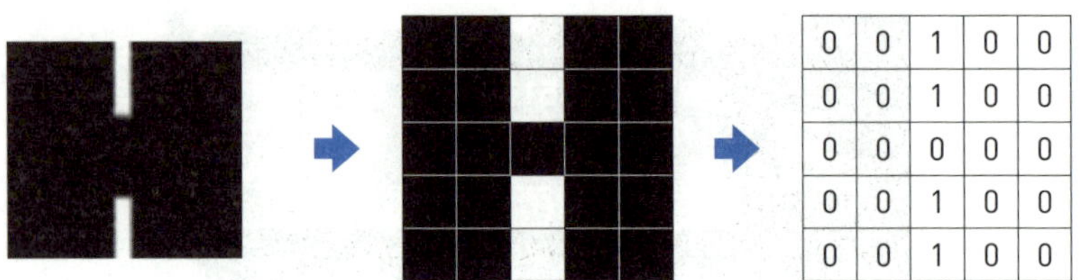

검은 아스팔트 도로 위 흰 차선의 수학적 표현

이 행렬에서 1로 표시된 세로줄이 바로 차선을 나타내죠. 이렇게 0과 1만으로 표현하는 방식을 이진binary 이미지라고 부릅니다. 매우 단순하게 차선과 도로의 경계를 명확히 구분할 수 있어요.

하지만 실제 도로에는 아스팔트가 노후화하면서 색이 점점 밝아진 부분도 있고, 회색에 가까운 콘크리트로 포장된 도로도 있어요. 차선도 페인트 색이 바래거나 오염되어 완전한 흰색이 아닐 때도 있죠. 실제로 엑스레이나 CT 같은 의료 영상은 명암으로 형태를 뚜렷하게 구분할 필요가 있습니다. 미묘한 명암 차이를 표현하려면 0과 1만으로는 부족하죠.

아스팔트 포장(왼쪽)과 콘크리트 포장(오른쪽)

그래서 등장한 것이 그레이 스케일grayscale*입니다.

그레이 스케일은 0부터 255까지의 숫자를 사용하는데, 0은 가장 어두운 검정, 255는 가장 밝은 흰색, 그 사이의 숫자들은 다양한 밝기의 회색을 나타냅니다. 훨씬 더 정확하고 세밀하게 차선과 도로의 경계를 구분할 수 있겠죠. 다음 예시에서처럼 200 이상의 높은 숫자들이 모인 세로줄로는 밝은 차선을 나타내고, 60과 같이 100 이하의 낮은 숫자들로는 어두운 아스팔트를, 180과 같은 숫자들로는 콘크리트를 나타내는 것처럼요.

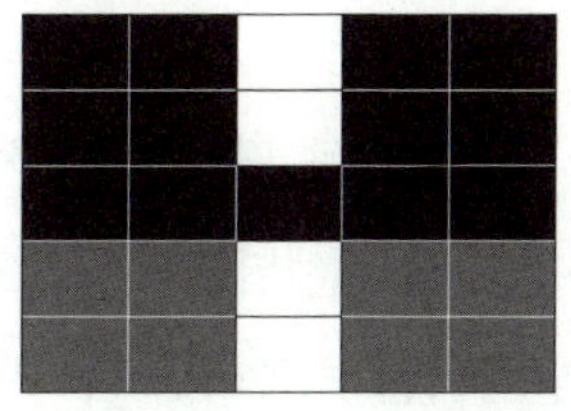

60	60	240	60	60
60	60	240	60	60
60	60	60	60	60
180	180	240	180	180
180	180	240	180	180

② 색깔 정보의 표현 : RGB와 컬러 이미지

흰색과 검은색으로는 차선과 같은 형태를 인식할 수 있지만, 이미지 인식에서는 색깔을 인식해야만 하는 문제도 있습니다. 예를 들어 자율주행차는 신호등 색깔에 따라 동작을 다르게 해야 합니다. 자율주행차가 빨간 신호에 멈추고 초록 신호에 출발하려면, 컴퓨터가 색상을 정확히 인식해야 하겠죠. 같은 밝기라도 빨간색과 초록색은 전혀 다른 의미니까요.

컴퓨터는 어떻게 다양한 색깔을 구분하고 표현할까요? 놀랍게도 컴퓨

---

* 회색조라고 부르기도 합니다.

자율주행차는 어떻게 도로에서 장애물을 구별할까?

터는 인간의 시각 원리를 모방하여 색상을 표현합니다. 인간의 눈이 서로 다른 파장의 빛을 감지해서 색상을 인식하듯이, 컴퓨터는 모든 색상을 빨강Red, 초록Green, 파랑Blue 세 가지 기본 빛으로 조합하는 RGB 방식을 주로 사용합니다. 각 색상의 밝기를 0부터 255까지의 숫자로 나타내는데, 0은 해당 색이 전혀 없는 상태이고 255는 가장 밝은 상태입니다. 예를 들어 RGB(255, 0, 0)은 순수한 빨간색이고, RGB(0, 255, 0)은 순수한 초록색, RGB(255, 255, 0)은 빨강과 초록이 합쳐진 노란색입니다. 세 가지 기본 색상을 다양한 비율로 조합하면 무려 1600만 가지가 넘는 색상을 표현할 수 있죠.

컴퓨터는 RGB 정보를 빨강·초록·파랑 색상 채널로 나눈 후, 앞서 배운 그레이 스케일처럼 개별적으로 표현합니다. 빨강 채널에서는 빨간색의 밝기만을 0~255로 표현하고, 초록 채널에서는 초록색의 밝기만을, 파랑 채널에서는 파란색의 밝기만을 각각 표현하는 것입니다. 예를 들어 노란 신호등을 촬영한다면, 빨강 채널과 초록 채널에서는 높은 값(밝음)을 가지고, 파랑 채널에서는 낮은 값(어두움)을 가집니다. 이렇게 하면 각 색상 채널을 별도의 행렬로 관리할 수 있어요.

자율주행차의 카메라가 실시간으로 촬영하는 모든 장면은 결국 거대한 숫자들의 행렬로 표현됩니다. 1920×1080 해상도의 카메라라면 가로 1,920개, 세로 1,080개의 픽셀을 사용하기 때문에, 이미지마다 빨강·초록·파랑 세 가지 색에 대한 1920×1080 크기의 행렬이 생성됩니다. 따라서 3×1920×1080=622만 800개의 값이 이미지마다 만들어지고, 초당 60프레임이라면 1초에 60번씩 620만 개가 넘는 수가 생성되는 셈이죠.

컬러 이미지	=	빨강(R) 채널	&	초록(G) 채널	&	파랑(B) 채널

$$R = \begin{pmatrix} 41 & 42 & 43 & 44 \\ 51 & 50 & 63 & 65 \\ 80 & 82 & 83 & 85 \\ 91 & 92 & 94 & 89 \end{pmatrix}, \quad G = \begin{pmatrix} 35 & 36 & 38 & 37 \\ 45 & 46 & 51 & 48 \\ 65 & 68 & 70 & 67 \\ 70 & 72 & 71 & 68 \end{pmatrix}, \quad B = \begin{pmatrix} 31 & 32 & 35 & 34 \\ 41 & 40 & 45 & 42 \\ 71 & 68 & 76 & 74 \\ 80 & 78 & 84 & 81 \end{pmatrix}$$

RGB 행렬로 색상을 표현하는 예시

정리하자면 검은 아스팔트의 차선부터 화려한 컬러 신호등까지, 모든 시각 정보는 행렬로 변환되어 컴퓨터가 이해할 수 있는 데이터가 됩니다.

이미지 데이터는 앞서 살펴본 텍스트 데이터와는 또 다른 근본적 특성을 가집니다. 1장에서 다룬 텍스트는 단어들이 순서대로 나열된 1차원의 벡터 형태였다면, 이미지는 가로와 세로 방향으로 펼쳐진 2차원 격자 구조예요.

또한 텍스트에서는 각 단어가 독립적 의미를 지녔지만, 이미지에서는 인접한 픽셀들이 서로 강한 연관성을 가집니다. 일론이가 화면에서 본 차선 구분도 한 픽셀만으로는 불가능하고, 주변 픽셀이 함께 모여야 비로소 의미 있는 선의 형태로 만들어집니다. 이런 공간적 관계성이야말로 이미지 데이터만의 독특한 수학적 특징입니다.

자율주행 인공지능은 이처럼 복잡한 이미지 데이터에서 어떻게 의미를 찾아낼까요? 일론이가 탄 자율주행차가 도로의 차선을 구분하거나,

271

스마트폰이 사진 속 얼굴을 인식하는 것은 단순히 픽셀값을 읽어서는 불가능합니다. 컴퓨터가 수백만 개의 숫자 배열에서 특정한 패턴과 구조를 발견해야 하죠. 이미지의 공간적 특성을 활용하여 지역적 패턴을 감지하고, 이들을 조합해서 더 복잡한 형태를 인식하는 과정이 바로 컴퓨터 비전의 핵심입니다. 그 수학적 원리를 차근차근 살펴보겠습니다.

자율주행차가 표지판의 정보를 읽어내는 법

특징을 포착하라!
: 필터와 행렬의 합성곱

자율주행차 체험을 마친 일론이가 연구원에게 물었습니다.

"카메라로 찍은 이미지가 숫자로 바뀐다는 건 이해했어요. 그런데 수많은 숫자 속에서 어떻게 '여기가 차선이고, 저기가 신호등'이라는 걸 알아내나요?"

연구원이 웃으며 대답했습니다.

"일론이는 어떻게 차선을 구분하니? 길쭉한 직사각형이자 직선에 가까운 모양이라는 '특징'을 파악하기 때문이지? 인공지능도 마찬가지로 이런 특징들을 찾아낼 수 있어야 해."

우리는 어떤 대상을 볼 때 수많은 정보 속에서 필요한 특징만 뽑아냅니다. 횡단보도를 볼 때는 흰색 줄무늬와 일정한 간격을, 신호등을 볼 때는 원 모양의 불빛이 가로로 3개 배치된 형태를 인식하죠. 이러한 과정을 컴퓨터 비전에서는 '특징 추출 feature extraction'이라고 부릅니다. 특징 추

자율주행차는 어떻게 도로에서 장애물을 구별할까?

출은 이미지 속에서 필요한 정보만 남기고 불필요한 세부 사항을 줄이는 과정입니다.

예를 들어, 자율주행차는 주변 차량, 신호등, 보행자, 차선에만 집중하면 됩니다. 주변 차량의 모델명이나 가로수의 품종 같은 정보는 판단에 직접 필요하지 않아요. 이렇게 특징을 뽑아내면 데이터 크기가 줄어들고 처리 속도도 빨라집니다. 또한 필요한 정보가 더 또렷하게 드러나기 때문에 컴퓨터가 판단하기 쉬워지죠. 특징 추출은 정보를 더 효율적으로 활용하는 핵심 기술입니다.

그렇다면 컴퓨터는 수많은 픽셀 속에서 어떻게 특징을 찾아낼까요? 여기서 등장하는 대표적인 방법이 '합성곱'이라는 연산입니다. 합성곱은 큰 이미지 위에 작은 확대경을 들이대어 그 부분의 패턴을 집중 분석하는 과정입니다. 이때 확대경은 필터 또는 커널 kernel 이라고 불리는 작은 행렬이에요. 필터는 이미지 위를 조금씩 이동하면서 겹치는 부분끼리 값을 곱하고 더해, 그 위치가 얼마나 필터의 패턴과 비슷한지를 숫자로 계산합니다. 이 과정으로 이미지에서 선, 모서리, 질감 같은 기본적 특징들을 감지해내죠.

① 행렬의 합성곱이란?

합성곱은 이미지 행렬과 필터라는 작은 행렬 사이의 특별한 연산으로, 필터를 이미지 위에서 슬라이딩하며 위치마다 계산을 수행하는 방식입니다.

합성곱 계산 과정은 단계별로 살펴보면 간단합니다.

1) 필터를 이미지의 왼쪽 위에 올린다.

2) 이미지와 필터가 겹치는 칸의 값들을 같은 위치끼리 각각 곱한다.

3) 곱한 값을 모두 더해 하나의 숫자를 얻는다.

4) 필터를 오른쪽으로 한 칸 옮겨서 같은 연산을 반복한다.

5) 오른쪽 끝까지 갔다면, 필터를 한 줄 아래로 내려서 다시 왼쪽부터 시작한다.

이런 과정을 이미지 전체에 적용하면, 필터가 찾고자 하는 패턴이 강하게 나타나는 부분은 값이 커지고, 그렇지 않은 부분은 값이 작아지는 효과가 나타납니다. 실제 예시를 한번 살펴볼까요?

$$A = \begin{pmatrix} 10 & 35 & 15 \\ 15 & 30 & 10 \\ 10 & 20 & 5 \end{pmatrix} \qquad F = \begin{pmatrix} 1 & -2 \\ 0 & 2 \end{pmatrix}$$

A는 3×3 크기의 흑백 이미지이고 F는 2×2 크기의 필터입니다. 이때 A에 F와 사이즈가 동일한 크기로 합성곱을 연산하면 다음과 같습니다.

$$\begin{pmatrix} 10 & 35 & 15 \\ 15 & 30 & 10 \\ 10 & 20 & 5 \end{pmatrix} \begin{pmatrix} 1 & -2 \\ 0 & 2 \end{pmatrix} \rightarrow 10 \times 1 + 35 \times (-2) + 15 \times 0 + 30 \times 2 = 0$$

$$\begin{pmatrix} 10 & 35 & 15 \\ 15 & 30 & 10 \\ 10 & 20 & 5 \end{pmatrix} \begin{pmatrix} 1 & -2 \\ 0 & 2 \end{pmatrix} \rightarrow 35 \times 1 + 15 \times (-2) + 30 \times 0 + 10 \times 2 = 25$$

지율주행차는 어떻게 도로에서 장애물을 구별할까?

$$\begin{pmatrix} 10 & 35 & 15 \\ 15 & 30 & 10 \\ 10 & 20 & 5 \end{pmatrix} \quad \begin{pmatrix} 1 & -2 \\ 0 & 2 \end{pmatrix} \rightarrow 15 \times 1 + 30 \times (-2) + 10 \times 0 + 20 \times 2 = -5$$

$$\begin{pmatrix} 10 & 35 & 15 \\ 15 & 30 & 10 \\ 10 & 20 & 5 \end{pmatrix} \quad \begin{pmatrix} 1 & -2 \\ 0 & 2 \end{pmatrix} \rightarrow 30 \times 1 + 10 \times (-2) + 20 \times 0 + 5 \times 2 = 20$$

따라서 합성곱 결과는 $\begin{pmatrix} 0 & 25 \\ -5 & 20 \end{pmatrix}$ 이 됩니다.

② 합성곱과 이미지 필터

합성곱에 사용되는 필터(또는 커널)는 이미지에서 특정 패턴이나 특징을 검출하는 역할을 합니다. 필터는 각기 다른 배열의 숫자로 구성되며, 숫자들의 패턴에 따라 이미지의 다양한 특징(선, 모서리, 질감 등)을 강조하거나 추출합니다. 간단한 예를 들어서 살펴보겠습니다.

아래와 같이, A는 5×5 크기의 흑백 이미지이고 F는 3×3 크기의 필터입니다. 이 필터의 목적은 우측 대각선 방향의 선을 검출하는 것입니다. 행렬 A와 필터 F의 합성곱을 계산해보면 다음과 같은 결과가 나옵니다.

$$\begin{pmatrix} 0 & 0 & 0 & 1 & 0 \\ 1 & 0 & 1 & 0 & 0 \\ 0 & 1 & 0 & 0 & 1 \\ 0 & 0 & 0 & 1 & 0 \\ 0 & 1 & 0 & 1 & 0 \end{pmatrix} \quad * \quad \begin{pmatrix} 0 & 0 & 1 \\ 0 & 1 & 0 \\ 1 & 0 & 0 \end{pmatrix} \rightarrow 0 \times 0 + 0 \times 0 + 0 \times 1 + \cdots = 0$$

$\rightarrow$ 왼쪽 이미지의 우측 대각선 방향으로 흰색이 하나도 없으므로 0

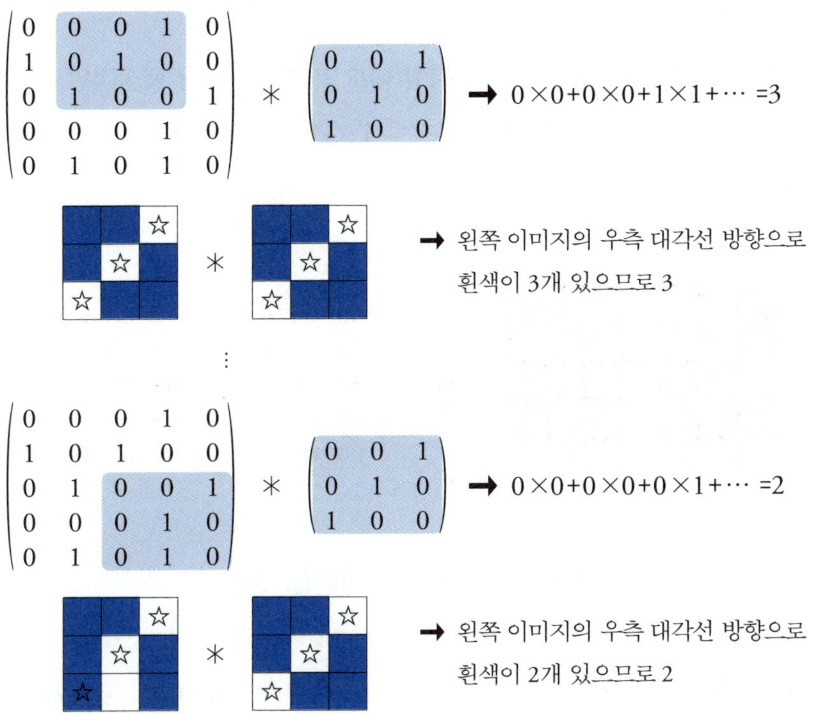

A와 F의 합성곱은 위와 같은 계산을 총 9번 거쳐 $\begin{pmatrix} 0 & 3 & 0 \\ 2 & 0 & 0 \\ 0 & 1 & 2 \end{pmatrix}$라는 결과를 얻습니다. 위 예시에서는 필터를 적용하여 합성곱을 구한 결과로 어느 위치에서 우측 대각선 방향에 흰색이 많은지 검출할 수 있습니다.

③ 합성곱 필터의 실제 예시 : 가장자리 검출하기

이미지의 여러 특징 가운데 가장 기본이 되고 중요한 특징은 바로 '가장자리 edge'입니다. 이미지에 포함된 어떤 형태의 가장자리란 이미지에서 밝기가 급격히 변하는 부분으로, 물체의 윤곽선을 말합니다. 차선과 아스팔트의 경계, 신호등과 배경의 윤곽선, 보행자의 실루엣이 모

자율주행차는 어떻게 도로에서 장애물을 구별할까?

두 가장자리에 해당하죠.

생각해보면 우리가 물체를 인식할 때도 윤곽선이 가장 핵심적인 정보가 됩니다. 컴퓨터는 어떻게 이미지에서 가장자리를 체계적으로 찾아낼까요? 핵심은 '지역적 패턴' 인식입니다.

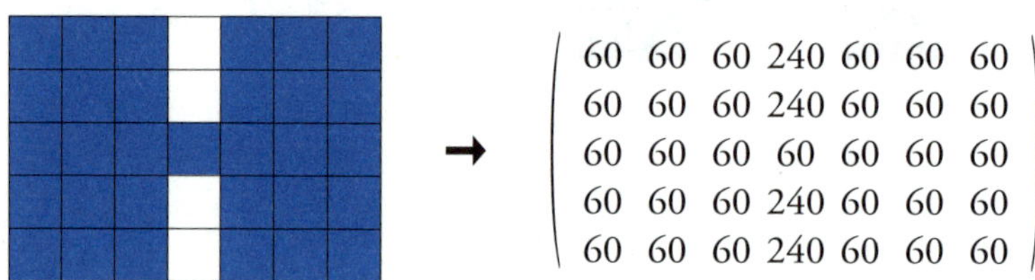

앞에서 살펴본 차선의 행렬 표현을 가져와봅시다.

여기서 가장자리는 아스팔트 부분에서 어두운 값(예: 60)들이 큰 변화 없이 연속으로 나타나다가 차선 부분에서 밝은 값(예: 240)이 갑자기 나타나는 부분입니다. 이러한 가장자리를 가장 간단히 검출하는 3×3 필터는 다음과 같습니다.

$$\begin{pmatrix} -1 & 0 & 1 \\ -1 & 0 & 1 \\ -1 & 0 & 1 \end{pmatrix}$$

이 필터는 왼쪽 열에 -1, 가운데에 0, 오른쪽 열에 1의 값을 가져서, 세로 방향으로 색이나 밝기가 급격하게 변하는 경계를 인식합니다. 만약 세로 방향으로 밝아지는 변화를 감지하면 합성곱 결과는 양수, 어두워지는 변화를 감지하면 결과는 음수가 나오죠. 아까 도로 일부분을 나타낸 이미지인 7×5 행렬에 수직 가장자리 검출 필터를 합성곱으로 적용해보겠습니다.

$$\begin{pmatrix} 60 & 60 & 60 & \cdots & 60 \\ 60 & 60 & 60 & \cdots & 60 \\ 60 & 60 & 60 & \cdots & 60 \\ 60 & 60 & 60 & \cdots & 60 \\ 60 & 60 & 60 & \cdots & 60 \end{pmatrix} * \begin{pmatrix} -1 & 0 & 1 \\ -1 & 0 & 1 \\ -1 & 0 & 1 \end{pmatrix}$$

수직 필터를 적용한 합성곱 결과는 0입니다. 왼쪽과 오른쪽의 경계에 변화가 없습니다.

$$\begin{pmatrix} \cdots & 60 & 60 & 240 & \cdots & 60 \\ \cdots & 60 & 60 & 240 & \cdots & 60 \\ \cdots & 60 & 60 & 60 & \cdots & 60 \\ \cdots & 60 & 60 & 240 & \cdots & 60 \\ \cdots & 60 & 60 & 240 & \cdots & 60 \end{pmatrix} * \begin{pmatrix} -1 & 0 & 1 \\ -1 & 0 & 1 \\ -1 & 0 & 1 \end{pmatrix}$$

수직 필터를 적용한 합성곱 결과는 360입니다. 양의 값이 나타났으므로 왼쪽에 비해 오른쪽이 밝게 변하는 경계가 있습니다.

$$\begin{pmatrix} \cdots & 60 & 240 & 60 & \cdots & 60 \\ \cdots & 60 & 240 & 60 & \cdots & 60 \\ \cdots & 60 & 60 & 60 & \cdots & 60 \\ \cdots & 60 & 240 & 60 & \cdots & 60 \\ \cdots & 60 & 240 & 60 & \cdots & 60 \end{pmatrix} * \begin{pmatrix} -1 & 0 & 1 \\ -1 & 0 & 1 \\ -1 & 0 & 1 \end{pmatrix}$$

수직 필터를 적용한 합성곱 결과는 0입니다. 양쪽 끝에서는 경계가 나타나지 않았습니다.

$$\begin{pmatrix} \cdots & 240 & 60 & 60 & 60 \\ \cdots & 240 & 60 & 60 & 60 \\ \cdots & 60 & 60 & 60 & 60 \\ \cdots & 240 & 60 & 60 & 60 \\ \cdots & 240 & 60 & 60 & 60 \end{pmatrix} * \begin{pmatrix} -1 & 0 & 1 \\ -1 & 0 & 1 \\ -1 & 0 & 1 \end{pmatrix}$$

수직 필터를 적용한 합성곱 결과는 −360입니다. 음의 값이 나타났으므로 왼쪽에 비해 오른쪽이 어둡게 변하는 경계가 있습니다.

자율주행차는 어떻게 도로에서 장애물을 구별할까?

$$\begin{pmatrix} \cdots & 60 & 60 & 60 \\ \cdots & 60 & 60 & 60 \\ \cdots & 60 & 60 & 60 \\ \cdots & 60 & 60 & 60 \\ \cdots & 60 & 60 & 60 \end{pmatrix} * \begin{pmatrix} -1 & 0 & 1 \\ -1 & 0 & 1 \\ -1 & 0 & 1 \end{pmatrix}$$

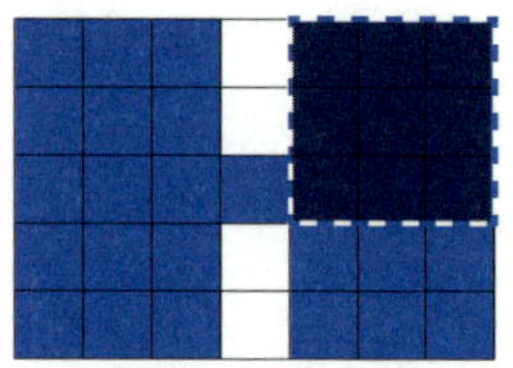

수직 필터를 적용한 합성곱 결과는 0입니다. 왼쪽과 오른쪽의 경계에 변화가 없습니다.

최종 결과는 다음과 같습니다.

$$\begin{pmatrix} 0 & 360 & 0 & -360 & 0 \\ 0 & 360 & 0 & -360 & 0 \\ 0 & 360 & 0 & -360 & 0 \end{pmatrix}$$

이 행렬 성분에서 0은 앞서 살펴본 대로 수직 성분의 경계 변화가 없다는 의미이고, 양수는 밝아진 경계를 만났다는 의미입니다. 전체적으로 수직 방향으로 경계가 2번 달라졌다는 것을 파악할 수 있어요.

가장자리 검출은 사진 앱의 '스케치' 효과나 윤곽선 그리기에 활용됩니다. 또한 의료 영상에서 장기의 경계를 찾거나, 자율주행차가 도로와

에지 검출 과정

장애물을 구분하는 데도 중요한 역할을 합니다.

합성곱을 활용하면 사람이 미리 설계한 필터로 기본적인 특징을 찾아낼 수 있지만, 현실에선 문제가 훨씬 복잡합니다. 같은 자동차라도 촬영 각도·조명·날씨에 따라 완전히 다른 모습으로 보이기도 하고, 특징을 추출하는 사람이 얼마나 꼼꼼한지에 따라 결과가 또 달라질 수 있기 때문입니다. 따라서 더 지능적인 특징 추출이 필요합니다.

사람이 '이런 패턴을 찾아라'라고 규칙을 정해주는 단계를 지나면, 인공지능이 스스로 데이터에서 최적의 특징을 학습하도록 하는 방식이 쓰입니다. 특히 5장에서 배운 인공신경망이 바로 핵심 도구입니다. 신경망을 여러 층으로 쌓아 올린 인공신경망을 활용하면 단계적으로 복잡한 패턴을 학습하고 특징을 추출할 수 있어요.

예를 들어 8개 층으로 구성된 신경망을 사용하면 1~2층에서는 선·점·곡선 같은 가장 기본적인 패턴을 감지하고, 3~4층에서는 이를 조합해 모서리나 질감을 파악할 수 있습니다. 더 나아가 5~6층에서는 더 복잡한 형태를, 마지막 7~8층에서는 바퀴·창문·범퍼 같은 의미 있는 객체 부분을 인식합니다. 마치 정물화를 그릴 때 대략적인 구도와 특징을 파악한 다음 세부적인 특징을 구체화하는 것과 비슷하죠. 즉 합성곱으로 시작한 특징 추출이 다층 인공신경망과 결합하면, 사람이 미처 생각하지 못한 복잡하고 중요한 특징까지 자동으로 찾아낼 수 있습니다. 오늘날 자율주행차, 교통 관리 시스템, 보안 분야에서 높은 성능을 발휘하는 비결이죠.

하지만 특징을 추출하는 것만으로는 충분하지 않습니다. 추출된 특징들을 바탕으로 '이것은 트럭이다' '저것은 승용차다'라는 최종 분류 판단

자율주행차는 어떻게 도로에서 장애물을 구별할까?

을 내려야 하죠. 그렇다면 인공지능은 어떤 방법으로 이런 분류를 수행할까요? 다음으로는 이미지 분류의 핵심 원리를 알아보겠습니다.

스마트폰의 페이스 ID부터 자율주행차의 물체 감지까지

인간이 보지 못하는 것까지 잡아내다
: 딥러닝과 분류 모델

일론이는 연구소의 인공지능 모니터링 센터에서 흥미로운 장면을 목격했습니다. 벽면에 설치된 대형 모니터에서 여러 교각에 설치된 CCTV 영상을 실시간으로 송출하는데, 각 영상에서 지나가는 차량 위에 '승용차 84퍼센트' '트럭 90퍼센트' '버스 89퍼센트' 같은 분류 결과가 실시간으로 표시되고 있었습니다. 일론이의 머릿속에는 새로운 궁금증이 떠올랐습니다.

"특징을 추출하는 건 알겠는데, 그 특징들을 바탕으로 어떻게 이것이 트럭이라는 최종 결론을 내리지?"

합성곱으로 에지·질감·모서리 같은 특징을 추출하는 과정은 이해했지만, 그다음 단계인 '분류 판단' 과정은 여전히 미스터리였어요. 추출된 수많은 특징이 어떻게 하나의 명확한 결론으로 이어졌을까요?

이미지 분류의 원리는 4장에서 살펴본 분류 모델 메커니즘과 매우 유

사율주행차는 어떻게 도로에서 장애물을 구별할까?

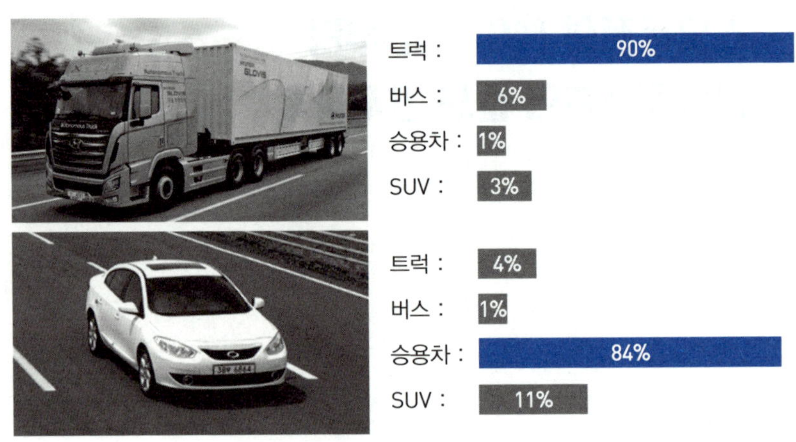

데이터를 학습한 인공지능의 차량 분류

사합니다. 먼저 수천수만 장의 차량 이미지에 '이것은 트럭' '이것은 승용차' '이것은 버스'라는 정답 라벨을 붙여서 학습 데이터를 만듭니다. 인공지능은 이 데이터를 반복해서 학습하며 차량 종류의 특징 패턴을 익히죠. 학습이 완료되면, 새로운 이미지가 들어왔을 때 기존에 학습한 패턴과 비교하여 가장 유사한 범주로 분류합니다.

과거에는 연구자들이 직접 '자동차를 구분하려면 이런 특징들을 봐야 해'라고 규칙을 정해주었습니다. 예를 들어 길이가 5미터 이상이고 높이가 2.5미터 이상이면 트럭, 그보다 작으면 승용차라는 식이었죠. 하지만 이런 방식은 사람이 생각해내는 특징에 의존해야 했고, 복잡한 상황에서는 한계가 드러났습니다. 같은 차량이라도 각도나 조명에 따라 측정값이 달라질 수 있었거든요.

현재는 딥러닝으로 특징 추출과 분류가 통합적으로 이루어집니다. 앞에서 살펴봤듯이 인공신경망이 이미지에 담긴 특징을 스스로 찾아냅니다. 추출한 특징들은 컴퓨터가 처리할 수 있도록 숫자 벡터 형태로 변환하고요. 이를테면 승용차 [0.3, 0.2, 0.4, 0.5], 트럭 [0.8, 0.7, 0.8, 0.3] 같은 식으로 특징을 나타냅니다.

특징 벡터가 뚜렷하게 구분되는 차량을 분류하는 경우에는 4장에서 배운 전통적인 분류 모델들을 활용할 수 있습니다. k-NN 모델은 '과거에 비슷한 특징을 가진 차량은 무엇이었나?'와 같이 유사도에 기반하여 분류했고, SVM은 특징 공간에서 벡터들을 나누는 최적의 경계선을 그어 분류했죠? 의사결정나무는 '길이가 긴가?' '높이가 높은가?' '창문 패턴이 있는가?'와 같은 질문들로 단계적 판단을 내렸고요.

이제는 예시와 함께 인공지능의 차량 이미지 분류 과정을 한번 살펴보겠습니다.

길이	높이	각진 모서리	곡선	차량 종류
0.3	0.2	0.4	0.7	승용차
0.4	0.25	0.3	0.8	승용차
0.35	0.22	0.35	0.75	승용차
0.8	0.7	0.6	0.4	버스
0.85	0.75	0.5	0.3	버스
0.82	0.72	0.55	0.35	버스
0.7	0.6	0.8	0.2	트럭
0.75	0.65	0.85	0.15	트럭
0.8	0.7	0.9	0.1	트럭
0.5	0.5	0.6	0.5	SUV
0.45	0.48	0.65	0.55	SUV
0.52	0.51	0.58	0.52	SUV

차량별 특징 벡터

자율주행차는 어떻게 도로에서 장애물을 구별할까?

① 훈련 데이터 학습

먼저 인공지능은 차량 종류에 따라 분류된 데이터를 학습합니다. 이미 분류가 완료된 12대의 차량별 특징 벡터 4개가 앞의 표와 같다고 해보겠습니다.

표를 살펴보면 차량 종류별로 특징의 차이를 확인할 수 있습니다. 승용차들은 높이가 낮고 길이도 짧은 편이며 곡선의 특징을 가집니다. 반면 버스들은 길이와 높이 모두 큰 값을 보이죠. 트럭들은 각진 모서리에서 뚜렷한 특징을 보이며, 곡선 특징은 낮은 편입니다. SUV들은 모든 특징이 중간 정도 값을 나타내네요.

② 새롭게 인식된 이미지 데이터의 행렬 변환

새로운 차량 이미지를 시스템에 입력하면, 먼저 픽셀 정보를 숫자 행렬로 변환합니다. 앞에서 배운 것처럼 모든 이미지는 픽셀별로 밝기나 색상을 나타내는 숫자들의 행렬로 표현되죠. 컴퓨터가 이미지를 수학적으로 처리할 수 있도록 준비하는 단계입니다.

③ 특징을 추출하여 벡터로 표현하기

다음으로 합성곱을 연산하여 행렬에서 의미 있는 특징들을 추출합니다. 이 과정에서 딥러닝을 많이 활용합니다. 사람이 특징을 추출하기보다는 인공신경망이 이미지의 구체적 특징을 파악하죠. 파악한 특징들을 바탕으로 픽셀 데이터에서 길이·높이·각진 모서리·곡선 등 핵심 특징을 4개의 숫자(벡터)로 파악해볼 수 있습니다.

새로 인식된 차량이 이 과정을 거쳐 [0.55, 0.45, 0.62, 0.48]이라는 특징 벡터가 추출되었다고 해보겠습니다. 이 4개 숫자가 바로 이 차량을 인식하는 수학적 지문이라고 할 수 있습니다.

④ 분류 알고리즘으로 인식하기

이제 4장에서 배운 여러 분류 모델을 활용해 분류를 수행합니다. 예를 들어 벡터 사이 거리가 가장 가까운 데이터를 참고하는 k-NN 방식으로 분류를 진행해보기로 해요. 새로운 차량 [0.55, 0.45, 0.62, 0.48] 과 각 학습 데이터 사이의 유클리드 거리를 계산해야겠죠? 첫 번째 승용차와의 거리를 계산해보면 아래 표와 같습니다.

특징 벡터		거리	5위 이내
[0.3, 0.2, 0.4, 0.7]	→	0.47	
[0.4, 0.25, 0.3, 0.8]	→	0.52	
[0.35, 0.22, 0.35, 0.75]	→	0.49	
[0.8, 0.7, 0.6, 0.4]	→	0.36	버스
[0.85, 0.75, 0.5, 0.3]	→	0.48	
[0.82, 0.72, 0.55, 0.35]	→	0.41	
[0.7, 0.6, 0.8, 0.2]	→	0.39	트럭
[0.75, 0.65, 0.85, 0.15]	→	0.49	
[0.8, 0.7, 0.9, 0.1]	→	0.59	
[0.5, 0.5, 0.6, 0.5]	→	0.08	SUV
[0.45, 0.48, 0.65, 0.55]	→	0.13	SUV
[0.52, 0.51, 0.58, 0.52]	→	0.09	SUV

새로운 차량과 기존 학습 데이터 사이 거리

자율주행차는 어떻게 도로에서 장애물을 구별할까?

새로운 차량과 기존에 학습된 데이터 사이 거리가 작을수록 더 유사하다는 의미이므로, 새로운 차량은 SUV들과 가장 비슷한 특징을 보입니다. k=5로 설정하여 가장 가까운 5개 차량을 선택하면, 거리순으로 SUV·SUV·SUV·버스·트럭이 선택됩니다.

특징이 뚜렷하게 구분되어 나타나는 차량(이미지)도 있지만, 실제 우리 일상에서는 훨씬 더 세밀한 분류가 필요한 경우가 종종 있습니다. 예를 들어 지문 인식이나 인천공항의 스마트패스 시스템처럼 사람의 얼굴을 인식하여 개별 신원을 확인하는 경우를 생각해보세요. 사람의 얼굴은 눈·코·입이라는 기본 구조가 같지만, 매우 미묘한 차이로 고유한 특징이 나타납니다. 눈썹의 각도, 광대뼈의 곡선, 입술 두께, 심지어 피부톤의 미세한 차이까지 모든 요소가 중요한 단서가 되죠.

이처럼 아주 세밀한 특징을 구분해야 하는 문제에서는 몇 개의 간단한 규칙으로는 한계가 생깁니다. 수백수천 개의 미묘한 특징이 복잡하게

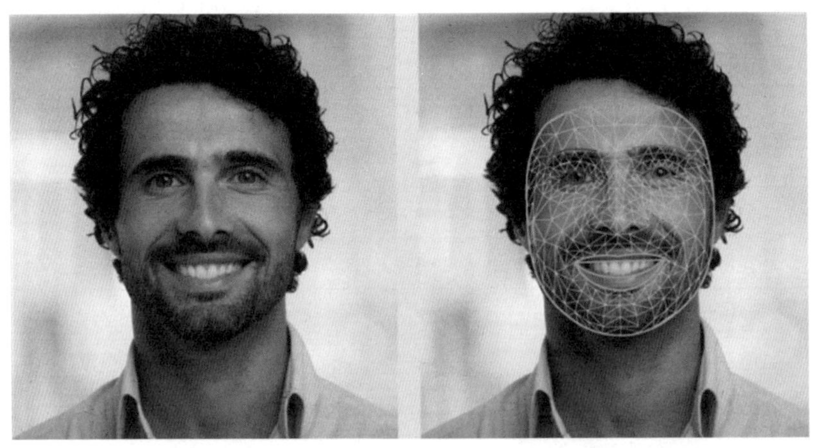

구글의 미디어파이프 얼굴 랜드마크 도구를 활용한 안면 인식

얽힌 패턴을 인식해야 하거든요. 이때 인공신경망이 진가를 발휘합니다. 특히 다층 신경망은 수많은 은닉층을 활용해서 복잡한 비선형 관계까지 학습하여 '이 미묘한 특징들의 조합은 A씨의 얼굴이다'라는 고도의 판단을 내릴 수 있습니다.

현재 교각 모니터링 시스템은 95퍼센트 이상의 정확도로 차량을 분류하고, 공항의 얼굴 인식 시스템 역시 99퍼센트 이상의 정확도를 보입니다. 수학적 알고리즘 덕분에 가능한 일입니다. 경사하강법으로 최적의 매개변수를 찾고, 분류 이론으로 판단 기준을 세우며, 신경망으로 복잡한 패턴을 학습하는 것이죠. 인공지능의 놀라운 성능 뒤에는 항상 견고한 수학적 토대가 자리 잡고 있습니다.

'담장 위'의 '고양이'를 찾는
'객체 탐지'

일론이는 자율주행차 연구소에서 새로운 시뮬레이터를 체험할 기회를 얻었습니다. 화면에는 평범한 교차로 풍경이 나타났어요. 횡단보도를 건너려는 어른과 아이, 길가에 앉아 있는 고양이, 그리고 빨간불인 신호등이 보였습니다. 그런데 신기한 것은 모니터가 2개로 나뉘어 있다는 점이었어요.

이미지 분류 기술은 하나의 이미지가 트럭인지 자동차인지 구분하는 기능을 합니다. 하지만 실제 세계의 이미지에는 하나의 물체만 있는 경우가 드물죠. 길거리 사진에는 자동차, 보행자, 신호등, 건물 등 다양한

자율주행차는 어떻게 도로에서 장애물을 구별할까?

사람이 보는 이미지와 객체 탐지로 살펴본 이미지 비교

물체가 존재합니다. 이미지 분류는 '이 사진은 무엇인가?'라는 질문에
답한 후, 다음 단계로 '이 사진 속 어디에 무엇이 있는가?'라는 좀 더 복
잡한 문제를 해결해야 합니다. 이런 작업을 위한 기술이 바로 **객체 탐지**
object detection 입니다.

우리가 앞에서 살펴본 이미지 분류는 사진 하나를 보고 '이건 고양이'
처럼 하나의 정답을 고르는 작업이었습니다. 여기에 고양이가 어느 위치

고양이 이미지
(이미지 분류)

고양이 이미지
(이미지 분류와 위치 탐지)

객체 탐지

에 있는지까지 추가로 파악하는 기술을 '위치 탐지 localization'라고 합니다. 이 두 가지를 결합한 객체 탐지는 '여기는 고양이!' '저기는 강아지!'처럼 이미지 안에 있는 여러 객체의 종류와 위치를 동시에 알아내요. 마치 숨은그림찾기를 하듯, 사진 전체를 샅샅이 살펴죠. 그래서 객체 탐지는 분류보다 훨씬 복잡하고 섬세한 기술이라고 할 수 있습니다.

객체 탐지를 하는 방법은 여러 가지인데, 가장 유명하고 널리 쓰이는 방법이 **욜로** YOLO 입니다. 욜로는 'You Only Look Once'의 줄임말로, 이미지를 한 번만 보고 결과를 예측하는 방법을 말합니다. 이 방법이 개발되기 전에는 이미지를 여러 번 나누어 살펴봐야 했는데 욜로는 한 번 쭉 훑으면서 모든 객체를 찾아내서 객체 탐지 처리 속도가 빨라졌습니다. 덕분에 욜로는 자율주행차나 실시간 CCTV 영상 분석에 널리 사용됩니다. 그렇다면 욜로가 어떻게 한 번 만에 객체를 탐지하는지 단계적으로 살펴보겠습니다.

① 그리드 나누기 : 좌표 평면 활용

7×7 격자로 나눈 이미지

욜로는 이미지를 바둑판처럼 여러 개의 격자(그리드)로 나누는 데서 시작합니다. 이때 좌표평면을 구역화하는 기하학적 분할 개념을 활용합니다. 예를 들어 7×7로 나누면 총 49개의 칸이 생기는데, 전체 해상도를 바탕으로 좌표를 만들어서 각 구간을 나눕니다.

자율주행차는 어떻게 도로에서 장애물을 구별할까?

② 칸마다 객체가 있을 확률 계산 : 신경망을 활용한 확률 변환

객체가 있을 확률 판단

욜로는 두 번째 작업으로 각 칸에 객체가 있을 확률을 계산합니다. 확률은 0과 1 사이의 숫자로 표현하는데, 1에 가까울수록 '객체가 확실히 있다'는 의미이고, 0에 가까울수록 '객체가 없는 것 같다'는 의미입니다. 예를 들어 어떤 칸이 0.85의 확률을 예측했다면, 그곳에 85퍼센트 확률로 객체가 있다고 인공지능이 판단했다는 뜻입니다.

확률 계산에는 인공신경망을 활용합니다. 인공신경망의 출력층에서 시그모이드 함수 $\sigma(z)=\dfrac{1}{1+e^{-z}}$를 활용해서 신경망의 연산 결과를 확률로 변환합니다. 이 확률은 마치 여러분이 어두운 방에서 객체의 형태를 대강 파악하는 것과 비슷합니다. 확실히 보이지 않더라도 '이건 아마도 의자일 거야'라고 느낌으로 판단하는 것처럼요.

③ 객체의 위치와 크기 예측 : 좌표와 정규화

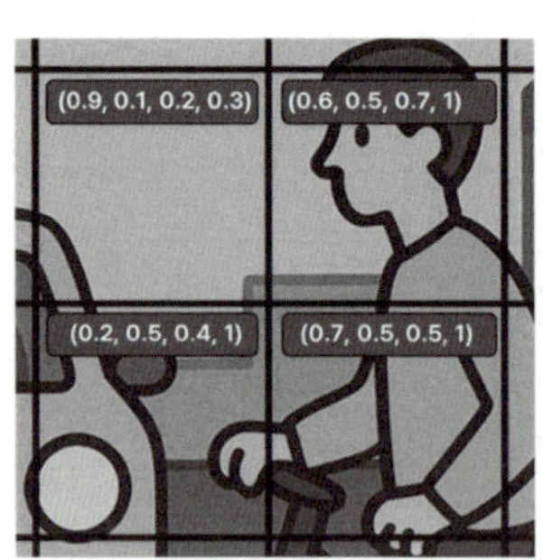

객체의 위치와 크기 예측

다음으로 욜로는 객체의 정확한 위치와 크기를 예측합니다. 칸마다 (x, y, w, h)라는 네 개의 숫자를 계산하는데, (x, y)는 객체의 중심 위치를, (w, h)는 객체의 너비와 높이를 나타냅니다. 예를 들어 $x=0.5$, $y=0.5$라면 객체의 중심이 칸의 정중앙에 있다는 뜻이고, $w=0.8$, $h=0.6$이라면 객체가 칸의 80퍼센트

경계 상자 생성

너비와 60퍼센트 높이를 차지한다는 의미입니다.

객체의 중심 좌표 (x, y)와 너비·높이 (w, h)를 예측하는 과정으로, 각 칸의 상대적 위치와 크기를 전체 이미지에서의 위치를 나타내는 좌표로 변환합니다. 이 좌표와 크기 정보를 이용해 욜로는 객체 주위에 경계 상자(박스)를 그립니다. 마치 사진 속에서 객체에 형광펜으로 동그라미를 치는 것처럼요. 스마트폰 카메라 앱에서 얼굴을 인식할 때 나타나는 사각형 테두리가 바로 이런 경계 상자의 예시죠.

④ 클래스 예측 : 확률 변환 및 최댓값 산출

객체 범주 예측

네 번째로 욜로는 찾아낸 객체가 어떤 종류인지 예측합니다. 이 과정을 '클래스 예측'이라고 부르는데, 각 객체가 어떤 범주에 속하는지 확률로 계산합니다. 예를 들어, 결과가 '자동차 0.9, 자전거 0.1'이라면, 이 객체가 자동차일 확률이 가장 높다고 판단했다는 뜻입니다. 객체의 종류를 확률로 나타내는 과정에서 다시 시그모이드 함수를 활용하며, 여러 클래스 가운데 가장 높은 확률을 선택하는 '최댓값 찾기' 연산이 사용됩니다.

인공지능은 학습한 클래스 종류에 따라 자동차, 자전거, 신호등, 책상 등 다양한 객체를 구분합니다. 이 과정은 우리가 객체를 보고 '이건 책

사율주행차는 어떻게 도로에서 장애물을 구별할까?

이야' '저건 의자야'라고 즉시 인식하는 것과 유사하지만, 인공지능은 각 가능성의 확률까지 계산한다는 점에서 다릅니다.

⑤ 최종 결과 종합하기 : 조건부 확률 활용

최종 판단

욜로는 세 정보(객체 존재 확률, 위치와 크기, 클래스 예측)을 모두 종합하여 최종 결정을 내립니다. 방법은 간단해요. 객체 존재 확률과 클래스 확률을 곱하여 최종 신뢰도를 계산합니다. 예를 들어, 객체가 있을 확률이 0.9이고 자동차일 확률이 0.8이라면, 최종 신뢰도는 $0.9 \times 0.8 \times = 0.72$가 됩니다. 값이 클수록 '이 위치에 이런 종류의 객체가 있다'는 예측이 더 확실하다는 의미입니다.

객체 존재 확률과 클래스 확률을 곱하는 간단한 곱셈 연산으로 최종 신뢰도를 계산하고, 조건부 확률의 개념을 반영합니다. 욜로는 이런 계산을 모든 칸과 모든 가능한 경계 상자에서 동시에 수행하여 한 이미지 안에서 여러 객체를 동시에 찾아냅니다.

이처럼 욜로는 여러 단계로 수학적 계산을 수행하여 이미지 속 객체를 빠르고 정확하게 찾아냅니다. 인공지능이 처리하는 숫자는 매우 많지만, 기본 원리는 '이미지를 한 번에 훑어보고 객체의 위치와 종류를 예측한다'는 단순한 아이디어에서 출발합니다. 이 기술 덕분에 자율주행차는 도로 위의 장애물을 인식하고, 보안 카메라는 수상한 행동을 감지하며, 로봇은 주변 환경을 이해합니다. 스마트폰으로 사진을 찍을 때, 카메라가 얼굴을 인식하는 상자를 보면서 '아, 여기에 욜로 같은 기술이 사용되고 있구나'라고 생각해본다면 우리 일상에서 인공지능이 어떻게 작동하는지 더 잘 이해할 수 있을 거예요.

자율주행차는 어떻게 도로에서 장애물을 구별할까?

행렬이 만들어내는 마법, 합성곱 신경망

6장에서 우리는 이미지를 행렬로 나타내고 작은 필터를 움직이며 특징을 뽑아내는 합성곱을 살펴보았어요. 격자 모양의 행렬 위에 3×3 같은 작은 창을 올려두고 곱셈과 덧셈을 반복하면 경계선이나 점 같은 모양이 드러난다는 것도 확인했죠. 이번 심화학습에서는 이게 '왜 그렇게 잘 되는지'를 수학의 눈으로 한 번 더 바라보려 합니다.

합성곱 신경망은 말 그대로 합성곱을 사용하는 인공신경망입니다. 입력으로는 $32 \times 32 \times 3$처럼 가로·세로·색깔 채널을 가진 3차원 블록이 들어오죠. 각 층에는 여러 작은 행렬(필터)이 있어서, 이미지를 이리저리 훑으면서 특정한 모양에 반응하도록 학습합니다. 처음 층에서는 수직선·수평선·점 같은 단순한 패턴에 반응하고, 다음 층으로 갈수록 눈·입·바퀴처럼 조금 더 복잡한 모양을 알아보게 하는 거죠. 이 과정으로 결국 사람 얼굴이나 자동차 같은 복합적인 대상까지 구분하는데, 이 모든 일이 사실은 작은 행렬들을 잘 설계해서 곱해주는 과정의 결과라고 볼 수 있어요.

왜 굳이 이런 특별한 구조가 필요했을까요? 해상도 32×32의 컬러 이

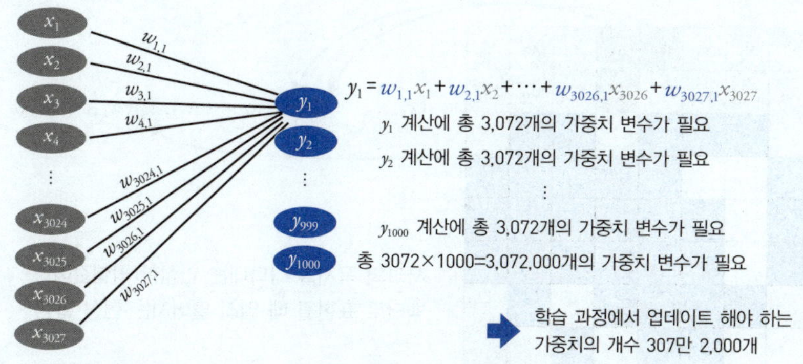

이미지를 펼친 벡터의 문제 1

미지를 그냥 한 줄로 펼쳐서 긴 벡터로 만든 뒤 일반 인공신경망의 입력으로 쓰면 단순할 듯한데 말이지요. 문제는 이 이미지를 벡터로 만들면 각 채널당 32×32=1,024개의 픽셀값이 필요하고, RGB 3개의 채널이 필요하므로 총 3,072차원의 벡터가 필요해진다는 점입니다. 이 긴 벡터를 바로 1,000개의 출력 노드(숫자 0~999 같은)를 가진 층과 연결한다고 해볼게요. 이때 필요한 가중치의 개수는 32×32×3×1000, 즉 307만 2,000개가 되어버립니다. 중간에 은닉층까지 넣어서 '조금 더 똑똑한' 신경망을 만들려고 하면, 가중치 수는 순식간에 수천만, 수억 개로 늘어나죠. 이렇게 많은 파라미터를 다루려면 계산량도 많아지고, 학습 데이터도 엄청나게 많이 필요해져서 현실적인 모델을 만들기 어려워집니다.

　단순히 계산량 문제만 있는 것도 아니에요. 이미지를 한 줄로 펼쳐서 벡터로 만들면, '어떤 픽셀이 누구의 이웃이었는지'가 흐려집니다. 원래는 바로 옆에 붙어 있던 두 픽셀이 벡터 안에서는 서로 멀리 떨어진 위치에 놓일 수 있죠. 우리 눈에는 '여기부터 여기까지는 같은 색이 이어지

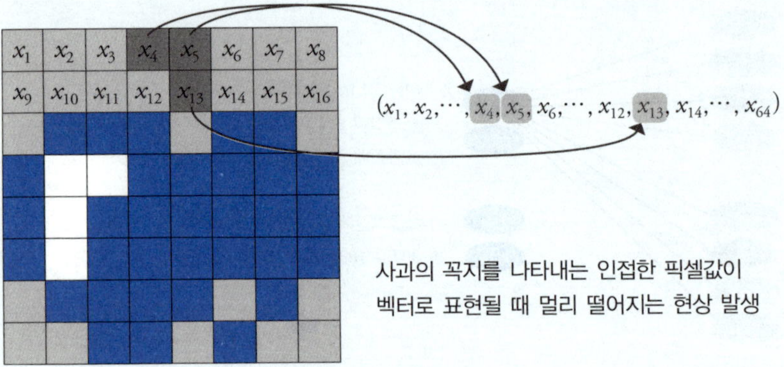

이미지를 펼친 벡터의 문제 2

고, 여기서 갑자기 색이 바뀐다'라는 패턴이 중요합니다. 그런데 벡터로 표현된 숫자만 보고는 그런 모양을 바로 알아차리기 어렵습니다. 신경망 입장에서는 '이 숫자와 저 숫자가 원래 가까운 위치였다'는 사실을 다시 일일이 배워야 하는 셈이라, 학습이 더 힘들어져요.

합성곱은 바로 이 부분에서 힘을 발휘합니다. 합성곱은 이미지를 통째로 보지 않고, 3×3이나 5×5 같은 작은 창으로 잘라서 보면서 주변 몇 칸에만 집중해요. 6장에서 실습해본 것처럼, 3×3 필터를 이미지 위에 올려놓고 필터와 겹친 3×3 부분끼리 곱한 값을 모두 더하면, 그 위치의 '특징 점수' 하나가 나옵니다. 이 점수를 특징 맵의 한 칸에 적어 넣고,

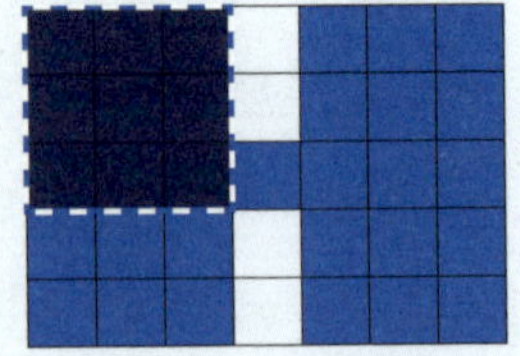

창을 한 칸 옮겨서 같은 계산을 반복하는 거죠. 이렇게 하면 신경망은 항상 '주변 3×3 영역'을 함께 보면서 그 안에 수직선이 있는지, 밝은 점이 있는지 같은 패턴을 찾아낼 수 있어요. 벡터로 펼쳐졌을 때 사라지던 이웃 관계를 작은 창으로 다시 회복하는 셈입니다.

$$
\begin{pmatrix}
10 & 20 & 30 & 40 & \cdots & 50 \\
11 & 21 & 31 & 41 & \cdots & 51 \\
12 & 22 & 32 & 42 & \cdots & 52 \\
13 & 23 & 33 & 43 & \cdots & 53 \\
\vdots & \vdots & \vdots & \vdots & \cdots & \vdots \\
14 & 24 & 34 & 44 & \cdots & 54
\end{pmatrix}
*
\begin{pmatrix}
-1 & 0 & 1 \\
-1 & 0 & 1 \\
-1 & 0 & 1
\end{pmatrix}
$$

$$
(10\ 20\ 30\ 11\ 21\ \cdots\ 22\ 32) \cdot (-1\ 0\ 1\ -1\ 0\ \cdots\ 0\ 1)
$$

이 과정을 조금 더 수학적으로 보면, 합성곱 한 칸의 계산은 두 벡터의 내적으로 이해할 수 있습니다. 예를 들어 3×3×3 크기의 작은 블록을 잘라냈다고 해볼게요.* 이 안에는 총 27개의 픽셀값이 들어 있으니, '길이 27짜리 벡터'로 펼칠 수 있습니다. 필터 안에 있는 3×3×3 숫자들도 마찬가지로 길이 27짜리 가중치 벡터로 볼 수 있고요. 이 두 벡터를 하나씩 곱해서 모두 더한 값, 즉 내적이 바로 특징 맵 한 칸의 값입니다. 창을 한 칸씩 옮겨가며 같은 내적을 반복하면 한 장의 특징 맵을 얻을 수 있고, 이를 여러 필터에 반복하면 여러 장의 특징 맵이 만들어지죠.

합성곱이 인공신경망의 계산을 줄여주는 비밀은, 이렇게 작은 필터 몇

---

* 3×3 크기의 행렬을 3개 채널에서 잘라냈다는 의미입니다.

개를 이미지 전체에 반복해서 사용한다는 데 있습니다. 3×3×3 필터 하나는 27개의 가중치만 가지며, 이런 필터를 16개 준비한다고 해도 가중치는 27×16=432개에 불과해요. 아까 완전 연결층에서 수백만 개의 가중치가 필요했던 것과 비교해보면, 조절해야 할 숫자의 양이 얼마나 줄어드는지 바로 보이죠. 이 432개의 숫자를 잘 학습해두면, 필터 16개가 이미지의 왼쪽 위, 가운데, 오른쪽 아래 등 어디에서든 같은 방식으로 모양을 찾아냅니다. 덕분에 일반 신경망보다 훨씬 적은 파라미터로도 넓은 이미지를 골고루 살펴볼 수 있고, 계산량도 그만큼 줄어듭니다.

이렇게 만들어진 합성곱을 여러 층으로 쌓으면, 특징도 층을 따라 점점 복잡해집니다. 첫 번째 합성곱 층의 필터들은 주로 수직선·수평선·대각선·점 같은 단순한 모양에 반응합니다. 그다음 층에서는 이런 기본 패턴을 조합해서 눈·입·창문·바퀴처럼 조금 더 의미 있는 모양을 찾지요. 더 깊은 층으로 갈수록 사람의 얼굴 전체, 자동차 전체, 고양이 전체처럼 복잡한 물체를 구분할 만한 특징이 만들어집니다.

이 모든 과정이 결국 작은 행렬(필터)과 주변 픽셀 블록의 내적을 반복하면서, 그 결과를 또 다른 행렬 연산으로 이어가는 과정입니다. 이미지를 행렬로 표현하고, 합성곱이라는 필터로 특징 맵을 만들고, 특징 맵들이 각 층을 거치면서 이미지 속 정보들이 점점 정리되고 압축되는 셈입니다.

정리해보면, 합성곱 신경망이 이미지를 잘 알아보는 이유는 우연이 아니라 행렬이 가진 구조적 힘 덕분입니다. 합성곱은 이미지를 있는 그대로 다루면서도, 파라미터 수와 계산량을 크게 줄여주는 특별한 행렬 연산이에요. 만약 합성곱 구조가 없었다면, 인공신경망으로 복잡한 이미지를 처리하는 일은 계산량과 데이터 부족 문제를 벗어나지 못하고 사실상 실현 불가능했을지도 모릅니다. 행렬은 이제 더 이상 '이미지를 담아두는 그릇'에 머무르지 않고, 이미지를 이해하고 처리하는 가장 중요한 도구가 되었습니다.

자율주행의 핵심 수학 기반,
베이지안 추론

차를 타고 가는 상황을 한번 떠올려봅시다. 차량에 탑승해서 내비게이션에 목적지를 입력하니 경로를 안내해주기 시작합니다. 이제 내비게이션에 따라 차량이 이동만 잘하면 될 것 같습니다.

그러나 막상 도로에 나와보면 정적인 지도만으로는 설명할 수 없는 역동적 요소가 많지요. 도로는 나 혼자만 사용하지 않습니다. 도로 위에

도로에서 만나는 다양한 상황: 차량, 보행자, 공사 등

서는 다른 차들이 움직이고, 보행자가 길을 건너며, 때로는 예상치 못한 장애물이 갑자기 나타나기도 합니다. 이런 상황에서 자율주행차는 어떻게 안전하게 주행할까요?

자율주행차 입장에서 도로는 마치 확률이 지배하는 세계와 같습니다. 다른 차량이 갑자기 차선을 변경할 확률, 횡단보도에서 보행자가 건널 확률, 공사 구간이 나타날 확률 등 모든 상황이 확률적으로 발생합니다. 이런 불확실성 속에서 자율주행차는 단순히 '이 물체가 여기 있다'는 위치의 사실만 알아서는 부족합니다. 움직임을 파악하여 '이 물체는 앞으로 어디로 움직일까?'라는 미래 위치 상태까지 예측해야 하죠. 예를 들어 도로 위에서 공이 굴러온다고 감지했다면, 그 뒤에 아이가 뛰어나올 가능성을 고려해야 합니다.

현재 관측한 정보를 바탕으로 앞으로 어떤 일이 일어날지의 확률을 다시 계산하는 과정이 바로 **베이지안 추론** bayesian inference 의 핵심입니다. 베이지안 추론은 '한 번 정해진 확률'을 고정된 값으로 보는 대신, 새로운 정보(증거)가 들어올 때마다 그에 맞게 우리의 믿음, 즉 확률을 조금씩 조정하는 수학적 방법입니다. 이때 확률을 어떻게 업데이트할지 알려주는 공식이 바로 '베이즈 정리 bayes' theorem '입니다. 이제 자율주행차가 마주한 상황을 예로 들어, 베이즈 정리가 실제로 어떻게 쓰이는지 하나씩 짚어 보겠습니다.

일반적으로 도로 근처에 서 있는 아이가 갑자기 도로로 뛰어들 확률이 약 0.1이라고 가정해봅시다. 과거에 수집한 많은 데이터로 자율주행차가 '도로 옆에 서 있는 아이는 대략 10명 중 1명 정도가 도로로 뛰어든다'고 학습했다고 볼 수 있겠죠. 이렇게 아직 추가 단서가 주어지지 않

은 상태에서 어떤 사건이 일어날 가능성을 나타내는 확률을 **사전 확률**
prior probability 이라고 부릅니다. 다시 말해, 사전 확률은 '새로운 정보를 보기 전, 우리가 가지고 있던 기본적인 믿음'에 해당하는 확률입니다.

자율주행차의 카메라가 공을 든 아이를 발견했다고 해봅시다. 공을 들고 있다는 사실은 아이가 친구들과 뛰어놀다가 도로 쪽으로 달려 나올 가능성을 더 크게 만드는 요인이죠. 이렇게 우리가 새롭게 관측한 정보, 즉 어떤 사건의 가능성을 바꾸어놓는 단서를 **증거** evidence 라고 합니다.

이제 '공을 들고 있다'는 증거가 실제로 아이가 도로로 뛰어들 확률을 얼마나 바꿔놓는지 계산해봅시다. 그러려면 먼저 공과 도로로 뛰어드는 행동 사이의 연관성을 알아야 합니다. 질문을 이렇게 바꿔볼 수 있겠죠. '만약 정말로 도로로 뛰어들 의도가 있다면, 아이가 공을 들고 있을 확률은 얼마나 될까?' 이처럼 어떤 사건이 이미 일어났다고 가정했을 때 관측한 증거가 나타날 확률을 **가능도** likelihood 라고 부릅니다. 과거 데이터를

공을 들지 않은 아이와 든 아이의 관측 차이

분석해보니 '도로로 뛰어든 아이들 가운데 약 80퍼센트가 공을 가지고 있었다'는 결과가 나왔다고 합시다. 그렇다면 0.8이라는 값이 바로 '뛰어 드는 아이가 공을 들고 있을 확률', 즉 이 상황에서의 가능도입니다.

추가로 '도로로 뛰어들지 않은 아이들 가운데 약 30퍼센트만이 공이 나 장난감을 가지고 있었다'는 정보도 알고 있다고 하겠습니다. 이제 우 리는 세 가지를 모두 갖추게 되었습니다. 도로로 뛰어들 확률에 대한 사 전 확률(0.1), 아이가 공을 들고 있을 가능도(0.8), 그리고 도로로 뛰어들 지 않을 때 공을 들고 있을 확률(0.3)입니다. 이 정보를 모두 종합하여 공 을 들고 있는 아이가 실제로 도로로 뛰어들 확률을 다시 계산한 값이 바 로 **사후 확률** posterior probability 입니다. 사후 확률은 '증거를 확인한 뒤에 새 로 업데이트한 확률'이며, 베이즈 정리에 따라 조건부 확률의 형태로 다 음과 같이 나타냅니다.

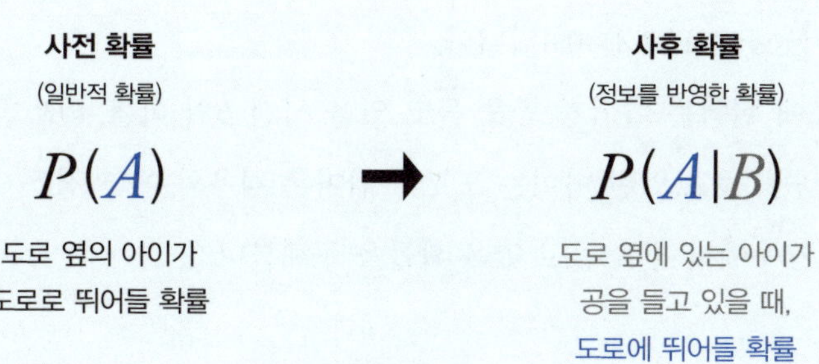

즉, 추가 정보가 주어졌을 때 이를 반영하면 좀 더 정확한 예측을 할 수 있는데, 사후 확률을 구하는 방법은 다음과 같습니다. 이것이 바로 **베 이즈 정리**입니다.

$$P(A|B) = \frac{P(B|A)}{P(B)} \times P(A)$$

그렇다면 사후 확률을 구하기 위해 각각의 확률을 구해봅시다.

먼저 도로에 뛰어드는 사건 A의 사전 확률은 0.1이므로 P(A)=0.1입니다. 제공된 정보 가운데 도로에 뛰어들었을 때 아이가 공을 들고 있을 확률인 가능도는 P(B|A)=0.8입니다.

도로에 뛰어든 아이가 공을 들고 있을 사건 B의 확률, P(B)를 구해봅시다. 공을 들고 있던 아이는 도로에 뛰어든 경우와 아닌 경우가 있습니다. 각 경우에서 공을 들고 있을 확률을 구해봅니다.

도로에 뛰어든 아이는 10%, 그중 80%는 공을 들고 있었으므로

→ 0.1×0.8=0.08

도로에 뛰어들지 않은 아이는 90%, 그중 30%는 공을 들고 있었으므로

→ 0.9×0.3=0.27

따라서 P(B)=0.08+0.27=0.35가 됩니다.

$$P(A|B) = \frac{P(B|A)}{P(B)} \times P(A) = \frac{0.8}{0.35} \times 0.1 = 2.3 \times 0.1 = 0.23$$

즉 기존에는 도로에 뛰어들 확률이 0.1이었지만, 아이가 공을 들고 있다는 정보가 추가되자 도로에 뛰어들 확률이 0.23으로 높아졌습니다. 여기서 도로변에 있는 어린이가 보호자의 손을 잡고 있다는 정보가 주어진다면 도로에 뛰어들 확률은 더 낮아지겠죠?

이외에도 도로에서 접할 수 있는 다양한 사례에 베이지안 추론을 적용해볼까요? 만약 횡단보도 근처에 서 있는 보행자가 신호등을 보며 서 있다면, 초록불에는 횡단보도를 건널 확률이 높고 빨간불에는 건널 확률이 낮겠죠. 또한 보행자의 자세(걷는 중, 서 있음 등), 시선 방향, 심지어 날씨나 시간대까지도 보행자가 횡단보도를 건널 확률에 영향을 미칩니다. 자율주행차는 이러한 다양한 요소를 종합적으로 고려하여 보행자의 의도를 추론합니다. 예를 들어, 다음과 같은 조건부 확률을 계산할 수 있습니다.

- 시선이 도로 쪽을 향함
- 보행자 신호가 초록불로 바뀜
- 걷는 쪽이 횡단보도 방향

해당 조건들이 모두 관측되었을 때, 보행자가 도로를 건널 확률은 매우 높아집니다.

　자율주행의 미래에서 베이지안 추론과 확률적 모델링은 점점 더 중요해질 전망입니다. 현재 자율주행 기술은 주로 명확한 규칙과 결정론적 알고리즘에 의존하는 경향이 있지만, 진정한 레벨 5의 자율주행(모든 상황에서 인간의 개입 없이 주행 가능)이 가능하려면 불확실성을 효과적으로 다루는 확률적 접근이 필수입니다. 인간 운전자가 다양한 상황에서 직관적으로 위험을 예측하고 대응하듯이, 자율주행차도 복잡한 확률 모델로 주변 환경의 불확실성을 이해하고 안전한 결정을 내릴 수 있어야 합니다. 베이지안 추론과 조건부 확률이 자율주행의 핵심 수학적 기반이 되는 이유를 알겠지요?

생성형 인공지능이라는 화가의 비밀!

: 아름다움을 만드는 자연법칙, 통계

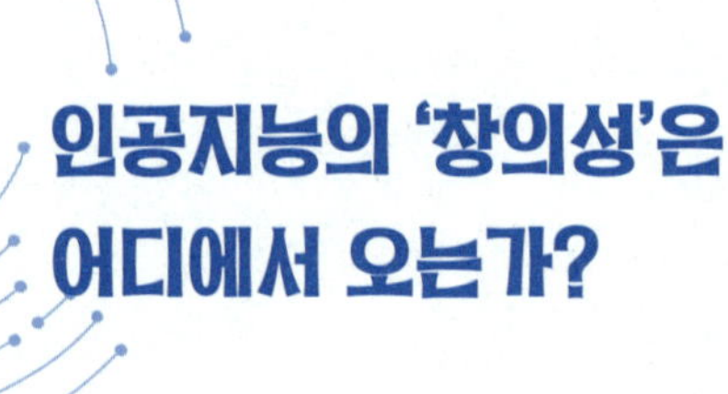

인공지능의 '창의성'은
어디에서 오는가?

생성형 모델의 혁신,
창조하는 인공지능의 등장

여러분은 챗GPT에게 "우주여행을 떠나는 고양이에 관한 짧은 시를 써줘"라고 요청해본 적이 있나요? 몇 초 만에 세상에 존재하지 않던 창의적인 시가 완성되어 나타납니다. 또는 "빈센트 반 고흐 화풍으로 미래 도시를 그려줘"라고 인공지능 그림 도구에 입력하면, 실제로는 존재하지 않는 상상 속 그림이 만들어지죠. 모두 생성형 인공지능의 놀라운 능력을 보여주는 사례들입니다. 불과 몇 년 전까지만 해도 상상 속에서나 가능하던 '기계가 창작하는' 일이 이제는 일상의 현실이 되었어요.

생성형 인공지능의 역사는 생각보다 오래되었지만, 최근에야 실용적인 수준에 도달했습니다. 1950년대에 앨런 튜링은 이미 기계가 인간처럼 창작할 수 있을지 철학적 질문을 던졌고, 1960년대에는 간단한 규칙으로 시나 음악을 생성하려는 초기 시도들이 행해졌어요. 1990년대에 들어서면서 신경망을 활용한 텍스트 생성 연구가 시작되었지만, 당시 컴퓨터 성능과 데이터의 부족으로 의미 있는 결과를 얻기는 어려웠습니다. 하지만 2010년대 딥러닝 기술이 발전하고 대용량 데이터 처리 능력이 향상하면서 생성형 인공지능에 혁신적 변화가 일어났어요. 특히 2022년 챗GPT의 등장을 계기로 일반 대중에게도 널리 알려지면서, 이제는 누구나 생성형 인공지능을 쉽게 사용합니다.

생성형 인공지능이 놀라운 성과를 거둔 배경에는 정교한 수학적 원리들이 숨어 있습니다. 그중에서도 확률과 통계는 전체 데이터에서 보이지 않던 구도를 드러내주는 역할을 합니다. 확률과 통계가 그려주는 구도는 어떤 결과가 자주 혹은 드물게 나타나는지를 알려주며, 생성형 인공지능은 그 구도 위에서 새로운 결과를 적절한 무작위성으로 선택해내는 것이죠. 또한 통계학의 다양한 개념들은 불확실한 상황 속에서도 의미 있는 패턴을 발견하며, 이를 바탕으로 창작 과정을 이끌어갑니다.

생성형 인공지능은 우리가 1장부터 6장까지 살펴본 인공지능과 근본적으로 또 다른 특성을 가집니다. 예측 인공지능은 기존 데이터를 바탕으로 미래 값을 예상하고, 분류 인공지능은 주어진 대상을 정해진 범주 가운데 하나로 구분하며, 추천 인공지능은 기존 콘텐츠에서 사용자가 좋아할 만한 콘텐츠를 선별해줍니다. 이미지 인식 인공지능도 주어진 사진 속 객체가 무엇인지 판단하는 역할을 했고요. 그런데 생성형 인공지능은 기존에 존재하던 것을 선택하거나 분류하는 것이 아니라, 세상에 전혀 없던 새로운 것을 직접 만들어내는 창조 능력을 보여줍니다.

생성형 인공지능은 우리가 직면한 다양한 문제들에 새로운 해결책을 제시하고, 인간과 인공지능이 협업하는 새로운 방식을 열어가고 있습니다. 창의적인 작업에서 인간의 한계를 보완해주고, 반복적인 콘텐츠 제작 업무의 효율성을 크게 높여주죠. 예를 들면 작가는 인공지능의 도움을 받아 더 다양한 아이디어를 탐색할 수 있고, 디자이너는 빠르게 시제품을 제작하면서 창의적 실험을 늘릴 수 있어요. 이미지 생성에서는 사실적인 인물 사진부터 추상적 예술 작품, 건축 설계도, 제품 디자인까지 만들어낼 수 있습니다. 가끔 엉뚱한 내용을 내놓기도 하지만 인공지능의 창작은 실제와 구분하기 힘든 수준까지 이르렀습니다.

7장에서는 생성형 인공지능의 핵심 원리를 수학적으로 깊이 있게 탐구해보려 합니다. 확률과 통계라는 수학적 원리가 어떻게 정교한 '생성' 과정을 만들어내는지, 또 수학이 어떻게 인간의 창의성을 확장하는 강력한 언어가 되는지를 생성형 인공지능으로 함께 느껴보기를 바랍니다.

진짜 같은 가상의 데이터 만들기
: 상대도수와 노이즈

평소 데이터 과학에 관심이 많던 고등학생 예린이는 과학 탐구 발표를 준비하고 있었습니다. 주제는 '생성형 인공지능의 데이터 생성 원리'였어요. 발표에 쓸 자료로 청소년 스마트폰 사용 시간 데이터를 가상으로 생성해보고 싶었지만, 그전에 실제 데이터 패턴을 파악해야 했습니다.

"실제 패턴을 모르면 가상 데이터를 만들 수 없잖아?"

예린이는 반 친구들에게 일주일 동안 스마트폰 사용 시간(스크린타임)을 기록해달라고 부탁했어요. 예린이네 반 학생 30명이 모두 조사에 흔쾌히 참여해주었습니다.

학생	사용 시간 (시간)	학생	사용 시간 (시간)	학생	사용 시간 (시간)	학생	사용 시간 (시간)
1	3.2	9	3.3	17	3.4	25	4.2
2	4.5	10	4.6	18	4.4	26	3.9
3	3.8	11	3.8	19	3.7	27	4.1
4	5.1	12	4.7	20	4.1	28	3.7
5	4.1	13	4.0	21	4.2	29	4.6
6	4.1	14	4.1	22	4.8	30	4.3
7	3.9	15	3.9	23	4.5		
8	4.2	16	4.3	24	3.8		

예린이네 학급의 스마트폰 사용 시간 데이터(30명)

표로 정리하면 데이터의 구조를 쉽게 파악할 수 있습니다. 위 표도 학생에 따른 사용 시간을 잘 정리했죠. 하지만 전체적인 데이터 특징이나 패턴을 파악하기는 어렵습니다. 데이터의 특징을 쉽게 파악하는 데는 사용 시간을 일정한 간격으로 구분하고, 그 시간에 해당하는 학생이 몇 명인지를 나타내는 도수분포표를 활용할 수 있습니다.

계급(시간)	계급값	도수(명)
3.0 ~ 3.5	3.25	3
3.5 ~ 4.0	3.75	8
4.0 ~ 4.5	4.25	12
4.5 ~ 5.0	4.75	6
5.0 ~ 5.5	5.25	1
합계		30

예린이네 반 도수분포표

생성형 인공지능이라는 화가의 비밀!

도수분포표를 활용하면 데이터의 집중 경향을 명확히 파악할 수 있습니다. 예린이네 반의 경우 4시간 이상~4시간 30분 이하에 가장 많은 학생(12명)이 분포하며, 전체의 77퍼센트가 3.5~4.5시간 구간에 집중되어 있음을 쉽게 확인할 수 있습니다.

예린이의 조사 결과와 전국 규모의 연구 결과를 비교해볼까요? 한 연구 단체에서 시행한 '청소년 스마트폰 사용 실태 연구'에서 전국 중고등학생 480명을 대상으로 조사한 도수분포가 다음과 같았다고 합니다.

계급(시간)	계급값	전국 단위	도수(명)
3.0 ~ 3.5	3.25	48	3
3.5 ~ 4.0	3.75	132	8
4.0 ~ 4.5	4.25	192	12
4.5 ~ 5.0	4.75	96	6
5.0 ~ 5.5	5.25	12	1
합계		480	30

전국 중고등학생 480명을 대상으로 조사한 도수분포표

전국 단위의 조사 결과와 예린이네 반 결과를 살펴보면, 먼저 조사한 두 집단의 인원이 다른 게 눈에 들어옵니다. 이에 따라 각 계급 도수에도 차이가 나는데, 이를 직접 비교하기는 어렵습니다. 예린이네 반에서 4.0~4.5시간 사이의 학생이 12명인 의미와 전국 단위에서 5.0~5.5시간 사이의 학생이 12명인 의미가 같을 수 없죠.

따라서 구간에 따른 분포 비율을 살펴볼 때는 해당 계급의 인원수를 살펴보기보다는 전체 인원에 따른 비율을 살펴보는 방법이 더 유용합니다. 이때 **상대도수**가 필요합니다. 상대도수는 각 계급의 도수를 전체 도수로 나눈 값으로, **인원수가 다른 집단을 쉽게 비교할 수 있도록** 해줍니다. 30명인 예린이네 반과 480명을 대상으로 한 전국 단위 조사 결과를 구간별로 나눠서 상대도수분포표로 나타내보면 다음과 같습니다.

계급(시간)	계급값	상대도수	
		전국 단위	도수(명)
3.0 ~ 3.5	3.25	48/480 = 0.10	3/30 = 0.10
3.5 ~ 4.0	3.75	132/480 = 0.275	8/30 = 0.27
4.0 ~ 4.5	4.25	192/480 = 0.40	12/30 = 0.40
4.5 ~ 5.0	4.75	96/480 = 0.20	6/30 = 0.20
5.0 ~ 5.5	5.25	12/480 = 0.025	1/30 = 0.03
합계		1	1

예린이네 반과 전국 단위 조사의 상대도수분포표

상대도수 비교 결과, 시간에 따른 학생들의 분포 패턴에는 큰 차이가 없습니다. 예린이네 반의 소규모 집단이 전국의 일반적인 청소년들과 비슷한 특징을 보인다는 의미입니다.

만약 충분히 많은 데이터를 가지고 있고, 표본이 모집단을 잘 대표한다면 상대도수는 실제 확률에 가까워집니다. 예를 들어 앞의 전국 단위 연구에 참여한 학생들이 특정 지역이나 집단에 치우치지 않고 임의로 잘 추출되었다고 가정해봅시다. 이 중 스크린타임이 4.0~4.5시간 구간에 속한 학생의 상대도수가 0.4라면, 이는 전체 학생들 가운데 무작위로 1명을 뽑았을 때 그 학생이 하루 4.0~4.5시간 정도 스마트폰을 사용할 '확

생성형 인공지능이라는 화가의 비밀!

계급(시간)	계급값	상대도수	데이터 생성 확률
3.0 ~ 3.5	3.25	0.1	→ 약 0.1의 확률로 생성
3.5 ~ 4.0	3.75	0.27	→ 약 0.27의 확률로 생성
4.0 ~ 4.5	4.25	0.4	→ 약 0.4의 확률로 생성
4.5 ~ 5.0	4.75	0.2	→ 약 0.2의 확률로 생성
5.0 ~ 5.5	5.25	0.03	→ 약 0.03의 확률로 생성
합계		1.00	

예린이네 반 상대도수분포표를 활용한 데이터 생성

률이 약 40퍼센트'라는 뜻이에요.

이처럼 상대도수를 확률로 해석할 수 있다면, 이를 활용하여 현실과 비슷한 새로운 데이터를 생성할 수 있습니다. 상대도수분포가 구간별 생성 확률의 역할을 하는 것이죠. 그렇다면 컴퓨터는 어떻게 학습된 분포로 새로운 데이터를 생성할까요?

① 1단계 : 난수 생성

0과 1 사이의 숫자를 임의로 생성합니다. 이때 특정 구간에서 숫자가 일부러 잘 생성되는 일이 없도록 전체 구간에서 동일한 확률로 숫자들을 생성합니다.

② 2단계 : 구간 할당

각 구간의 상대도수만큼 구간을 할당합니다. 예를 들면 3~3.5시간은 0.1이므로 0~0.1의 구간을, 3.5~4.0시간은 0.27이므로 0.1~0.37의

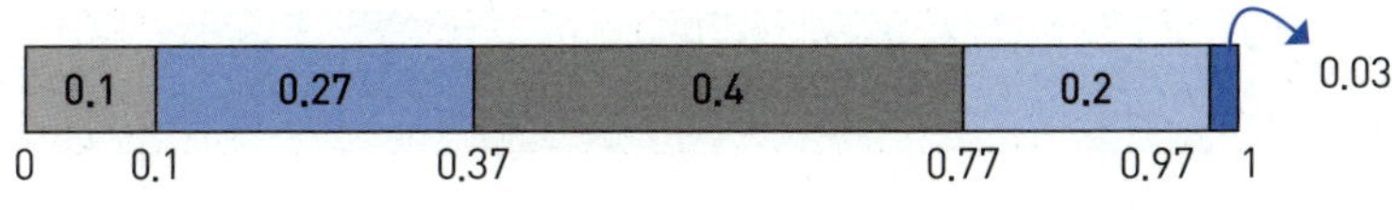

전국 단위 비율 적용의 예시

구간을 나누는 식입니다. 이때 생성된 난수가 0.35일 경우, 0.1~0.37 구간에 해당하므로 3.5~4.0시간 구간이 선택됩니다.

③ 구간 내에서 노이즈를 활용해 구체적인 값 생성

선택된 구간 안에서는 다시 구체적인 값을 정해야 합니다. 예를 들어 3.5~4.0시간 구간이 뽑혔다면, 그 안에서 난수를 이용해 3.6시간이나 3.8시간 같은 세부적인 수치를 생성하는 것이죠. 이 과정에서 중요한 개념이 바로 **노이즈**입니다. 노이즈란 '무작위 요인'을 뜻하는데, 데이터가 똑같이 반복되지 않도록 조금씩 변화를 주는 장치라고 보면 됩니다.

노이즈가 없다면 어떤 구간을 선택할 때마다 항상 같은 값이 반복해서 등장할 수 있습니다. 그러면 원본 데이터가 보여주는 '다양성'이 사라지고, 생성된 데이터가 실제 분포와 어긋나게 되죠. 반면 노이즈를 도입하면 같은 구간이라도 매번 다른 값이 뽑히기 때문에, 구간 안에서 데이터가 고르게 퍼지고 전체적인 분포 특성이 훨씬 자연스럽게 재현됩니다. 예를 들어 같은 3.5~4.0시간 구간이라도 어떤 학생은 3.52시간, 다른 학생은 3.87시간으로 달라지죠.

즉, 노이즈는 개별 데이터에 작은 차이를 만들어서 전체 집단 분포가 통계적으로 왜곡되지 않도록 도와줍니다. 덕분에 생성된 개별 데이터는 원본과 다르더라도 전체적으로는 '비슷한 모양의 분포'를 유지합니다.

학생	사용 시간 (시간)	학생	사용 시간 (시간)	학생	사용 시간 (시간)	학생	사용 시간 (시간)
1	3.7	9	3.6	17	3.9	25	4.5
2	3.4	10	4.7	18	3.2	26	3.9
3	4.0	11	4.1	19	4.1	27	4.4
4	4.8	12	4.4	20	4.2	28	3.7
5	5.1	13	3.3	21	4.7	29	4.3
6	4.3	14	4.3	22	4.1	30	4.2
7	3.8	15	3.8	23	4.4		
8	4.5	16	4.6	24	3.7		

상대도수분포에 기반하여 가상으로 생성한 예린이네 반의 스마트폰 사용 시간

위 표는 예린이가 노이즈를 활용해서 생성한 30명의 가상 데이터입니다. 생성된 데이터를 살펴보면 대부분 값이 3.5~4.8시간 구간에 분포하며, 4.0~4.5시간 구간에서 최대 빈도를 보여요. 이는 원본 데이터의 분포 패턴이 성공적으로 재현되었음을 의미합니다.

이것이 바로 생성형 인공지능의 가장 기본적인 작동 원리입니다. 우리가 막연하게 '창조'라고 생각했던 과정은 사실 통계에 기반해요. 도수분포 같은 데이터를 생성할 때뿐만 아니라 텍스트 생성 인공지능이 새로운 문장을 작성하거나, 이미지 생성 인공지능이 새로운 그림을 그릴 때도 본질적으로 동일한 확률 기반 생성 원리를 활용합니다.

대상의 특징을 추출하고 복원하는 '오토인코더'

종 모양 그래프가 말해주는 것
: 정규분포의 활용

예린이는 발표를 마치고 교실로 돌아오는 길에 담당 선생님과 마주쳤습니다. 선생님께서는 예린이의 발표 자료를 보시더니 흥미롭다는 반응을 보이셨어요.

"상대도수를 활용해서 데이터를 생성하는 방법이 참신하구나. 그런데 예린아, 만약 우리 지역 전체 청소년 1만 명의 데이터를 분석한다면 어떨까?"

선생님의 질문에 예린이는 잠시 생각에 잠겼습니다. 30명의 데이터는 5개 구간으로 나누었는데, 1만 명이라면 도수분포표 작성에도 시간이 많이 걸리고, 구간도 훨씬 복잡할 것 같았어요.

"선생님, 구간이 너무 많아지면 관리하기 어려울 것 같아요. 100개 구간이 생긴다면 100개의 상대도수를 모두 기억해야 하잖아요."

선생님은 고개를 끄덕이셨습니다.

생성형 인공지능이라는 화가의 비밀!

"맞아. 그래서 실제 생성형 인공지능에서는 모든 구간의 상대도수를 저장하는 대신, 데이터의 핵심 특징을 몇 개의 숫자로 요약하는 방법을 사용한단다."

선생님의 말씀처럼 통계학에서는 방대한 데이터를 소수의 대표적인 수치로 요약하는 방법을 사용합니다. 이런 수치를 '통계 대푯값'이라고 부르는데, 집단 전체의 특성을 압축적으로 나타내주지요. 가장 대표적인 것이 바로 '평균'입니다. 예린이네 반 30명의 스마트폰 사용 시간을 모두 더한 후 30으로 나누면 평균 4.1시간이 나오죠. 이 하나의 숫자가 예린이네 반의 전형적인 사용 패턴을 보여줍니다. 평균이 데이터 분포의 중심점, 즉 데이터들이 모여 있는 기준점 역할을 하는 것이죠.

하지만 평균만으로는 데이터의 특성을 완전히 파악하기 어렵습니다. A반과 B반의 평균 사용 시간이 둘 다 4.1시간이라고 해봅시다. 그런데 A반은 대부분의 학생이 3.9~4.3시간 사이에 모여 있고, B반은 2시간인 학생부터 6시간인 학생까지 넓게 퍼져 있다면 어떨까요? 두 반은 평균이 같지만, 전혀 다른 특성을 보이죠. 따라서 데이터가 평균을 중심으로 '얼마나' 모여 있는지, 즉 분포의 '퍼짐' 정도도 알아야 집단의 특성을 제대로 이해할 수 있어요. 이때 필요한 개념이 바로 **표준편차** Standard Deviation; SD 입니다.

표준편차는 전체 데이터가 평균을 중심으로 어느 정도 범위 안에 분포하는지를 하나의 숫자로 나타내주는 척도입니다. 예린이네 반의 표준편차를 계산해보니 약 0.4시간이 나왔어요. 이는 대부분의 학생이 평균(4.1시간)을 중심으로 ±0.4시간 범위 안에, 즉 3.7~4.5시간 사이에 분포한다는 뜻입니다. 실제로 30명 가운데 23명이 이 범위에 속했죠. 표준편

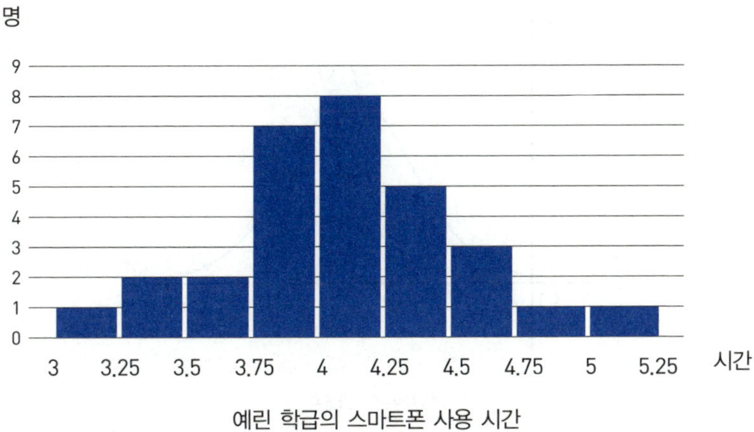

예린 학급의 스마트폰 사용 시간

차가 작을수록 데이터는 평균 근처에 빽빽하게 모여 있어서 일관된 패턴을 보이고, 클수록 평균에서 멀리까지 퍼져 있어서 다양한 패턴을 보입니다. 평균 4.1시간과 표준편차 0.4시간, 이 두 숫자만으로도 예린이네 반 30명의 데이터 특징을 효과적으로 요약할 수 있습니다.

예린이가 만든 위 히스토그램을 다시 살펴보면 흥미로운 패턴을 발견할 수 있습니다. 계단 모양의 막대그래프지만, 전체적으로 보면 가운데가 높고 양쪽 끝으로 갈수록 낮아지는 형태예요. 막대들을 부드러운 곡선으로 연결한다면 종 모양이 될 것 같죠. 이 종 모양 곡선이 바로 통계학에서 가장 중요한 **정규분포** normal distribution 입니다.

정규분포를 수학적으로 표현하면 평균 뮤(μ)와 표준편차 시그마(σ) 두 값으로 완전히 결정되고, $N(\mu, \sigma^2)$라는 기호로 나타냅니다. 예를 들어 예린이네 반의 스마트폰 사용 시간이 평균 4.1시간, 표준편차 0.4시간인 정규분포를 따른다면, 그 분포를 $N(4.1, 0.4^2)$로 표현해요. 정규분포 수식은 다음과 같습니다.

생성형 인공지능이라는 화가의 비밀!

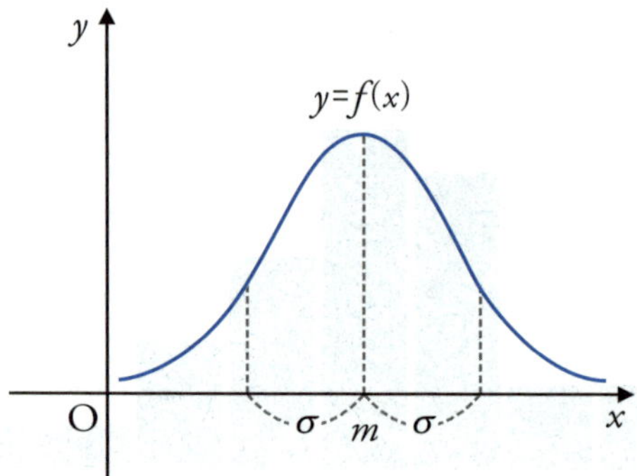

정규분포 그래프

$$f(x) = \frac{1}{\sigma\sqrt{2\pi}} e^{-\frac{(x-\mu)^2}{2\sigma^2}}$$

매우 복잡해 보이죠? 그러나 수식보다 다음 몇 가지 사실만 잘 기억해도 충분해요. 위 식은 평균과 표준편차만 알면, 공식에 대입해서 전체적인 분포를 표현할 수 있다는 뜻입니다. 이 복잡한 공식이 만들어내는 것이 바로 우리가 본 종 모양 곡선입니다.

정규분포는 몇 가지 명확한 수학적 특성을 가집니다. 첫째, 평균을 중심으로 완벽하게 좌우 대칭입니다. 둘째, 평균에서 멀어질수록 확률이 급격히 감소해요. 평균 근처에는 데이터가 빽빽하게 모여 있지만, 평균에서 표준편차의 2배, 3배 떨어진 곳에는 데이터가 매우 드물죠. 셋째, 이론적으로는 양 끝이 무한대까지 뻗어 있지만 실제로는 평균 근처에 대부분의 데이터가 집중되어 있습니다. 이런 특성 덕분에 정규분포는 실제 데이터 패턴을 매우 잘 설명합니다.

정규분포에서 평균은 곡선의 중심 위치를 정하고, 표준편차는 곡선이

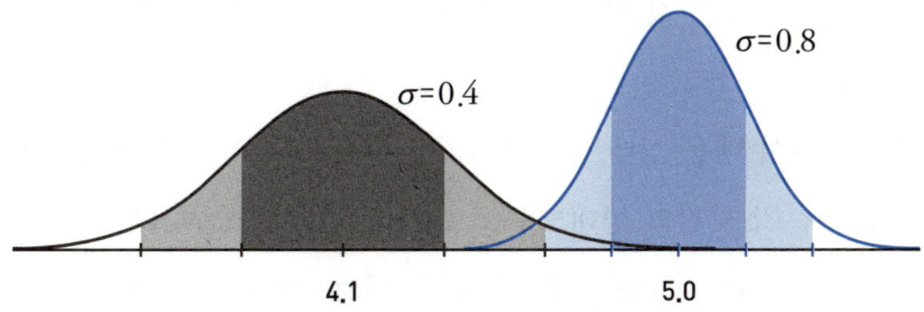

평균과 표준편차에 따른 정규분포 모양

얼마나 퍼져 있는지를 결정합니다. 위 그림처럼 평균이 4.1이고 표준편차가 0.4인 정규분포와, 평균이 5.0이고 표준편차가 0.8인 정규분포는 모양이 다르지만, 각각 2개의 숫자만 알면 전체 곡선을 그릴 수 있습니다. 수백만 개의 데이터 포인트를 가진 복잡한 분포라도, 정규분포를 따른다면 평균과 표준편차 두 값으로 본질이 완벽하게 표현되죠. 정규분포가 데이터 압축에 매우 효율적인 이유예요.

정규분포는 자연과 사회 곳곳에서 흔히 발견되는 일상적 패턴입니다. 사람들의 키, 시험 성적, 측정 오차, 제품 무게, 심지어 스마트폰 사용 시간까지 수많은 현상이 정규분포를 따라요. 언뜻 보면 무작위로 보이는 현상들이 왜 모두 비슷한 종 모양을 띠는 걸까요? 그 이유는 이런 현상들이 수많은 작은 요인들의 합으로 이루어지기 때문입니다.[*] 스마트폰 사용 시간도 수면 시간, 학업 시간, 취미 활동, 친구 관계 등 여러 요인이 복합적으로 작용한 결과죠. 이렇게 여러 무작위 요인이 합쳐지면, 극단

---

[*] '중심극한정리Central Limit Theorem; CLT'로 이러한 원리를 설명할 수 있습니다. 중심극한정리의 원리는 심화학습에서 좀 더 자세히 살펴보겠습니다.

생성형 인공지능이라는 화가의 비밀!

적으로 높거나 낮은 값보다는 중간 정도의 값이 나타날 확률이 훨씬 높아집니다.

이제 앞에서 배운 상대도수 방식과 정규분포 방식을 비교해볼까요? 전자의 경우 각 구간의 상대도수를 모두 저장해야 했습니다. 3.0~3.5시간 구간은 0.1, 3.5~4.0시간 구간은 0.27, 이런 식으로 말이죠. 그런 다음 0부터 1 사이의 난수를 생성해서, 난수가 어느 구간에 해당하는지 찾아 데이터를 만들었어요. 정규분포를 사용하면 훨씬 더 간단합니다. 평균 4.1과 표준편차 0.4만 있으면 되거든요.

구체적인 과정을 살펴볼까요? 먼저 컴퓨터는 '표준정규분포'라는 특별한 정규분포(평균 0, 표준편차 1)에서 난수를 하나 뽑습니다. 예를 들어 0.5라는 값이 나왔다고 해봅시다. 그다음 이 값을 우리가 원하는 분포로 변환하는 거예요. 계산 공식은 간단합니다.

새로운 값 = 평균 + (표준정규분포 난수 × 표준편차)

0.5를 변환하면 4.1+(0.5×0.4)=4.3시간이 됩니다. -1.2가 나왔다면 4.1+(-1.2×0.4)=3.62시간이 되겠죠. 이렇게 간단한 계산만으로 정규분포

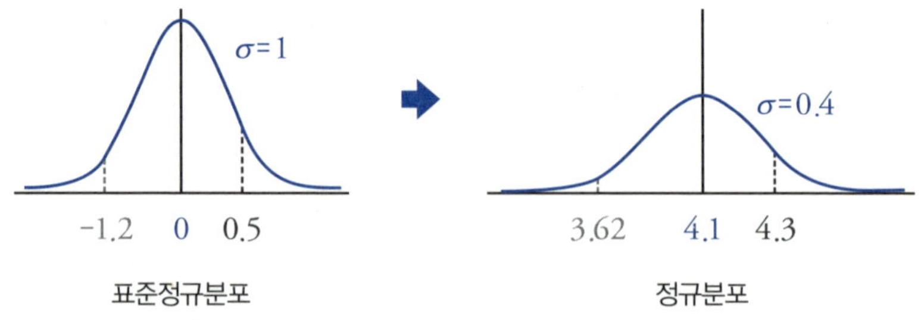

를 따르는 새로운 데이터를 생성할 수 있어요.

이 방법의 핵심은 정규분포의 확률 특성이 자동으로 반영된다는 점입니다. 표준정규분포에서 0 근처의 값이 나올 확률이 높기 때문에, 변환한 값도 자연스럽게 평균 4.1 근처에 많이 분포해요. 또한 표준편차 0.4를 곱해주기 때문에, 대부분의 값이 평균 표준편차 범위인 3.7~4.5시간 사이에 생성됩니다. 구간을 나누고 상대도수를 계산하는 복잡한 과정이 필요 없죠. 게다가 매번 다른 표준정규분포 난수를 생성하므로, 같은 범위라도 조금씩 다른 값들이 만들어져서 자연스러운 다양성이 생깁니다.

실제로 정규분포를 사용해서 30개의 가상 데이터를 생성해보면, 원본 데이터와 놀라울 정도로 비슷한 분포를 보입니다. 생성된 데이터를 히스토그램으로 그려보면 대부분의 값이 4.0~4.4시간 구간에 집중되고, 3.5시간 미만이나 4.8시간 이상의 극단값은 매우 드물게 나타나요. 원본 데이터의 패턴이 성공적으로 재현되었다는 뜻이죠. 평균과 표준편차 두 값만으로 말입니다.

실제 생성형 인공지능도 이와 같은 원리를 활용합니다. 예를 들어 한국 성인 남성의 키는 평균 174센티미터, 표준편차 6센티미터, 몸무게는 평균 72킬로그램, 표준편차 10킬로그램 정도의 정규분포를 따른다고 해볼게요. 이 4개 숫자만 있으면, 키와 몸무게가 자연스럽게 분포하는 가상의 한국 남성 데이터를 얼마든지 생성할 수 있어요. 각 집단의 특성을 평균과 표준편차로 압축하면, 원하는 특성을 가진 가상 데이터를 자유롭게 만들 수 있습니다.

생성형 인공지능이라는 화가의 비밀!

정교한 압축기이자 창의적인 복원기
: 오토인코더

예린이는 발표가 끝난 후 자신이 작성한 자료들을 다시 정리하면서 문득 흥미로운 점을 발견했습니다. 예린이는 처음에는 30명의 데이터를 5개 구간의 상대도수로 요약했고, 그다음에는 같은 데이터를 평균과 표준편차 2개 숫자로 요약했죠. 그리고 이 요약 정보만으로 원본과 비슷한 새로운 데이터를 만들어냈어요. 예린이의 머릿속에 이런 생각이 스쳐 지나갑니다. "잠깐, 결국 두 방법 모두 데이터를 압축했잖아?"

예린이는 노트에 표를 그려가며 정리해보았습니다.

구분	원본 데이터	압축 방법	압축된 정보	복원 방법
처음	30개 값	구간별 분류	5개 상대도수	구간별 샘플링
다음	30개 값	통계 계산	평균, 표준편차	정규분포 샘플링

이 표를 보면 생성형 인공지능의 핵심을 파악할 수 있습니다. 인공지능은 데이터를 전부 외우지 않는다는 점이에요. 대신 인공지능은 데이터의 큰 특징, 즉 패턴만 파악해서 압축된 형태로 기억합니다. 상대도수 방법에서는 '4시간대에 많이 모여 있다'는 분포 특징을, 표준편차 방법에서는 '평균 4.1시간 근처에 0.4시간 범위로 퍼져 있다'는 특징을 기억한 거죠. 압축된 정보만 있으면 원본과 비슷하지만 완전히 똑같지는 않은 새로운 데이터를 만들어낼 수 있습니다.

압축 과정에서는 불필요한 세부 사항이 자연스럽게 제거되고, 본질적인 특징만 남게 됩니다. 예를 들어 청소년 스마트폰 사용 시간과 관련된 전체 데이터에서 3.2시간을 사용하는 학생이 딱 1명 있었다는 구체적 사실은 사라지지만, '대부분이 4시간대 근처에 분포한다'는 큰 흐름은 남죠. 복원 과정에서는 이 큰 흐름을 따르되, 노이즈를 다르게 추가해서 매번 조금씩 다른 새로운 데이터를 만들어냅니다. 이것이 바로 앞에서 살펴본 데이터 생성의 본질입니다. 생성형 인공지능은 정교한 압축기이자 창의적인 복원기인 셈이죠.

그렇다면 스마트폰 사용 시간 같은 단순한 수치 데이터가 아닌, 사진이나 그림 같은 복잡한 데이터는 어떻게 압축할까요? 6장에서 살펴본 것처럼 하나의 이미지 데이터는 수만 개의 픽셀들로 구성되며, 이 데이터에는 색상과 형태 등 다양한 특징이 행렬의 형태로 담겨 있습니다. 이 많은 값으로 이루어진 데이터에서 본질적인 특징을 어떻게 압축해야 할까요? 바로 여기서 인공신경망을 활용한 **오토인코더** autoencoder 가 등장합니다.

손으로 쓴 숫자 이미지를 생각해봅시다. 일반적으로 인공지능을 학습할 때 사용하는 손 글씨 숫자 이미지는 28×28픽셀, 즉 784개의 값으로 이루어집니다. 각 픽셀은 0(검은색)부터 255(흰색)까지의 밝깃값을 가지죠. 만약 이미지별로 픽셀 위치에 대한 밝깃값들의 평균과 표준편차를 모두 각각 구한다면 어떻게 될까요? 784개의 평균과 784개의 표준편차, 총 1,568개의 숫자가 필요합니다.

하지만 곰곰이 생각해보면 손 글씨를 나타내는 이미지의 테두리 부분은 대부분 의미가 없는 배경이에요. 정작 중요한 건 가운데 글씨를 나타

생성형 인공지능이라는 화가의 비밀!

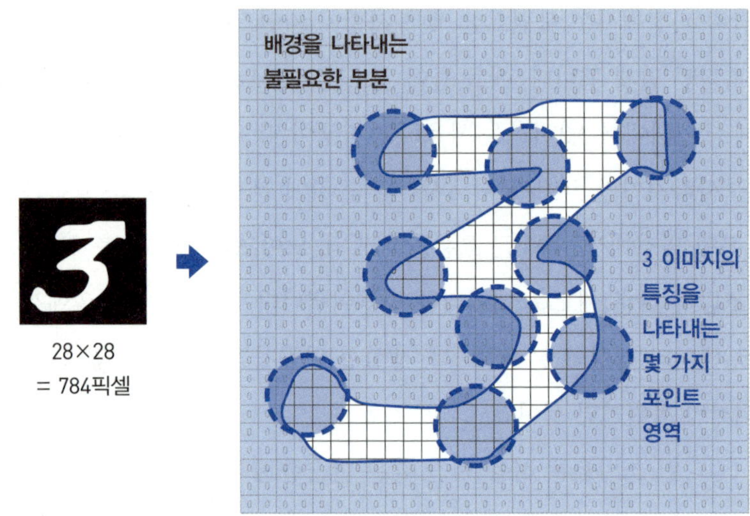

내는 색 선이죠. '3'이라는 숫자는 사실 '위가 둥글고, 중간이 들어가고, 아래가 둥글다'는 몇 가지 핵심 특징으로 충분히 설명할 수 있어요. 다시 말해 대부분의 픽셀은 숫자의 특징을 담고 있지 않으며, 진짜 본질적인 정보는 전체 데이터보다 훨씬 적은 양으로 표현이 가능합니다.

문제는 사람이 어떤 픽셀이 중요하고 어떤 픽셀이 불필요한지 하나하나 판단하기 어렵다는 점이에요. 바로 이 문제를 오토인코더가 해결해줍니다. 오토인코더는 인공신경망을 사용해서 이미지의 핵심 특징만 자동으로 추출하도록 학습하는 모델이에요. 오토인코더의 구조는 크게 세 부분으로 나뉩니다.

첫째, 인코더 encoder 가 784차원의 입력 이미지를 점진적으로 압축합니다. 예를 들면 784 → 128 → 64 → 32차원으로 줄이죠. 둘째, 가장 좁은 부분인 32차원 잠재 표현 latent representation 에 이미지의 본질적 특징만 응축

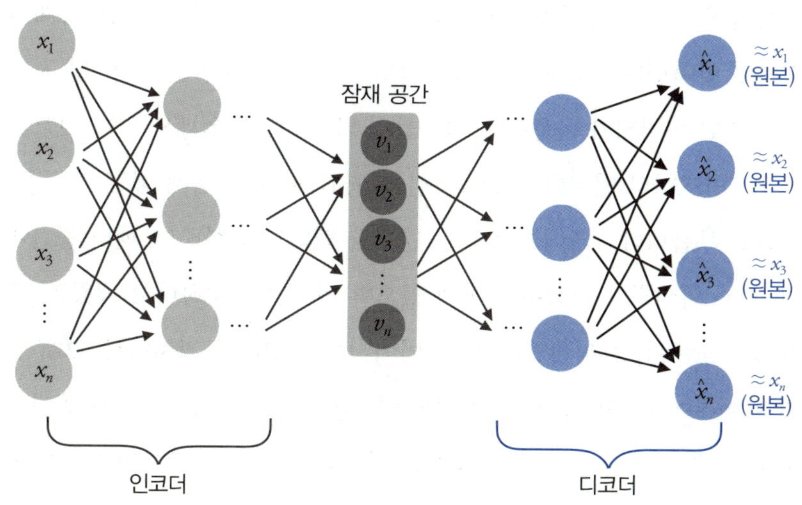

오토인코더 구조

하여 담습니다. 이 32개의 숫자가 바로 이미지의 DNA 같은 역할을 해요. 셋째, 디코더decoder가 32차원 정보를 다시 확장해서 원본과 비슷한 784차원 이미지로 복원합니다. $32 \rightarrow 64 \rightarrow 128 \rightarrow 784$차원으로 늘어나는 거죠.

오토인코더의 학습 목표는 간단합니다. **입력과 출력이 최대한 비슷해지도록** 만드는 것이에요. 이 과정에서 인공신경망은 5장에서 배운 것처럼 손실함수를 사용합니다. 여기서는 원본 이미지의 각 픽셀값 x_1과 복원된 이미지의 각 픽셀값 $\hat{x}_1$의 차이를 제곱해서 모두 더한 평균제곱오차를 손실함수로 사용해요. 예를 들어 원본의 첫 번째 픽셀이 200이고 복원된 픽셀이 195라면, 오차는 $(200-195)^2=25$입니다. 이런 식으로 784개 픽셀 전체의 오차를 계산하고, 경사하강법으로 이 오차를 최소화하도록 인코더와 디코더의 가중치를 조정해나가죠.

학습이 끝나면 놀라운 일이 벌어집니다. 784개의 숫자를 단 32개의 숫자로 압축했다가 다시 복원했는데도, 원본과 거의 구분이 안 될 정도로 비슷한 이미지가 나옵니다. 압축률이 약 25분의 1인데도 말이죠!

오토인코더의 인코더로 만들어진 32차원 공간을 '잠재 공간 latent space'이라고 부릅니다. 1장에서 우리는 단어를 벡터로 표현하고, 벡터 공간에서 '사과'와 '배'가 가까운 위치에 있으면 의미가 비슷하다고 배웠죠. 잠재 공간도 똑같은 원리입니다. 각 이미지는 인코더를 거치면서 32개 숫자로 이루어진 벡터로 변환되는데, 이 벡터들이 모이는 32차원 공간이 바로 잠재 공간이에요. 잠재 공간은 단순히 줄여놓은 데이터의 모임이 아니라, 모든 손 글씨 숫자 이미지의 본질이 벡터 형태로 모이는 특별한 공간입니다.

잠재 공간의 한 벡터는 하나의 '숫자다움'을 나타내죠. 예를 들어 어떤 벡터는 '동그랗고 중간이 비어 있다'는 특징을 가진 '0'의 본질을, 다른 벡터는 '위아래로 둥근 부분이 있다'는 '8'의 본질을 나타냅니다. 흥미로운 점은 1장에서 배운 유사도 개념이 여기서도 그대로 적용된다는 겁니다. 비슷한 숫자들은 잠재 공간에서도 가까운 벡터로 표현돼요. 예를 들어 '3'과 '8'을 나타내는 벡터들은 둘 다 둥근 부분이 있다는 공통 특징 때문에 벡터의 좌푯값이 비슷하고, 따라서 잠재 공간에서 비교적 가까운 곳에 위치합니다. 반면 '1'은 직선적 특징을 나타내는 전혀 다른 좌푯값을 가지므로 3이나 8과는 멀리 떨어져 있죠.

오토인코더의 압축-복원 구조는 다양하게 응용됩니다. 먼저 노이즈 제거에 활용할 수 있어요. 손상되거나 흐릿한 이미지를 입력으로 넣어도, 오토인코더는 본질적 특징을 추출해서 깨끗한 이미지로 복원합니다.

또한 차원 축소로 고차원 데이터를 시각화하거나 분석할 수 있어서, 많은 값으로 구성된 데이터들에서 가장 중요한 핵심적 특징을 추출하는 데 유용하게 활용됩니다.

생성형 인공지능이라는 화가의 비밀!

전에 없던 것을 만들어내는 또 하나의 메커니즘

분포로 데이터의 빈 곳을 채우기
: 가변오토인코더

예린이는 오토인코더로 손 글씨 숫자를 성공적으로 압축하고 복원했습니다. '이제 좀 더 복잡한 걸 해볼까?' 예린이는 온라인 쇼핑몰에서 수집한 패션 이미지 데이터셋으로 실험을 확장하기로 했어요. 데이터셋에는 다양한 티셔츠 사진들이 담겨 있었죠. 오토인코더를 학습시킨 후 티셔츠 이미지 하나를 입력하자, 인코더가 32개 숫자로 압축하고, 디코더가 다시 복원했어요. 화면에는 원본과 거의 구분이 안 되는 티셔츠 이미지가 나타났습니다.

"잘 복원되네. 그런데…" 예린이는 점점 호기심이 생겼습니다. "학습한 이미지를 복원만 하는 게 아니라, 완전히 새로운 티셔츠 디자인을 만들 수는 없을까?"

곰곰이 방법을 생각해보던 예린이는 학습 과정에서 여러 티셔츠 이미지가 다음과 같은 벡터로 변환된다는 것을 기억했죠.

$$v_1 = [0.48, -0.21, \cdots],$$

$$v_2 = [0.52, -0.19, \cdots],$$

$$\cdots$$

$$v_n = [0.55, -0.17, \cdots]$$

"이 벡터들의 평균값 정도를 디코더에 넣으면 어떨까?"

예린이는 [0.50, -0.20, 0.80, ⋯]이라는 벡터를 만들어 디코더에 입력했습니다. 하지만 결과는 실망스러웠어요. 화면에는 옷도 아니고 의미 있는 형태도 아닌 애매한 얼룩만 나타났죠.

문제는 오토인코더의 잠재 공간에 '빈틈(구멍)'이 많다는 점입니다. 오토인코더는 학습 데이터 수천 장을 각각 특정 벡터로 압축했고, 벡터들이 위치한 자리들에만 의미가 만들어졌어요. 나머지 공간은 학습 과정에서 전혀 경험하지 못했기 때문에 무의미한 영역으로 남아 있죠. 마치 섬처럼 의미 있는 점들이 떠 있고, 그 사이는 텅 빈 바다와 같습니다. 그래서 텅 빈 바다에 해당하는 임의의 학습되지 않은 벡터를 디코더에 넣으면 대부분 이상한 이미지가 나오죠.

반면 이번에 배울 **가변오토인코더** Variational Autoencoder; VAE (이하 VAE)는 이 빈틈을 메우는 방법을 사용합니다. VAE는 학습 과정에서 잠재 공간 전체를 통계적으로 정돈해요. 특정 점들만 의미 있게 만드는 대신, 공간 전체가 골고루 의미를 가지도록 만드는 거죠. 이것이 바로 VAE의 핵심 아이디어입니다.

VAE는 오토인코더와 달리 두 가지 학습 목표를 가집니다. 첫 번째 목표는 오토인코더와 같이 '입력 이미지를 최대한 비슷하게 복원'하는 것

생성형 인공지능이라는 화가의 비밀!

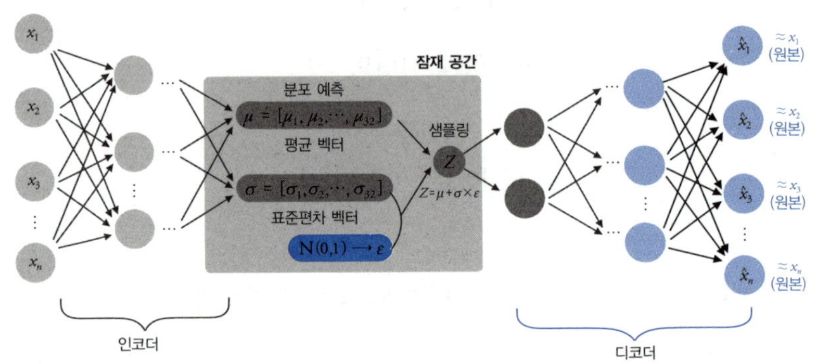

가변오토인코더 구조

입니다. 여기서 그치지 않고 VAE에는 '잠재 벡터들이 표준정규분포 근처에 모이도록 하라'는 두 번째 목표가 추가됩니다. 앞에서 배운 표준정규분포, 즉 평균이 0이고 표준편차가 1인 정규분포를 기억하시나요? VAE는 모든 잠재 벡터가 이 분포를 따르도록 가볍게 밀어주는 규칙을 학습에 포함시킵니다.

VAE는 구체적으로 어떻게 작동할까요? 이미지 하나를 보고 벡터 하나를 출력하는 오토인코더와 달리 VAE의 인코더는 이미지 하나를 보고 평균 벡터와 표준편차 벡터를 각각 출력합니다. 예를 들어 티셔츠 이미지를 입력하면 아래와 같이 32차원의 평균 벡터와 표준편차 벡터가 나와요.

$$평균\ 벡터 = [0.5, -0.2, 0.8, \cdots]$$

$$표준편차\ 벡터 = [0.1, 0.05, 0.15, \cdots]$$

이제 이 정규분포에 실제 벡터를 샘플링합니다. 청소년 스마트폰 사용 시간 사례에서 평균 4.1시간, 표준편차 0.4시간인 정규분포에 3.9시간, 4.3시간 같은 값을 샘플링했던 것처럼요.

VAE는 학습을 진행하면서 두 가지 점수를 받습니다. 하나는 '복원 점수'입니다. 원본 이미지와 복원된 이미지가 얼마나 비슷한지 측정하죠. 다른 하나는 '정돈 점수'인데, 잠재 벡터들이 표준정규분포(평균 0, 표준편차 1) 근처에 얼마나 잘 모여 있는지를 나타냅니다. 어떤 벡터가 이 범위에서 너무 멀리 떨어지면 감점되죠. 학습은 두 점수를 모두 높이는 방향으로 진행됩니다. 그 결과 VAE는 이미지를 잘 만들면서도, 잠재 공간을 정규분포로 깔끔하게 정리하는 능력을 갖춥니다. "이미지는 잘 복원하되, 잠재 공간을 너무 어지럽히지 마"라는 두 가지 주문을 동시에 받는 셈이죠.

학습이 진행되면서 무슨 일이 벌어질까요? 인코더는 두 가지를 동시에 만족해야 합니다. 이미지를 잘 복원할 수 있는 정보를 담아야 하고, 동시에 표준정규분포에서 너무 멀어지면 안 돼요. 그 결과 모든 이미지의 잠재 벡터가 평균 0 근처, 표준편차 1 정도의 범위에 골고루 퍼져서 자리 잡게 됩니다. 마치 구름처럼 0을 중심으로 넓게 퍼진 형태가 되는 거죠.

오토인코더와 VAE의 학습 결과를 비교해볼까요? 오토인코더의 각 이미지는 압축된 특정 벡터 하나와 연결됩니다. 만약 4,000개의 이미지 데이터를 학습하면 정확히 4,000개의 벡터가 잠재 공간에 박혀 있게 되죠. 같은 이미지를 반복해서 학습해도 동일한 벡터가 만들어지기 때문에 큰 의미가 없습니다. 반면 VAE는 한 이미지 데이터의 벡터를 생성할 때 정

생성형 인공지능이라는 화가의 비밀!

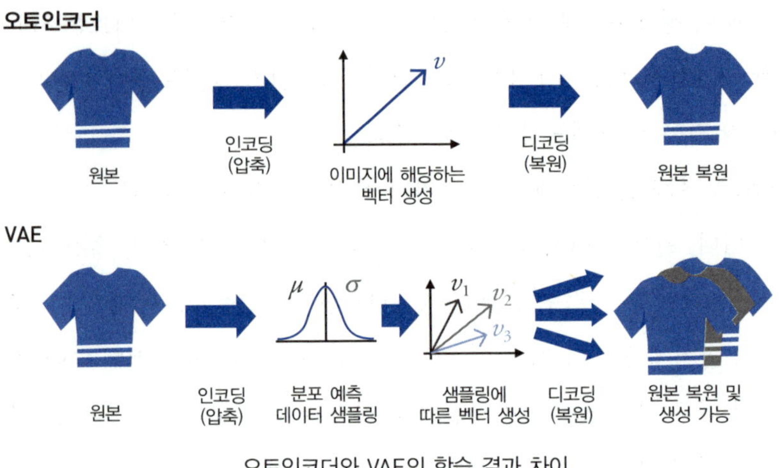

오토인코더와 VAE의 학습 결과 차이

규분포의 샘플링을 활용하기 때문에, 매번 조금씩 다른 벡터로 변환됩니다. 따라서 같은 티셔츠 이미지를 100번 학습해도 [0.48, -0.21, …], [0.52, -0.19, …], [0.49, -0.20, …]처럼 100개의 서로 다른 벡터가 만들어져요.

VAE는 왜 이렇게 할까요? 그 이유는 디코더에 더 많은 경험을 제공하기 위해서입니다. 오토인코더의 디코더는 특정 벡터들만 보고 '이 벡터는 이 이미지'라고 암기했어요. 한편 VAE의 디코더는 수많은 다양한 벡터를 경험하면서 '이 근처 벡터는 모두 이런 모양의 티셔츠로 복원하면 돼'라고 배웁니다. 특정 벡터를 암기하는 게 아니라, 벡터를 이미지로 바꾸는 규칙을 학습하는 거죠.

학습이 완료된 VAE는 세 가지 방식으로 활용할 수 있습니다.

첫째, **재구성**입니다. 오토인코더처럼 기존 이미지를 넣으면 깨끗하게 복원해줘요. 흐릿하거나 일부가 가려진 티셔츠 사진을 입력하면, 인코더가 평균과 표준편차를 계산해서 분포를 만들고, 거기서 샘플링한 벡터를 디코더가 받아서 이미지를 그려냅니다. 오토인코더와 비슷하지만, VAE는 정규분포로 샘플링하는 과정을 거치기 때문에 더 자연스럽고 매끄러운 결과를 보여주죠.

둘째, **생성**입니다. VAE의 핵심 능력이죠. 표준정규분포 $N(0,1)$에서 완전히 새로운 벡터를 샘플링하면 전에 없던 이미지가 만들어져요. 첫 번째 차원에서 0.12, 두 번째에서 -0.35, 세 번째에서 0.71, 이런 식으로 32번 반복하여 [0.12, -0.35, 0.71, …, -0.22]라는 벡터를 만들어서 디코더에 넣으면 화면에 전에 본 적 없는 새로운 티셔츠 디자인이 나타납니다. 새로 만든 벡터로 이미지를 생성했으므로 학습 데이터에는 없던 조합으로 소매 길이, 목둘레선 등 전체적인 실루엣이 나타나죠. 다시 다른 벡터를 샘플링하면 또 다른 새로운 티셔츠가 생성되겠죠? 학습 과정에서 잠재 벡터들이 표준정규분포 근처로 모였기 때문에, 분포 안의 점을 뽑으면 대체로 의미 있는 티셔츠 이미지가 나옵니다.

셋째, **변형**입니다. 반팔 티셔츠와 긴팔 티셔츠 이미지가 인코더를 거쳐 $z_1 = [0.2, -0.3, 0.5, …]$, $z_2 = [0.8, 0.1, -0.2, …]$라는 잠재 벡터로 각각 바뀌었다고 해봅시다. 이제 z_1에서 z_2에 도착할 때까지 조금씩 이동한 벡터들을 디코더에 넣어서 이미지를 만들어보면, 반팔 티셔츠가 점점 소매가 길어지면서 마침내 긴팔 티셔츠로 변하는 과정을 볼 수 있습니다.

어떻게 이런 자연스러운 변형이 가능할까요? 바로 정규분포 덕분입니다. VAE는 잠재 공간을 표준정규분포로 정돈하면서 빈틈을 모두 메웠어요. 그래서 두 점 사이의 모든 중간 지점도 의미 있는 벡터가 됩니다. 오토인코더라면 학습하지 않은 중간 지점에서 이상한 이미지가 나왔겠

337

지만, VAE는 공간 전체가 연속적이기 때문에 부드러운 변형이 가능합니다.

정리하자면, VAE는 잠재 공간을 통계적으로 정돈하는 생성 모델입니다. 정규분포라는 통계 도구를 사용해서 공간의 빈틈을 메우고, 재구성·생성·변형하는 세 가지 능력을 모두 갖추었어요. 이러한 특성으로 인해 실제로 VAE는 얼굴 생성, 이미지 변형, 약물 디자인* 등 다양한 분야에서 활용됩니다.

디테일을 섬세하게 살리는 또 다른 방법
: 디퓨전 모델

예린이는 VAE로 새로운 고양이 이미지들을 만들어내며 신기해했습니다. '컴퓨터가 없던 이미지들을 스스로 만들어내다니!' 그런데 생성된 이미지들을 자세히 들여다보니 아쉬운 점이 있었어요. 전체적인 윤곽은 고양이 같지만, 세부적인 부분이 흐릿했죠. 고양이의 털이나 얼굴에서 디테일이나 선명한 경계선이 부족했습니다. 예린이는 다시 고민에 빠졌습니다. '왜 이렇게 흐릿할까?'

VAE의 작동 방식이 원인이었어요. VAE는 모든 잠재 벡터를 표준정규분포 근처로 모으면서 잠재 공간을 정돈했죠. 이 과정에서 극단적이고 선명한 특징들이 약해집니다. 평균 근처로 모이다 보니 '평균적인' 이미

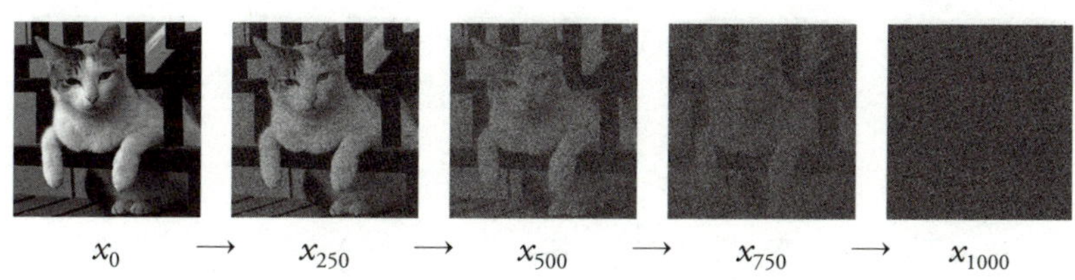

이미지에 노이즈를 더해서 학습하기

지가 되어버린 거죠. 연구자들도 같은 고민을 했습니다. '어떻게 하면 더 선명하고 사실적인 이미지를 만들 수 있을까?' 수많은 시도 끝에, 그들은 노이즈에서 시작하는 전혀 다른 발상을 떠올렸습니다.

디퓨전 모델diffusion model의 핵심 아이디어는 놀랍도록 단순합니다. 이미지를 서서히 완전히 망가뜨렸다가, 다시 복원하는 과정을 배우자는 발상입니다. 이 과정은 구체적으로 어떻게 작동할까요?

먼저 원본 고양이 이미지를 준비합니다. 여기에 아주 조금의 노이즈를 더해요. 앞에서 배운 정규분포 $N(0,1)$에서 작은 무작위 값들을 뽑아서 각 픽셀에 더하는 겁니다. 이미지가 살짝 흐려지죠. 이제 여기에 또 노이즈를 더합니다. 이 과정을 수백에서 수천 번 계속 반복하면 어떻게 될까요? 처음에는 고양이가 보이다가 점점 흐릿해지고, 결국에는 TV 화면의 지직거리는 잡음처럼 완전히 무작위한 점들만 남겠죠. 이 과정을 순방향 과정forward process이라고 합니다.

중요한 건 모델이 이미지를 망가뜨리는 과정 자체를 학습한다는 점입니다. 단계마다 어떤 노이즈가 더해졌는지 일일이 저장하는 게 아니라, 고양이 이미지에 노이즈가 추가되는 확률적 규칙과 패턴을 배우는 거죠.

생성형 인공지능이라는 화가의 비밀!

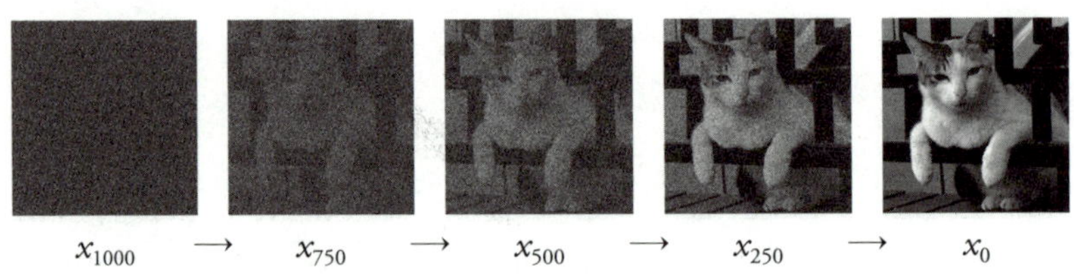

학습을 바탕으로 노이즈에서 이미지를 복원하기

이미지를 망가뜨리는 과정을 수천 번 살펴보면서 노이즈의 통계적 특성을 철저히 이해하게 됩니다.

학습이 끝나면 완전히 무작위한 노이즈 이미지에서 학습한 패턴을 바탕으로 어떤 노이즈가 더해졌는지를 추정하고 조금씩 제거합니다. 한 단계 다시 뒤로 돌아가는 거죠. 그러면 조금 덜 흐린 이미지가 나타납니다. 여기서 또 노이즈를 예측하고 제거하면서 과정을 거슬러 올라가면, 놀랍게도 처음의 깨끗한 고양이 이미지가 복원됩니다. 이 과정을 '역방향 과정 reverse process'이라고 합니다.

중요한 점은 역방향 과정에서 새로운 이미지도 만들 수 있다는 겁니다. 모델은 '고양이 이미지에 있을 법한 노이즈'의 일반적 패턴을 배웠기 때문에, 어떤 노이즈에서 출발하든 노이즈를 제거해나가면서 새로운 고양이 이미지를 만들 수 있습니다. 마치 안개 긴 곳에서 조금씩 안개가 걷히면서 선명한 풍경이 드러나듯 이미지를 생성할 수 있죠.

디퓨전 모델이 선명한 이미지를 만드는 비결은 점진적 과정에 있습니다. 앞에서 배운 VAE를 떠올려볼까요? VAE는 잠재 공간에서 뽑은 벡터 하나를 디코더에 넣어서 한 번에 이미지를 생성했어요. 속도가 빠르다는 장점이 있지만, 디코더가 단번에 완성된 이미지를 만들어야 해서 디테일이 약했죠.

반면 디퓨전 모델은 섬세하게 조각을 해나가듯 수백에서 수천 단계에 걸쳐 조금씩 이미지를 다듬어갑니다. 단계마다 '이 정도 흐린 상태에서 다음 단계로 가려면 어떤 노이즈를 빼야 할까?'만 살펴보면 됩니다. 작은 변화를 예측하는 일이 큰 변화를 한 번에 만드는 일보다 훨씬 쉽기 때문에 결과가 훨씬 선명하고 사실적입니다.

모델은 구체적으로 '노이즈 예측'을 학습합니다. 단계마다 흐린 이미지를 보고, '여기에 더해진 노이즈가 뭘까?'를 맞추도록 훈련합니다. 예를 들어 500번째 단계의 흐린 고양이 이미지를 보면, 모델은 '아, 여기에는 이런 패턴의 노이즈가 섞여 있겠구나'라고 예측합니다. 실제 노이즈와 예측한 노이즈의 차이를 손실함수로 계산하고, 2장에서 배운 경사하강법으로 모델을 개선하죠. 수천 장의 이미지로, 수백수천 단계에 걸쳐서, 각 단계의 노이즈를 정확히 예측하도록 학습합니다.

생성할 때는 이 노이즈 예측기를 반대로 사용해요. 표준정규분포 $N(0,1)$에서 완전히 무작위인 노이즈 이미지를 만듭니다. 이 단계에서 모델이 이미지에 섞인 노이즈는 무엇인지 예측하죠. 모델이 예측한 노이즈를 빼주면 한 단계 전의 노이즈가 약간 덜 섞인 이미지가 나와요. 여기서 또 노이즈를 예측하고 빼줍니다. 반복적으로 모든 단계를 거슬러 올라가면 마침내 깨끗한 고양이 이미지에 도달합니다.

하지만 디퓨전 모델도 시간이 많이 걸린다는 단점이 있습니다. VAE는 잠재 벡터를 디코더에 한 번만 통과시키면 되지만, 디퓨전 모델은 수백수천 번 모델을 실행해야 합니다. 단계마다 노이즈를 예측하고 제거하

생성형 인공지능이라는 화가의 비밀!

는 계산을 해야 하니까요. 초기 디퓨전 모델은 간단한 이미지 하나를 만드는 데 몇 분씩 걸리기도 했어요. 실시간으로 사용하기엔 너무 느렸죠.

연구자들은 이 문제를 해결할 다양한 개선 방법을 고안했습니다. DDIM Denoising Diffusion Implicit Model 은 전체 단계를 크게 줄이면서도 품질을 유지하는 방법이에요. 모든 단계를 다 거칠 필요 없이 중요한 단계만 선택적으로 거치는 모델이죠. LDM Latent Diffusion Model 은 더 영리합니다. VAE처럼 먼저 이미지를 작은 잠재 공간으로 압축한 후, 잠재 공간에서 디퓨전을 실행해요. 원본 이미지보다 훨씬 작은 데이터로 작업하니 속도가 크게 빨라지죠. 요즘 유명한 이미지 생성 인공지능인 스테이블 디퓨전 Stable Diffusion 이 LDM 방식을 사용합니다.

디퓨전 모델의 응용 범위는 놀라울 정도로 넓습니다. 예술 작품 생성, 광고 이미지 제작, 오래된 사진 복원, 게임 캐릭터 디자인, 애니메이션 콘셉트 아트, 심지어 분자 구조 설계까지도 가능해요. '노이즈에서 선명한 결과를 만든다'는 발상이 단순히 이미지뿐 아니라 데이터 전반에 새로운 가능성을 열었죠. 음악, 비디오, 3D 모델 생성에도 디퓨전 아이디어가 적용됩니다.

하나의 수학,
다양한 창의성

VAE와 디퓨전 모델을 비교하는 다음 표를 봅시다.

두 모델의 생성 방식은 완전히 다릅니다. VAE는 '요약'에 가까워요.

구분	VAE	디퓨전 모델
생성 방식	잠재 공간에서 점 하나 샘플링 → 한 번에 생성	노이즈에서 시작 → 점진적으로 제거
속도	빠름(1회 디코딩)	느림(수백수천 회 반복)
결과 품질	자연스럽지만 디테일 손실	선명하고 디테일 풍부
수학적 핵심	정규분포로 잠재 공간 정돈	정규분포 노이즈를 점진적 제거

가변오토인코더와 디퓨전 모델 비교

복잡한 이미지를 32개 숫자로 압축했다가 다시 펼치는 거죠. 빠르고 효율적이지만, 요약하는 과정에서 디테일에 손실이 생깁니다. 디퓨전 모델은 '조각'에 가깝습니다. 아무것도 없는 노이즈에서 시작해 수백수천 번의 작은 조각을 하나씩 더해가며 완성해요. 느리지만 각 단계에서 섬세하게 다듬기 때문에 훨씬 정밀한 결과가 나옵니다.

홍미로운 점은 두 모델 모두 정규분포를 사용한다는 것입니다. VAE는 정규분포로 잠재 공간을 정돈했고, 디퓨전 모델은 정규분포에서 뽑은 노이즈를 점진적으로 제거했죠. 같은 수학적 도구를 전혀 다른 방식으로 활용했습니다. VAE는 '공간을 정돈하는 도구'로, 디퓨전 모델은 '과정을 역전시키는 도구'로 정규분포를 사용했어요. 이것이 바로 수학의 힘입니다. 하나의 개념도 어떻게 적용하느냐에 따라 완전히 다른 결과를 만들어낼 수 있죠.

'생성형 인공지능은 어떻게 존재하지 않던 데이터를 만들어낼까?'라는 질문을 다시 떠올려볼까요? 인공지능은 히스토그램으로 데이터의 분

생성형 인공지능이라는 화가의 비밀!

포를 파악하고, 정규분포로 그 특징을 수학적으로 표현하고, 오토인코더로 핵심 패턴을 압축하고, VAE로 잠재 공간을 정돈하고, 디퓨전 모델로 노이즈에서 선명한 결과를 만들어냅니다. 각 단계가 모두 '데이터 속 패턴을 찾아서 새로운 것을 생성한다'는 하나의 원리로 연결되어 있죠. 즉 생성 인공지능은 무작정 새로운 결과를 만들어내는 것이 아니라 통계로 철저하게 설계된 메커니즘을 따른다는 사실을 알 수 있습니다.

수학의 아름다움, 중심극한정리

7장을 공부하면서 우리는 정규분포를 계속 만났습니다. 스마트폰 사용 시간 데이터가 정규분포를 따르는 것을 보았고, 잠재 공간을 표준정규분포로 정돈하는 VAE를 살펴봤으며, 정규분포에서 뽑은 노이즈를 사용하는 디퓨전 모델까지 배웠죠. '왜 하필 정규분포일까?' 이 질문에 답하려면 정규분포가 단순히 생성형 인공지능에만 중요하지 않다는 사실을 이해해야 합니다.

정규분포는 통계학 전체에서 가장 중요한 분포입니다. 공장에서 제품 품질을 관리할 때, 여론조사에서 표본으로 전체를 예측할 때, 의학 연구에서 신약 효과를 검증할 때, 경제학에서 주가 변동을 분석할 때 등 거의 모든 통계적 방법이 정규분포를 기반으로 합니다.

왜 그럴까요? 자연현상과 사회현상의 대부분이 정규분포를 따르기 때문이에요. 사람들의 키, 몸무게, 시험 점수, 측정 오차…. 이 모든 것이 정규분포 모양의 히스토그램을 그려냅니다. 왜 이렇게 많은 현상이 정규분포를 따르는 걸까요? 그 답은 **중심극한정리**에 있습니다.

평균의 마법
: 중심극한정리

중심극한정리란 '어떤 분포를 따르는 데이터든, 그 분포에서 반복적으로 추출된 데이터들의 평균 분포는 정규분포에 가까워진다'는 정리입니다. 평균이 μ, 표준편차가 σ인 임의의 분포(정규분포가 아니어도 됩니다)에서 n개의 데이터 X_1, X_2, $\cdots$, X_n로 구성된 표본*을 뽑았을 때, 이 표본의 평균을 $\overline{X} = \dfrac{X_1 + X_2 + \cdots + X_n}{n}$이라 합시다. n이 충분히 클 때, 여러 번 추출하여 얻은 표본들의 평균값들인 $\overline{X_1}$, $\overline{X_2}$, $\cdots$, $\overline{X_n}$은 근사적으로 평균이 μ이고 표준편차가 $\dfrac{\sigma}{\sqrt{n}}$인 정규분포를 따른다는 것이 중심극한정리입니다.

이 문장이 조금 어렵게 느껴질 수 있는데, 구체적인 예시로 살펴봅시다. 먼저 주사위 1개를 던지는 상황을 생각해봅시다. 1부터 6까지 나올 확률이 모두 $\dfrac{1}{6}$으로 똑같죠. 모든 수의 확률이 똑같으니 히스토그램을 그리면 평평한 직사각형 모양이 됩니다.

이제 주사위를 2번 던져서 나오는 수를 합하여 평균을 구해봅시다. 예

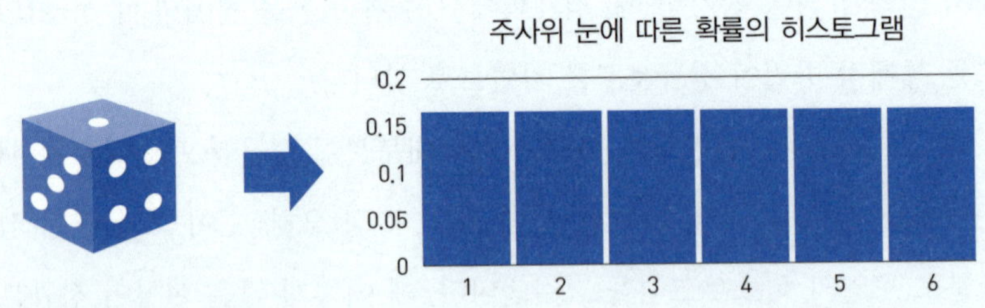

---

* 크기가 n인 표본이라고 표현합니다.

를 들어 첫 번째에서 2가 나오고 두 번째에서 5가 나왔다면, 표본 평균은 $\frac{2+5}{2}$=3.5입니다. 가능한 모든 경우를 살펴보면 다음과 같이 총 36가지로 정리할 수 있습니다. 이 평균값들의 도수를 세어보면 다음과 같습니다.

- 평균 1.0: 1개 (1,1)
- 평균 1.5: 2개 (1,2), (2,1)
- 평균 2.0: 3개 (1,3), (2,2), (3,1)
- 평균 2.5: 4개 (1,4), (2,3), (3,2), (4,1)
- 평균 3.0: 5개 (1,5), (2,4), (3,3), (4,2), (5,1)
- 평균 3.5: 6개 (1,6), (2,5), (3,4), (4,3), (5,2), (6,1) ← 가장 많음!
- 평균 4.0: 5개 (2,6), (3,5), (4,4), (5,3), (6,2)
- 평균 4.5: 4개 (3,6), (4,5), (5,4), (6,3)
- 평균 5.0: 3개 (4,6), (5,5), (6,4)
- 평균 5.5: 2개 (5,6), (6,5)
- 평균 6.0: 1개 (6,6)

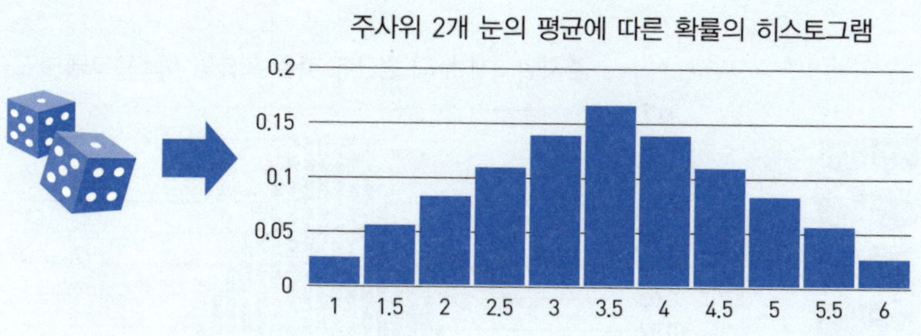

히스토그램으로 그리면 어떤 모양일까요? 가운데 3.5가 가장 높고, 양쪽으로 갈수록 낮아지는 뾰족한 산 모양이 나타납니다. 주사위 1개를 던질 때는 평평했는데, 2번 던질 때의 평균을 구하니 정규분포와 비슷한 모양이 나타났죠.

횟수를 좀 더 늘려서 주사위를 8번 던져서 표본 평균을 구한다고 해 봅시다. 8번 주사위를 던지는 모든 경우의 수는 무려 187만 9,616가지나 됩니다. 일일이 세기는 어렵지만, 컴퓨터로 시뮬레이션하면 아래와 같이 평균들의 분포를 확인할 수 있어요. 결과를 보면 놀랍습니다. 히스토그램이 거의 완벽한 정규분포 모양을 그려요. 평균 3.5를 중심으로 좌우 대칭이고, 가운데가 높고 양쪽이 낮은 종 모양이죠.

더 나아가 주사위를 100번 던져서 평균을 구한다면 앞의 경우와 어떻게 달라질까요? 정규분포가 더욱 선명해집니다. 표준편차도 점점 작아져서 평균 3.5 근처에 더 많이 몰리게 되죠. 이것이 바로 중심극한정리의 핵심입니다.

더 놀라운 점은 원래 데이터가 어떤 분포를 따르든 상관없이 중심극

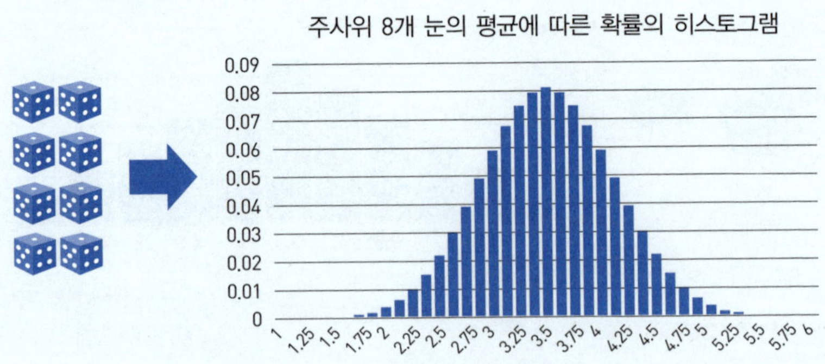

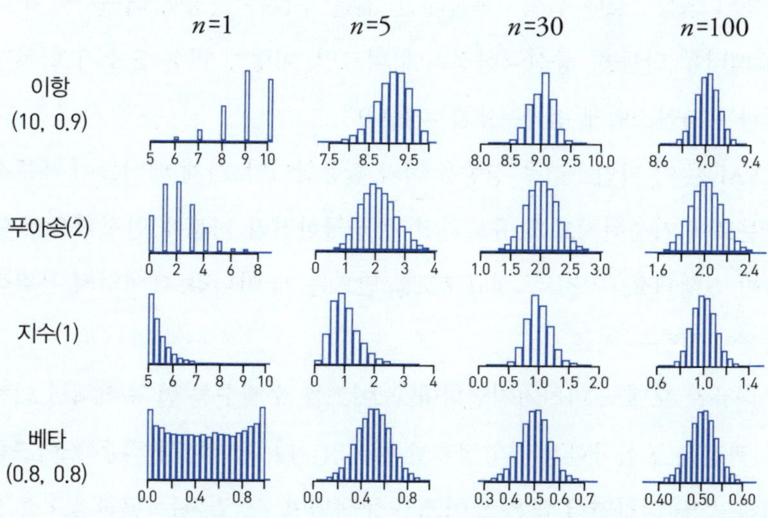

반복 횟수가 증가할수록 정규분포에 가까워지는 여러 분포

한정리가 성립한다는 겁니다. 충분히 많이 반복해서 추출한 표본들의 평균들은 항상 정규분포를 따릅니다. 반복 횟수가 증가할수록 표본 평균의 분포는 정규분포에 수렴하고, 퍼짐(표준편차)은 작아집니다.

생성형 인공지능에서
정규분포를 쓰는 이유

이제 생성형 인공지능으로 돌아와봅시다. VAE에서 왜 표준정규분포 $N(0,1)$을 사용했을까요? 중심극한정리가 답을 줍니다. 수천 장의 이미지를 학습할 때, 각 이미지의 잠재 벡터는 여러 특징들의 조합입니다. '티셔츠의 색상’ ‘소매 길이’ ‘목둘레선’ 같은 수많은 특징이 더해져서 하나의 벡터를 만들죠. 중심극한정리에 따르면, 이렇게 많은 요소가 합쳐진 결과는 자연스럽게 정규분포를 따릅니다.

VAE는 이 자연스러운 경향을 적극 활용합니다. 잠재 벡터들이 표준정규분포에 가까워지도록 유도하면, 중심극한정리 덕분에 안정적으로 학습이 진행돼요. ‘억지로’ 정규분포를 만드는 게 아니라, 데이터의 본질적 특성에 맞추는 거죠.

디퓨전 모델도 마찬가지입니다. 노이즈를 수백수천 번 누적해서 더하는 과정은 중심극한정리의 정확한 예시입니다. 단계마다 작은 노이즈를 더하고 또 더하면서 많은 노이즈가 누적되면, 그 결과는 필연적으로 정규분포를 따르죠. 그래서 순방향 과정의 최종 결과로 정규분포 노이즈가 나오는 것이 수학적으로 보장됩니다. 설계자의 임의적 선택이 아니라 수학적 필연이죠.

중심극한정리는 왜 정규분포가 통계학과 인공지능 모두에서 특별한지 설명해줍니다. 키·몸무게·시험 점수 같은 자연현상이 정규분포를 따르는 이유는, 그것들이 수많은 작은 요인들의 합이기 때문이에요. 키는 유전자·영양·환경 등 수백 가지 요인의 결과이고, 시험 점수는 공부 시간·이해도·컨디션 등 여러 요소의 합이죠. 중심극한정리에 따라 이런 합들은 자연스럽게 정규분포로 나타납니다.

생성형 인공지능도 같은 원리입니다. 복잡한 데이터(이미지, 텍스트)는 수많은 특징의 조합이고, 그 조합을 표현하는 잠재 벡터나 노이즈는 중심극한정리에 따라 정규분포로 나타납니다. 정규분포는 단순한 통계 공식이 아니라 반복과 누적이라는 자연의 법칙이 만들어낸 수학적 필연이

고, 그 법칙은 통계학에서도 인공지능에서도 똑같이 작동합니다. 이것이
바로 수학의 아름다움 아닐까요?

개인의 역량이 더욱
중요해지는 시기가 온다

2015년부터 방영된 영국 드라마 〈휴먼스〉는 인공지능 로봇이 일상에 스며든 세계를 그리고 있습니다. 드라마 속에서 로봇은 인간과 똑같은 모습으로 가사일을 돕고, 마사지로 재활을 돕는 등 인간과 함께 살아갑니다. 사람들은 인공지능 로봇들을 보며 무척 혼란스러워하죠. 로봇이 인간의 일을 완벽하게 대체하는 모습을 보면서, 자신들의 역할과 정체성을 고민합니다. 특히 청소년들은 뭘 하든 인공지능보다 잘할 수 없다며, 인간의 노력은 의미 없고 '나에겐 미래가 없다'고 이야기하기도 하죠. 드라마가 방영될 당시, 많은 사람이 이것을 먼 미래의 이야기로 생각했습니다.

불과 1년 후인 2016년 3월, 드라마의 한 장면이 현실이 되는 일이 벌어졌습니다. 인공지능 알파고가 세상에 큰 충격을 주었죠. 알파고는 당시 세계 최고의 바둑 기사였던 이세돌 9단을 상대로 승리를 거두었습니다. 인공지능을 연구해온 일부 전문가를 제외하면, 대부분의 사람은 이세돌 9단이 쉽게 알파고를 이길 것이라고 예상했었죠. 그러나 알파고는 모두가 경악할 만한 '압승'을 거두었습니다. 비록 이세돌 9단이 '신의 한 수'로 한 판을 이기기는 했지만, 그 대국도 내내 불리하다가 역전했을 뿐 이었습니다. 다섯 판 모두 전체적으로 알파고가 인류보다 훨씬 뛰어난 바둑 실력을 보여주었습니다.

바둑계는 드라마 〈휴먼스〉 속 인물들처럼 혼란스러워했습니다. 프로 기사들은 인간의 최고 수준을 넘어선 인공지능의 능력에 놀라기도 했고, 이제는 넘을 수 없는 존재가 나타났는데 인간의 노력이 무슨 의미가 있 냐는 회의감도 존재했죠. 하지만 바둑계는 드라마 속 청소년들과 다른 선택을 했습니다. 빠르게 인공지능의 뛰어난 능력을 인정하고, 인공지능 을 이기기보다 인공지능을 활용해서 실력을 키우는 데 노력을 기울였죠. 기존에는 사람들과 모여 연구하던 방식이었다면, 이후에는 인공지능과 함께 연구하는 새로운 문화가 만들어진 것입니다. 알파고와 달리 좋은 그래픽카드를 장착한 컴퓨터만 있으면 누구나 무료로 사용할 수 있는 카 타고KataGo* 같은 인공지능 바둑 프로그램이 개발되어 보급되었고, 바둑 기사들은 꾸준히 인공지능과 함께 바둑을 연구했습니다. 누구에게나 실 력을 키울 기회가 활짝 열린 것이죠.

몇 년의 시간이 흐른 지금, 바둑 인공지능은 이제 흔한 기술이 되었습 니다. 개인적으로도 인공지능을 부담 없이 가동할 수 있을 정도로 컴퓨 터 장비가 저렴해졌고, 이제는 프로 기사들뿐만 아니라 학생들이 바둑을 깊이 있게 배우는 학원에서도 대부분 인공지능 바둑을 활용합니다. 고성 능 컴퓨터가 없어도 이제는 온라인 바둑에서 약간의 구독료만 내면 인공

---

* 2019년 데이비드 우David J. Wu가 개발한 오픈소스 바둑 인공지능으로, 알파고의 핵심 기술을 개인용 컴퓨터에서도 활용할 수 있게 만든 프로그램입니다.

지능을 활용한 분석 서비스를 제공받을 수 있죠. 모두가 세계 최고 수준의 바둑 선생님을 갖게 된 셈입니다. 그렇다면 인공지능이 바둑 기사 모두에게 동등한 효과와 실력 향상을 가져다주었을까요? 모든 기사의 실력이 비슷해졌을까요?

결과는 그렇지 않았습니다. 바둑 프로 기사를 은퇴하고 현재 울산과학기술원UNIST AI대학원 특임 교수로 재직하고 있는 이세돌 교수는 2025년 10월 26일 경주에서 열린 'K-에듀 엑스포 2025'(아시아태평양경제협력체 APEC 정상회의 공식 부대행사)에서 지난 10년간 바둑계의 변화를 이야기했습니다. 그는 "인공지능이 상용화되면 실력이 상향 평준화될 것이라고 생각했지만, 결과적으로 정반대로 바둑 기사 간 실력 격차가 더욱 커졌다"라고 말했습니다. 모두에게 같은 기회가 주어졌는데 오히려 격차가 커졌다니, 충격적인 반전이었습니다.

왜 이런 일이 벌어진 걸까요? 그 이유는 바둑 인공지능이 가지는 특이한 점 때문입니다. 인공지능은 추천 수를 보여줄 뿐, 왜 그 수가 가장 뛰어난 수인지 설명해주거나 분석해주지 않습니다. 즉, '왜 그 수가 좋은지 판단하는 것'은 오로지 사용자의 실력에 따라 달라집니다. 마치 세계 최고의 셰프가 맛있는 요리를 제자들에게 맛보게 한 다음 '이 요리를 어떻게 만들 수 있을지는 스스로 알아내라'고 하는 것과 비슷하죠. 요리 맛은 모두가 똑같이 느끼지만, 그 안에 숨은 조리법과 기술은 각자의 실력에 따라 다르게 파악되는 것입니다.

이러한 환경에서는 기본기가 튼튼하고 지식과 경험이 많은 제자가 가장 많은 힌트를 알아냅니다. 다시 말해 인공지능이 내어놓은 결과 안에 담긴 지식과 맥락, 의미, 중요도는 모두에게 같은 수준으로 이해되지 않습니다. 개인의 역량이 뛰어날수록 인공지능의 능력을 자신의 역량으로 승화할 수 있고, 이를 바탕으로 더 성장할 수 있습니다.

바둑계에서 일어난 변화는 우리에게 중요한 교훈을 줍니다. 인공지능이 보편화할수록, 인공지능을 많이 쓰는 것이 아니라 인공지능을 제대로 쓰는 능력이 중요해집니다. 같은 도구를 가져도 결과는 다릅니다. 그렇다면 미래 세대를 살아갈 청소년 여러분은 어떻게 준비해야 할까요? 인공지능 때문에 직장에서 위태로움을 느끼는 분들은요? 인공지능 시대에 필요한 개인의 역량은 무엇일까요? 바둑계의 경험을 바탕으로 세 가지 핵심 역량을 정리해보겠습니다.

첫째, **깊이 있는 학습**이 필요합니다. 인공지능이 답을 알려줘도 '왜?'를 물어야 합니다. 단순히 정답만 확인하는 것을 넘어 원리를 이해하려는 노력이 필요하죠. 바둑 기사들이 인공지능의 추천 수를 보고 '왜 이 수가 좋은가?'를 연구하듯이, 여러분도 인공지능이 제시한 답변의 원리를 파악해야 합니다. 예를 들어 수학 문제를 풀 때, "챗GPT야, 이 수학 문제 풀어줘"라고 물어보고 답만 복사한다면, 그 순간은 편하겠지만 실력은 늘지 않습니다. 대신 "이 문제를 어떻게 접근해야 할까?"라고 물어 힌트를 얻고, 힌트를 바탕으로 스스로 풀이해보세요. 그리고 "내 풀이 과정이 맞는지 확인해줘"라고 요청하면서 틀린 부분을 찾아 이해해야 진짜 학습입니다. 깊이 있는 이해가 있어야 인공지능의 도움을 제대로 활용할 수 있어요.

둘째, **폭넓은 학습**이 중요합니다. 한 분야만 알면 인공지능의 조언을 비판적으로 평가할 수 없습니다. 바둑에서도 정석·포석·끝내기·사활 등 다양한 영역의 지식이 필요합니다. 우리도 마찬가지입니다. 수학만 잘해서는 인공지능이 제시한 통계 해석이 올바른지 판단할 수 없습니다. 역사적 맥락을 모르면 인공지능이 제시한 사회 분석을 제대로 평가할 수 없겠죠. 과학 원리를 모르면 인공지능이 생성한 설명에서 오류를 찾아낼 수 없고요. 다양한 분야의 기초 지식이 있어야 인공지능이 놓친 지점을 발견하고, 인공지능의 한계를 보완할 수 있어요. 그래서 청소년기에 여러 과목을 고르게 학습하는 일이 중요합니다. 지금 배우는 모든 지식이 미래에 인공지능을 활용하는 기초 역량이 됩니다.

셋째, **능동적 실천**이 필수입니다. 바둑 기사들도 인공지능 연구만 하지 않습니다. 직접 대국을 두며 실전 감각을 키우죠. 이론과 실전은 다릅니다. 인공지능의 도움을 받되, 스스로 문제를 해결하는 경험을 쌓아야 진짜 실력이 됩니다. 프로젝트를 수행하면서 예상치 못한 문제를 만나고 해결해보세요. 발표를 준비하면서 청중을 설득하는 방법을 고민해보세요. 작품을 만들면서 창의적 아이디어를 실현해보세요. 인공지능은 이런 과정에서 훌륭한 조언자가 될 수 있지만, 최종 결정과 실행은 여러분의 몫입니다. 실전 경험을 쌓아야 인공지능을 단순한 답변 기계가 아니라 여러분의 역량을 확장시키는 진짜 도구로 활용할 수 있습니다.

드라마 〈휴먼스〉에서 청소년들이 느꼈던 절망을 기억하시나요? '인공지능 앞에서 인간이 할 수 있는 것은 없다'는 두려움 말입니다. 하지만 지난 10년 동안 바둑계가 보여준 진실은 전혀 다릅니다. 인공지능이 등장해도, 아니 인공지능이 보편화할수록 개인의 역량이 더 중요해졌죠. 같은 인공지능을 사용해도 어떤 사람은 비약적으로 성장하고, 어떤 사람은 그저 편리함만 누립니다. 그 차이를 만드는 것이 바로 깊이 있는 학습, 폭넓은 학습, 능동적 실천이라는 세 역량이죠. 이 세 가지를 갖춘 사람만이 인공지능을 진정한 도구로 활용할 수 있습니다.

인공지능은 기회이자 도전입니다. 바둑 기사들은 바둑의 기본 원리를 깊이 이해했기에 인공지능이 두는 수의 의미를 파악할 수 있었고, 그것을 배움으로 삼을 수 있었습니다. 인공지능 시대를 사는 우리도 마찬가지입니다. 바둑 기사들에게 바둑판 위의 돌이 있다면, 우리에게는 수학으로 표현된 데이터와 알고리즘이 있습니다. 인공지능의 결과를 단순히 받아들일지, 아니면 그 원리를 이해하며 활용할지 선택할 수 있습니다. 비록 드라마 속 청소년은 절망했지만, 현실의 바둑 기사들은 인공지능을 이해하여 이전보다 성장했습니다. 기본 원리에 대한 이해가 차이를 만들었습니다. 그리고 인공지능을 이해하는 힘의 중심에는 수학이 있습니다.

맹신의 대상에서 이해의 대상으로

1600년대 초, 많은 사람이 밤하늘의 별을 보며 미래를 예측하고자 했습니다. 화성이 역행하면 전쟁의 징조라고, 목성과 화성이 가까워지면 왕조가 바뀔 징조라고 믿었죠. 천체는 신의 뜻에 따라 움직이는 신비로운 대상이었고, 점성술사들은 그 의미를 해석하며 사회에 큰 영향을 주었습니다. 하지만 별들이 어떤 규칙에 따라 움직이는지, 그것이 미래에 왜 영향을 주는지는 아무도 명확히 설명하지 못했어요. '왜 그런지는 모르겠지만, 별이 그렇게 말한다'는 맹신의 시대였습니다.

그 시대 점성술사였던 요하네스 케플러(1571~1630)는 달랐습니다. 비록 그도 귀족들의 운세를 점쳐주며 생계를 유지했지만, 별의 움직임을

요하네스 케플러

수학과 기하학으로 설명하려 노력했으며, 화성의 역행 운동을 이해하고자 수천 번 계산을 반복했습니다. 그는 마침내 태양을 중심으로 행성들이 원 궤도를 그리는 것이 아니라, 태양을 하나의 초점으로 타원 궤도로 움직인다는 사실을 밝혀냈으며, 공전 속도와 주기에 관한 법칙을 발견했습니다. 이런 내용을 담은 케플러의 3법칙은 행성의 움직임을 수학적으로 형식화했고, 이를 바탕으로 만들어진 루돌프 천문표는 케플러 사후 수십 년 뒤의 행성 위치까지 정확히 예측해냈어요.

케플러의 발견은 단순히 행성의 궤도를 밝혀낸 것 이상의 의미를 가집니다. 수학으로 밤하늘을 맹신의 대상에서 이해의 대상으로 바꾸어놓았지요. 이제는 별들의 움직임을 막연한 전조로 보지 않고, 수학을 매개로 '그렇게 움직일 수밖에 없어'라고 이해합니다. 사람들은 케플러를 '마지막 점성술사이자 첫 번째 천문학자'라고 부릅니다. 케플러가 예측의 근거를 막연한 추측에서 확신의 수학으로 바꾸어놓은 셈이죠.

우리 앞에도 케플러 시대의 밤하늘과 비슷한 인공지능이 있습니다. 챗GPT는 질문에 따른 놀라운 답변을 내주고, 추천 알고리즘은 우리가 좋아할 만한 영상을 찾아줍니다. 의료 인공지능은 질병을 예측하고, 자율주행차는 앞으로 일어날 상황을 판단합니다. 점성술사들이 막연하게 미래를 예측했던 것과 달리, 인공지능은 수학에 기반을 두고 명확하게 예측 결과를 도출합니다. 수학이 밤하늘을 투명하게 만들었듯이, 수학은 인공지능을 우리가 이해할 수 있는 대상으로 만들었어요.

이 책에서는 인공지능에 활용된 수학의 다양한 모습을 살펴봤습니다. 손실함수와 경사하강법으로 인공지능이 어떻게 학습하는지 이해했고, 벡터와 행렬로 데이터를 어떻게 표현하는지 배웠습니다. 확률과 통계로 어떻게 판단을 내리는지 살펴보았고, 신경망의 구조를 수학의 언어로 설명했죠. 이 모든 수학이 인공지능을 투명하게 만들었고, 그래서 우리는 결과를 해석하며 신뢰할 수 있습니다. 만약 수학 없이 인공지능을 본다면, 케플러 이전에 밤하늘을 올려다보던 사람들과 다를 바 없었을 거예요.

수학은 인공지능 시대에 더욱 중요한 역할을 맡고 있습니다. 먼저, 수학은 세상을 표현하고 형식화합니다. 수학은 디지털화된 데이터를 더욱 정밀하게 표현합니다. 1장에서 배운 것처럼 문장은 벡터로, 6장에서 배운 것처럼 이미지는 행렬로 표현하죠. 음악은 시계열 데이터에, 소리는 삼각함수의 파형에 담깁니다. 이렇게 세상을 수학으로 표현해주는 것이 인공지능의 시작입니다.

더 나아가 수학은 방법을 정밀하게 설계하며 검증합니다. 앞에서 세상의 많은 현상을 수학으로 표현했다면, 수학은 수천 년간 연구되어 온 여러 이론과 도구를 활용하여 문제를 처리합니다. 이로써 인공지능은 예측하고 판단하고 생성할 수 있게 되죠. 예를 들어 2장에서 배운 경사하강법은 인공지능이 최선의 답을 찾아가는 방법이고, 3장의 행렬 분해는 숨겨진 패턴을 발견하는 방법이에요. 4장의 분류 알고리즘은 데이터를 구분하는 방법이고, 6장의 합성곱은 이미지의 특징을 추출하는 방법입니다. 기술의 발전은 공학이 이루어내지만, 이러한 방법을 설계하고 새로 운 길을 찾아내는 일은 여전히 수학의 역할입니다.

마지막으로 가장 중요한 것은 수학이 인공지능의 신뢰를 보장한다는 점입니다. 케플러의 천문표가 정확했던 이유는 단순히 '해보니까 맞더 라'가 아니라 수학적으로 증명되었기 때문입니다. 인공지능도 마찬가지 예요. 인공지능은 수학이 발전하고 안정적으로 터를 내어놓은 수준 안에 서만 발전할 수 있습니다. 마치 기초가 튼튼한 터전 위에 높은 건물이 세 워지듯, 수학적 논리가 없는 인공지능은 허상에 불과하죠. 2장에서 배운 경사하강법이 수렴한다는 사실은 미적분학이 증명하고, 7장의 확률분포 가 안정적이라는 사실도 통계학이 보장합니다. 수학적 기초가 있기에 우 리는 인공지능을 신뢰하고 사용할 수 있습니다.

실제로 인공지능 발전사는 수학 문제를 해결해온 역사입니다. 1986년 역전파 알고리즘이 수학적으로 정리되면서 신경망 학습이 가능해졌고, 5장 심화학습에서 배운 기울기 소실 문제도 새로운 활성화함수로 해결되었 습니다. 인공지능은 아직 완벽한 방법이 개발되지 않았습니다. 인공지능 이 왜 그런 결정을 내렸는지 설명하기 어려운 문제, 대형 모델이 너무 많 은 계산을 필요로 하는 문제, 새로운 상황에서 성능이 떨어지는 문제 등 해결해야 할 문제가 여럿 존재합니다. 이러한 문제들의 해답도 결국 수 학에서 찾아야 하며, 앞으로 인공지능이 더 발전하려면 새로운 수학적 발견이 필요합니다. 여러분이 배우는 학교 수학의 많은 부분이 바로 현 재 인공지능의 토대이자 미래 인공지능 발전의 중요한 기초입니다.

수학은 인공지능 시대의 가장 중요한 설계 기술이자 중요한 문해력입 니다. 과거에 글을 읽고 쓸 줄 아는 것이 문해력이었다면, 지금은 인공지능을 올바로 읽고 쓸 줄 아는 새로운 문해력이 필수적이죠. 그 핵심에는 수학이 있습니다. 수학의 눈으로 인공지능의 데이터와 방법을 읽어낼 수 있고, 결과가 올바른지 해석할 수 있습니다. 또한 더 나은 알고리즘을 선택하거나 기존의 알고리즘을 개선할 수도 있고, 왜곡되거나 잘못된 결과를 판단할 수도 있습니다.

인공지능의 가장 중심에는 수학이 존재합니다. 우리는 수학으로 인공지능을 향한 맹신, 혹은 막연한 불신에서 벗어날 수 있습니다. 다시 말해 인공지능이 내어놓은 해답에 '수학으로 도출된 결과이며, 수학으로 과정을 설명할 수 있다. 그 과정을 수학이 보장하므로 결과를 믿을 수 있다'는 이해로 나아갈 수 있습니다. 이것이 바로 인공지능 시대에 수학이 가장 중요한 이유입니다.

사진 출처

출처를 기재하지 않은 그림은 생성형 인공지능으로 별도 제작한 그림들이다.

107쪽(왼쪽) https://commons.wikimedia.org/wiki/File:Paraboloid_of_Revolution.svg

107쪽(오른쪽) https://commons.wikimedia.org/wiki/File:Erdfunkstelle_Raisting_2.jpg

113쪽 저작권 문제로 그림은 새로 제작하였으나, 원 내용은 다음 출처에 기인한다. George B. Thomas, Maurice D. Weir, Joel R. Hass, Frank R. Giordano (2009). *Thomas' Calculus* (12th ed.), Chapter 14, "Partial Derivatives", Figure 14.15, p.986, http://angg.twu.net/2020.2-C3/thomas_secs_14.1_ate_14.7.pdf

217쪽(왼쪽) https://commons.wikimedia.org/wiki/File:Frank_Rosenblatt.jpg

220쪽 https://commons.wikimedia.org/wiki/File:Nervous_system_-_Neuron_6_--_Smart-Servier.png

264쪽 https://commons.wikimedia.org/wiki/File:MnistExamples.png

358쪽 https://commons.wikimedia.org/wiki/File:JKepler.jpg

AI가 쉬워지는 최소한의 수학

초판 1쇄 발행   2026년 2월 10일
초판 3쇄 발행   2026년 4월 20일

지은이 • 이동준

펴낸이 • 박선경
기획/편집 • 이유나, 지혜빈
홍보/마케팅 • 박언경, 김경률
표지 디자인 • @paint_kk
디자인 제작 • 디자인원(031-941-0991)

펴낸곳 • 도서출판 지상의책
출판등록 • 2016년 5월 18일 제2016-000085호
주소 • 경기도 고양시 일산동구 호수로 358-39 (백석동, 동문타워 I) 808호
전화 • 031)967-5596
팩스 • 031)967-5597
블로그 • blog.naver.com/kevinmanse
이메일 • kevinmanse@naver.com
페이스북 • www.facebook.com/galmaenamu
인스타그램 • www.instagram.com/galmaenamu.pub

ISBN 979-11-93301-07-4/03410
값 20,000원

• 잘못된 책은 구입하신 서점에서 바꾸어드립니다.

• '지상의책'은 도서출판 갈매나무의 청소년 교양 브랜드입니다.
• 배본, 판매 등 관련 업무는 도서출판 갈매나무에서 관리합니다.